北京市施工图审查协会工程设计技术质量丛书

建筑工程施工图设计文件技术审查常见问题解析

——暖通专业

北京市施工图审查协会　编著

中国建筑工业出版社

图书在版编目（CIP）数据

建筑工程施工图设计文件技术审查常见问题解析．暖通专业／北京市施工图审查协会编著．—北京：中国建筑工业出版社，2022.11（2023.6重印）
（北京市施工图审查协会工程设计技术质量丛书）
ISBN 978-7-112-27467-3

Ⅰ．①建… Ⅱ．①北… Ⅲ．①采暖设备—设计审评—北京—问题解答②通风设备—设计审评—北京—问题解答③空气调节设备—设计审评—北京—问题解答 Ⅳ．①TU204-44

中国版本图书馆CIP数据核字（2022）第097233号

本书主要讲述了在建筑工程施工图设计文件技术审查中，暖通专业常见的问题，以及问题的解决办法。

本书是由北京市施工图审查协会编著，作者具有深厚的专业理论，扎实的施工图设计文件审查功底，丰富的审查经验。因此，本书具有较强的权威性、可靠的技术性。

全书共有五章，分别是：第一章　民用建筑节能、绿色建筑标准；第二章　消防安全符合性；第三章　人防工程防护安全性；第四章　法律、法规、规章规定；第五章　其他工程建设强制性标准。图书内容形式简洁、可读性强，适合广大电气专业的设计人员、审图人员阅读。

责任编辑：张伯熙
责任校对：芦欣甜

北京市施工图审查协会工程设计技术质量丛书
建筑工程施工图设计文件技术审查常见问题解析
——暖通专业
北京市施工图审查协会　编著
*
中国建筑工业出版社出版、发行（北京海淀三里河路9号）
各地新华书店、建筑书店经销
北京建筑工业印刷厂制版
建工社（河北）印刷有限公司印刷
*
开本：880毫米×1230毫米　1/16　印张：11¼　字数：346千字
2022年9月第一版　2023年6月第三次印刷
定价：**38.00**元
ISBN 978-7-112-27467-3
（38121）

丛书编委会

本书编审委员会

编 著 人：王小明　柯加林　吴晓薇　邓尚历
李　丹　王　鲲　杨慧媛
审 查 人：宋孝春　黄季宜　汤　琦　沈　玫

丛书前言

《北京市施工图审查协会工程设计技术质量丛书》终于和广大读者见面了，真诚希望它能够给您带来一些帮助。如果您从事设计工作，希望能够为您增添更强的质量安全意识、更强的防范化解风险意识，为您的设计成果在质量安全保障方面提供一些参考，从而更好地规避执业风险；如果您从事审图工作，希望能够为您增加更强的责任感、更强的使命感，为您在审图工作中更好地掌握尺度和标准方面提供一些参考，从而更好地把控质量安全底线。

经过广泛而深入的国际调研、国内调研及试点，我国于2000年开始实施了施工图审查制度，二十年的实践表明，通过施工图审查实现了保障公众安全、维护公共利益的初衷，杜绝了因勘察设计原因而引起的工程安全事故，推动了建设事业的健康可持续发展。另外，通过施工图审查政府主管部门实现了对勘察设计企业及其从业人员有效监管与正确引导；为工程建设项目施工监管、验收以及建档、存档提供了依据；为政府决策提供了大量的、可靠的数据与信息支撑；为政府部门上下游审批环节的无缝衔接搭建了平台。

施工图技术性审查是依据国家和地方工程建设标准，对工程施工图设计文件涉及的地基基础和主体结构、消防、人防防护、生态环境、使用等安全内容以及公共利益内容进行审查。多年来，施工图审查技术人员在工作实践中发现了大量存在于施工图设计文件中的各类问题，这些问题有普遍性的、也有个别存在的，有无意识违反的、也有受某些驱使不得不违反的，有不知情违反的、也有对标准理解不到位违反的。问题产生有设计周期紧的原因，也有个人、团队、管理以及大环境影响的原因。其中一些严重的问题如果未加控制，由其引发的工程质量安全事故可能在建设时发生、也可能在使用时发生、还可能一直隐藏着一遇灾害就会发生。我协会的会员单位中设安泰（北京）工程咨询有限公司的审查专家针对以往审查过程中发现的常见问题进行了认真细致地梳理、归类、分析，并吸收了兄弟会员单位的相关建议，编撰完成了本套丛书，丛书初稿经过了有关专家及本协会技术委员会审核。本套丛书参与人员为之付出了巨大辛苦和努力，希望广大读者能够满意并从中受益，同时也期待得到您的反馈。

北京市施工图审查协会一直致力于工程设计整体水平不断提升和审查质量保障不断强化的相关工作，组织编制技术审查要点、开展课题研究、组织或参与各类培训、组织技术专题研讨会、为政府部门和相关行业组织提供技术支持、推动数字化审图及审图优化改革、组织撰写技术书籍和文章等，希望通过我们的不懈努力能够得到您的认可与肯定，同时也真诚期待得到您的帮助与支持。

北京市施工图审查协会会长　刘宗宝

2020年6月

前　言

本书对暖通专业施工图易出现的不符合现行国家规范、标准要求，或设计不合理、不完善的做法，采用图文并茂的编排方式，指出问题所在，分析原因。尽可能深入地解析问题，对设计人员优化设计，避免发生类似错误，提高设计水平具有重要意义。

《建筑工程施工图设计文件技术审查常见问题解析——暖通专业》依照《房屋建筑和市政基础设施工程施工图设计文件审查管理办法》第十一条的规定，设置本书的章节内容，共包括：第一章　民用建筑节能、绿色建筑标准，第二章　消防安全符合性、第三章　人防工程防护安全性，第四章　法律、法规、规章规定，第五章　其他工程建设强制性标准。

本书的内容依据现行相关法规、规范、标准的要求编写，若本书内容与新颁布的相关法规、规范、标准的要求不一致时，应以新颁布的法规、规范、标准的要求为准。为了表述更加彻底，本书引用旧版规范、标准时，会写明旧版规范号、标准号和年号，书中只写规范、标准名称，未写与之相配的规范号、标准号和年号，均为现行的规范、标准。

本书的素材均来自实际工程施工图审查记录，随着所收集内容的不断丰富，特别是随着建筑设计水平的发展、新标准的推出和新问题的出现，再版时，会对内容更新、补充、完善。

现行《建筑防烟排烟系统技术标准》是全专业标准，本书涉及的问题不仅与暖通专业有关，还涉及建筑专业、电气专业的相关内容，为提高暖通专业人员对全专业了解，书中也适当加入其他专业内容。

鉴于工程的具体情况，解决问题的措施不是唯一的，设计时应根据工程实际情况采取合理的做法，不必拘泥于书中提供的解决措施，书中所示的平面图、详图等均为说明问题的示例，不得作为标准设计套用。

本书的编排形式直观，内容贴近设计的实际需求，可供暖通设计、审图、管理等部门的技术人员参考使用。

欢迎使用者提出意见和建议，以便今后不断修订和完善。

北京市施工图审查协会技术委员会委员
中设安泰（北京）工程咨询有限公司副总工程师
王小明
2022 年 7 月

目　　录

问题描述

问题 1　空调室内设计参数

在室内设计参数表、夏季空调冷负荷计算书中，人员长期逗留区域空调室内设计参数不符合《民用建筑供暖通风与空气调节设计规范》相关规定：

1. 办公楼夏季空调室内设计参数温度为 25℃、室内相对湿度≤ 70%；

2. 酒店、办公类建筑夏季空调室内设计温度为 22～23℃。

相关标准

《民用建筑供暖通风与空气调节设计规范》

3.0.2　舒适性空调室内设计参数应符合以下规定：

1　人员长期逗留区域空调室内设计参数应符合表 3.0.2 的规定：

表 3.0.2　人员长期逗留区域空调室内设计参数

类别	热舒适度等级	温度（℃）	相对湿度（%）	风速（m/s）
供热工况	Ⅰ级	22～24	≥ 30	≤ 0.2
	Ⅱ级	18～22	—	≤ 0.2
供冷工况	Ⅰ级	24～26	40～60	≤ 0.25
	Ⅱ级	26～28	≤ 70	≤ 0.3

注：1　Ⅰ级热舒适度较高，Ⅱ级热舒适度一般；

2　热舒适度等级划分按本规范第 3.0.4 条确定。

3.0.4　供暖与空调的室内热舒适性应按现行国家标准《中等热环境　PMV 和 PPD 指数的测定及热舒适条件的规定》GB/T 18049 的有关规定执行，采用预计平均热感觉指数（*PMV*）和预计不满意者的百分数（*PPD*）评价，热舒适度等级划分应按表 3.0.4 采用。

表 3.0.4　不同热舒适度等级对应的 *PMV*、*PPD* 值

热舒适度等级	*PMV*	*PPD*
Ⅰ级	$-0.5 \leq PMV \leq 0.5$	≤ 10%
Ⅱ级	$-1 \leq PMV < -0.5$，$0.5 < PMV \leq 1$	≤ 27%

《绿色建筑评价标准》

5.1.6　应采取措施保障室内热环境。采用集中供暖空调系统的建筑，房间内的温度、湿度、新风量等设计参数应符合现行国家标准《民用建筑供暖通风与空气调节设计规范》GB 50736 的有关规定；采用非集中供暖空调系统的建筑，应具有保障室内热环境的措施或预留条件。

问题解析

1. 从《民用建筑供暖通风与空气调节设计规范》第 3.0.2 条、表 3.0.2 规定可知，室内设计参数是基于 *PMV* 和 *PPD* 指数确定的，是一种组合，而不是单个参数如温度、相对湿度、风速分别满足了就可以的。夏季空调设计室内温度为 25℃，属于热舒适等级Ⅰ级，相应的室内相对湿度应在 40%～60%，风速应控制在≤ 0.25m/s；而室内相对湿度≤ 70% 对应热舒适等级Ⅱ级，相应的空调室内设计温度应是 26～28℃。

2. 酒店、办公楼夏季空调室内设计温度为 22～23℃，不在《民用建筑供暖通风与空气调节设计规范》第 3.0.2 条、表 3.0.2 规定的空调室内设计温度范围之内。夏季空调室内设计温度过低，会提高建筑物能耗，不能满足《民用建筑供暖通风与空气调节设计规范》第 3.0.2 条规定，同时，也不能满足《绿色建筑评价标准》第 5.1.6 条（控制项）的达标要求。

问题描述

问题 2 人员新风量标准

1. 某酒店的餐厅、宴会厅人员密度 P_F = 0.5 人/m²，餐厅、宴会厅设计人均最小新风量为 20m³/（h·人）；

2. 某办公楼项目，建筑图写明室内人员密度为 8m²/人，在暖通专业施工图中，3～12 层办公室套内总建筑面积为 1077.7m²，按室内人员密度 8m²/人计算，办公人数为 135 人，设计选用送风量为 4000m³/h 的新风机组。

相关标准

《民用建筑供暖通风与空气调节设计规范》

3.0.6 设计最小新风量应符合下列规定：

1 公共建筑主要房间每人所需最小新风量应符合表 3.0.6-1 规定。

表 3.0.6-1 公共建筑主要房间每人所需最小新风量［m³/（h·人）］

建筑房间类型	新风量
办公室	30
客房	30
大堂、四季厅	10

3 高密人群建筑每人所需最小新风量应按人员密度确定，且应符合表 3.0.6-4 规定。

表 3.0.6-4 高密人群建筑每人所需最小新风量［m³/（h·人）］

建筑类型	人员密度 P_F（人/m²）		
	$P_F \leqslant 0.4$	$0.4 < P_F \leqslant 1.0$	$P_F > 1.0$
影剧院、音乐厅、大会厅、多功能厅、会议室	14	12	11
商场、超市	19	16	15
博物馆、展览厅	19	16	15
公共交通等候室	19	16	15
歌厅	23	20	19
酒吧、咖啡厅、宴会厅、餐厅	30	25	23
游艺厅、保龄球房	30	25	23
体育馆	19	16	15
健身房	40	38	37
教室	28	24	22
图书馆	20	17	16
幼儿园	30	25	23

《绿色建筑评价标准》

5.1.6 应采取措施保障室内热环境。采用集中供暖空调系统的建筑，房间内的温度、湿度、新风量等设计参数应符合现行国家标准《民用建筑供暖通风与空气调节设计规范》GB 50736 的有关规定；采用非集中供暖空调系统的建筑，应具有保障室内热环境的措施或预留条件。

问题解析

1. 依据《民用建筑供暖通风与空气调节设计规范》第 3.0.6 条第 3 款规定，餐厅、宴会厅、酒吧、咖啡厅每人所需最小新风量应根据人员密度 P_F 确定，当 $0.4 < P_F \leqslant 1.0$ 时，餐厅每人所需最小新风量都不应小于 25m³/（h·人）。

2. 依据《民用建筑供暖通风与空气调节设计规范》第 3.0.6 条第 1 款规定，办公室每人所需最小新风量为 30m³/（h·人）。按 30m³/（h·人）计算，3～12 层办公室最小新风量为 4050m³/h，且应考虑系统漏风量（10%～20%）。选用的新风机组不能保证办公室人均最小新风量。

人员最小新风量设计标准不能满足《民用建筑供暖通风与空气调节设计规范》第 3.0.6 条规定时，《绿色建筑评价标准》第 5.1.6 条（控制项）也不能达标。

问题描述	**问题 3　供暖、空调冷热负荷计算** 1. 集中供暖和集中空调系统的施工图设计，未对每一个供暖、空调房间进行热负荷和逐项逐时的冷负荷计算；只提供简略版计算书，未提供详细计算书、节能判断表等。 2. 某住宅小区的配套服务设施楼采用燃气热水炉供暖，未计算每一个供暖房间的热负荷。 3. 空调冷热负荷计算书中所采用的围护结构热工参数、使用人数等基础数据与建筑专业基础数据不一致的情况非常普遍，比如： （1）冷热负荷计算采用的围护结构传热系数与建筑节能计算报告书中相应数值不一致。 （2）对于采用玻璃幕墙的办公楼，计算时不考虑玻璃幕墙不透光部分（梁、柱、板等）的占比，全部按玻璃幕墙的透光部分计算室内得热量；而实际窗墙面积比不应超过 75%。 （3）太阳得热系数（*SHGC*）对采用玻璃幕墙和大面积外窗的办公楼夏季空调冷负荷的影响显著，而空调冷负荷计算书中大多没有按建筑节能计算报告书中的 *SHGC* 值计算，基本上采用计算软件的默认值，且计算软件设定的打印参数一般没有这个系数。 （4）新风量确定。一些高级商务办公楼、总部办公楼项目，建筑专业设计说明及平面图中均标明办公楼的开放式办公室，每人使用面积为 $10m^2$，而暖通专业却按每人使用面积 $6m^2$ 计算，虽然符合《办公建筑设计标准》第 4.2.3 条规定，但是与建筑专业相关数据不一致，造成室内冷负荷、新风冷负荷计算值偏大。
相关标准	**《建筑节能与可再生能源利用通用规范》** 3.2.1　除乙类公共建筑外，集中供暖和集中空调系统的施工图设计，必须对设置供暖、空调装置的每一个房间进行热负荷和逐项逐时冷负荷计算。
问题解析	1. 在施工图设计阶段。 （1）应按《建筑节能与可再生能源利用通用规范》第 3.2.1 条规定对设置供暖、空调装置的每一个房间进行热负荷和逐项逐时冷负荷计算，并作为选择末端设备，确定管道规格，选择冷热源设备容量的基本依据。 （2）应按《建筑工程设计文件编制深度规定（2016 年）》第 4.7.10 条规定提供详细的冷、热负荷计算书，施工图审查报审文件中应包括负荷计算书。 （3）集中供暖系统设计应计算建筑总热负荷和单位建筑面积热负荷指标。 2. 楼用燃气炉供暖属于集中供暖，在《民用建筑供暖通风与空气调节设计规范》条文说明第 2.0.4 条写明：楼用燃气炉供暖和楼用热泵供暖也属于集中供暖。集中供暖项目应按《建筑节能与可再生能源利用通用规范》第 3.2.1 条规定，对每个供暖房间或区域进行冬季热负荷计算，并提供计算书。 3. 进行空调热负荷和逐项逐时冷负荷计算时，公共建筑暖通空调冷热负荷计算所采用的使用人数等基础数据与其他专业应协调一致。目前，不少项目的夏季空调总冷负荷、冷负荷指标数值偏大，与上述计算参数有很多关系。 另外，工业建筑集中供暖和集中空调系统的施工图设计，必须对设置供暖、空调装置的每一个房间进行热负荷和逐项逐时冷负荷计算，没有设置供暖、空调的工业建筑可不计算冷热负荷。

问题描述

问题 1 空调系统夏季总冷负荷的确定

很多民用建筑的夏季空调冷负荷计算书中没有对一栋楼各空调房间或空调区域的逐时冷负荷进行汇总，在计算简表中将各空调房间或区域的最大计算冷负荷值进行累加，作为确定冷水机组容量的依据；有些综合体项目由裙楼、塔楼组成或由多栋建筑物组成，采用一个冷冻站集中供冷时，往往按各楼或各部分的最大计算冷负荷值进行累加，作为确定冷水机组容量的依据。例如：

1. 某综合体项目有 4 栋高层办公楼，由于建筑朝向上的差异，有 2 栋楼的逐时冷负荷最大值出现在某日 17：00，有 2 栋楼的逐时冷负荷最大值出现在同日 16 : 00，在确定 4 栋楼集中冷源电制冷冷水机组的装机容量时，其夏季总冷负荷是将 4 栋楼的最大冷负荷进行累加的。

2. 某新建医院医疗综合楼项目设有一个集中冷冻站，用于确定集中冷冻站电制冷冷水机组的装机容量的空调系统夏季冷负荷是按地下部分、干保楼、急诊医技楼最大冷负荷的累计值确定的，而地下部分、干保楼、急诊医技楼的最大逐时冷负荷分别出现在当日 17：00、14：00、11：00。工程夏季空调计算总冷负荷为 8600kW，地下室当日 17：00 总冷负荷为 1258336W，干保楼当日 14：00 总冷负荷为 4289499W，急诊医技楼当日 11：00 总冷负荷为 3052717W，见表 1～表 4。且三部分的空调系统夏季冷负荷计算书中均未体现因风机、水泵等温升引起的附加冷负荷。

工程概况 **表 1**

项目	内容
工程地点北京	北京
总建筑面积（m^2）	89000
工程总冷负荷（kW）	8600
工程冷指标（W/m^2）	96.6

地下室冷负荷计算 **表 2**

夏季负荷统计																		
时间		6：00	7：00	8：00	9：00	10：00	11：00	12：00	13：00	14：00	15：00	16：00	17：00	18：00	19：00	20：00	21：00	22：00
夏季负荷统计	面积（m^2）	5203	5203	5203	5203	5203	5203	5203	5203	5203	5203	5203	5203	5203	5203	5203	5203	5203
	夏季总冷负荷最大时刻（含新风 / 全热）	17：00	17：00	17：00	17：00	17：00	17：00	17：00	17：00	17：00	17：00	17：00	17：00	17：00	17：00	17：00	17：00	17：00
	夏季室内冷负荷最大时刻（全热）	17：00	17：00	17：00	17：00	17：00	17：00	17：00	17：00	17：00	17：00	17：00	17：00	17：00	17：00	17：00	17：00	17：00
	夏季总冷负荷（含新风 / 全热）（W）	887266	882251	877945	901950	1069590	1122496	1160429	1188156	1210177	1231220	1246540	1258336	1070027	1023822	992571	972504	953049
	夏季室内冷负荷（全热）（W）	156458	151443	147137	171142	338782	391688	429622	457348	479369	500413	515732	527528	339220	293014	261763	241697	222241
	夏季室内湿负荷（W）	123.765	123.765	123.765	123.765	123.765	123.765	123.765	123.765	123.765	123.765	123.765	123.765	123.765	123.765	123.765	123.765	123.765
	夏季新风量（m^3）	47138.5	47138.5	47138.5	47138.5	47138.5	47138.5	47138.5	47138.5	47138.5	47138.5	47138.5	47138.5	47138.5	47138.5	47138.5	47138.5	47138.5
	夏季新风冷负荷（W）	730808	730808	730808	730808	730808	730808	730808	730808	730808	730808	730808	730808	730808	730808	730808	730808	730808
	夏季总冷负荷建筑指标（含新风）（W）	170.5	169.6	168.7	173.4	205.6	215.7	223	228.4	232.6	236.6	239.6	241.8	205.7	196.8	190.8	186.9	183.2

问题描述

干保楼冷负荷计算

表 3

夏季负荷统计																		
	时间	6：00	7：00	8：00	9：00	10：00	11：00	12：00	13：00	14：00	15：00	16：00	17：00	18：00	19：00	20：00	21：00	22：00
夏季负荷统计	面积（m^2）	22061	22061	22061	22061	22061	22061	22061	22061	22061	22061	22061	22061	22061	22061	22061	22061	22061
	夏季总冷负荷最大时刻（含新风/全热）	14：00	14：00	14：00	14：00	14：00	14：00	14：00	14：00	14：00	14：00	14：00	14：00	14：00	14：00	14：00	14：00	14：00
	夏季室内冷负荷最大时刻（全热）	14：00	14：00	14：00	14：00	14：00	14：00	14：00	14：00	14：00	14：00	14：00	14：00	14：00	14：00	14：00	14：00	14：00
	夏季总冷负荷（含新风/全热）（W）	3664784	3791111	3861775	3970263	4089370	4190762	4204538	4268043	4289499	4256201	4186776	4045849	4015371	3855256	3693593	3667839	3644644
	夏季室内冷负荷（全热）（W）	1887038	2013366	2084029	2192517	2311625	2413017	2426793	2490298	2511753	2478455	2409031	2268104	2237626	2077511	1915847	1890094	1866898
	夏季室内湿负荷（W）	531.37	531.37	531.37	531.37	531.37	531.37	531.37	531.37	531.37	531.37	531.37	531.37	531.37	531.37	531.37	531.37	531.37
	夏季新风量（m^3）	176511	176511	176511	176511	176511	176511	176511	176511	176511	176511	176511	176511	176511	176511	176511	176511	176511
	夏季新风冷负荷（W）	1777745	1777745	1777745	1777745	1777745	1777745	1777745	1777745	1777745	1777745	1777745	1777745	1777745	1777745	1777745	1777745	1777745
	夏季总冷负荷建筑指标（含新风）（W）	166.1	171.8	175	180	185.4	190	190.6	193.5	194.4	192.9	189.8	183.4	182	174.8	167.4	166.3	165.2

急诊医技楼冷负荷计算

表 4

夏季负荷统计																		
	时间	6：00	7：00	8：00	9：00	10：00	11：00	12：00	13：00	14：00	15：00	16：00	17：00	18：00	19：00	20：00	21：00	22：00
夏季负荷统计	面积（m^2）	12034.8	12034.8	12034.8	12034.8	12034.8	12034.8	12034.8	12034.8	12034.8	12034.8	12034.8	12034.8	12034.8	12034.8	12034.8	12034.8	12034.8
	夏季总冷负荷最大时刻（含新风/全热）	11：00	11：00	11：00	11：00	11：00	11：00	11：00	11：00	11：00	11：00	11：00	11：00	11：00	11：00	11：00	11：00	11：00
	夏季室内冷负荷最大时刻（全热）	11：00	11：00	11：00	11：00	11：00	11：00	11：00	11：00	11：00	11：00	11：00	11：00	11：00	11：00	11：00	11：00	11：00
	夏季总冷负荷（含新风/全热）（W）	2518786	2697152	2835764	2966318	3038807	3052717	2995144	3009345	2992565	2932499	2833054	2710864	2609861	2432041	2364236	2350422	2337473
	夏季室内冷负荷（全热）（W）	1165146	1343512	1482123	1612677	1685167	1699076	1641503	1655705	1638924	1578859	1479414	1357224	1256221	1078401	1010596	996782	983833
	夏季室内湿负荷（W）	255.772	255.772	255.772	255.772	255.772	255.772	255.772	255.772	255.772	255.772	255.772	255.772	255.772	255.772	255.772	255.772	255.772
	夏季新风量（m^3）	115285.2	115285.2	115285.2	115285.2	115285.2	115285.2	115285.2	115285.2	115285.2	115285.2	115285.2	115285.2	115285.2	115285.2	115285.2	115285.2	115285.2
	夏季新风冷负荷（W）	1353640	1353640	1353640	1353640	1353640	1353640	1353640	1353640	1353640	1353640	1353640	1353640	1353640	1353640	1353640	1353640	1353640
	夏季总冷负荷建筑指标（含新风）（W）	9.3	224.1	235.6	246.5	252.5	253.7	248.9	250.1	248.7	243.7	235.4	225.3	216.9	202.1	196.4	195.3	194.2

相关标准	**《建筑节能与可再生能源利用通用规范》** 3.2.24　供暖空调系统应设置自动室温调控装置。 **《民用建筑供暖通风与空气调节设计规范》** 7.1.5　空调区内的空气压力，应满足下列要求： 1　舒适性空调，空调区与室外或空调区之间有压差要求时，其压差值宜取 5Pa～10Pa，最大不应超过 30Pa； 2　工艺性空调，应按空调区环境要求确定。 7.2.11　空调系统的夏季冷负荷，应按下列规定确定： 1　末端设备设有温度自动控制装置时，空调系统的夏季冷负荷按所服务各空调区逐时冷负荷的综合最大值确定； 2　末端设备无温度自动控制装置时，空调系统的夏季冷负荷按所服务各空调区冷负荷的累计值确定； 3　应计入新风冷负荷、再热负荷以及各项有关的附加冷负荷。 4　应考虑所服务各空调区的同时使用系数。 7.2.12　空调系统的夏季附加冷负荷，宜按下列各项确定： 1　空气通过风机、风管温升引起的附加冷负荷； 2　冷水通过水泵、管道、水箱温升引起的附加冷负荷。 7.3.22　空调系统应进行风量平衡计算，空调区内的空气压力应符合本规范第 7.1.5 条的规定。人员集中且密闭性较好，或过渡季节使用大量新风的空调区，应设置机械排风设施，排风量应适应新风量的变化。
问题解析	依据《建筑节能与可再生能源利用通用规范》第 3.2.24 条规定，供暖空调系统应设置自动室温调控装置，因此，空调系统的夏季冷负荷不能再按《民用建筑供暖通风与空气调节设计规范》第 7.2.11 条第 2 款规定确定（按所服务各空调区的最大冷负荷进行累加），而应以所服务各空调区逐时冷负荷的综合最大值确定。 区域供冷站的计算总冷负荷确定有所不同。设计采用区域供冷方式时，应进行各建筑和区域的逐时冷负荷分析计算，由于区域供冷系统涉及的建筑或区域较大，尚未对很多服务的建筑或区域进行设计，因此可不按本条规定确定区域供冷站的总冷负荷。 区域供冷站制冷机组的总装机容量应按照整个区域的最大逐时冷负荷需求，并考虑各建筑或区域的同时使用系数确定。 按《民用建筑供暖通风与空气调节设计规范》第 7.1.5 条、第 7.3.22 条规定，空调区与室外或空调区之间有压差要求时，应设置有组织的新风系统，空调房间应保持正压，也能很好地满足空调区舒适、卫生、节能的要求。当工程设置有组织集中新风系统时，空调系统的夏季冷负荷应被计入新风冷负荷；但是，有些项目受初投资影响，不能设置有组织集中新风系统，这种做法并不违反目前规范、标准中的强制性条文，也是允许的。 医院地下部分、干保楼、急诊医技楼均未计算因风机、水泵、水箱及管道引起的附加冷负荷，空调系统的夏季冷负荷中未计入上述各项的附加冷负荷，不符合《民用建筑供暖通风与空气调节设计规范》第 7.2.11 条规定。目前大部分项目的空调冷负荷计算书中均未体现这部分附加冷负荷。

问题描述

问题 2　电动压缩式冷水机组的总装机容量确定

1. 某商务办公楼夏季空调计算总冷负荷约为 1468.7kW（表 1），主要设备材料表（表 2）中选用的风冷冷水机组（单冷型）总装机容量为 1950kW，总装机容量与冷负荷比值大于 1.1。

夏季空调计算总冷负荷统计表　　表 1

夏季负荷统计	建筑面积（m^2）	夏季总冷负荷最大时刻（含新风 / 全热）（h）	夏季总冷负荷（W）	夏季总冷负荷建筑指标（含新风）（W/m^2）
	10055.95	16：00	1468683	146.05

主要设备材料表　　表 2

名称	数量（台）	设备对数
风冷冷水机组	15	名义制冷量：130kW，输入电功率：45kW（380V），噪声：69dB（A） 制冷剂类型：R410A，机组水压降：60kPa，运行重量：1200kg
冷水循环泵	3	额定流量 $110m^3/h$，扬程 $28mH_2O$，功率 22kW（380V）

2. 数据机房（丙类厂房）的电动压缩式冷水机组的总装机容量与计算冷负荷比值大于 1.1。

相关标准

《建筑节能与可再生能源利用通用规范》

2.0.5　新建、扩建和改建建筑以及既有建筑节能改造均应进行建筑节能设计。建设项目可行性研究报告、建设方案和初步设计文件应包括建筑能耗、可再生能源利用及建筑碳排放分析报告。施工图设计文件应明确建筑节能措施及可再生能源利用系统运营管理的技术要求。

3.2.8　电动压缩式冷水机组的总装机容量，应按本规范第 3.2.1 条的规定计算的空调冷负荷值直接选定，不得另作附加。在设计条件下，当机组的规格不符合计算冷负荷的要求时，所选择机组的总装机容量与计算冷负荷的比值不得大于 1.1。

5.4.3　采用空气源热泵机组供热时，冬季设计工况状态下热泵机组制热性能系数（*COP*）不应小于表 5.4.3 规定的数值。

表 5.4.3　空气源热泵设计工况制热性能系数（*COP*）

机组类型	严寒地区	寒冷地区
冷热风机组	1.8	2.2
冷热水机组	2.0	2.4

问题解析

1. 单冷型风冷冷水机组的总装机容量，也应按《建筑节能与可再生能源利用通用规范》第 3.2.8 条规定，根据计算的空调系统冷负荷直接选定，不应另作附加。

2. 依据《建筑节能与可再生能源利用通用规范》第 1.0.2 条规定，本规范也适用于工业建筑。电子信息系统机房的电动压缩式冷水机组的总装机容量也应根据计算的夏季空调系统冷负荷直接选定，不应另作附加。

另外，目前有些寒冷地区的公共建筑采用空气源热泵机组在夏季供冷，在冬季供热。由于寒冷地区冬季室外温度低，风冷热泵制热效率较低，一般要按冬季制热工况选用风冷热泵机组容量，往往造成风冷热泵机组的总装机容量与夏季计算冷负荷比值大于 1.1，这是可以的，但是应在设计说明中写明运行策略，且空气源热泵设计工况制热性能系数（*COP*）应符合《建筑节能与可再生能源利用通用规范》第 5.4.3 条规定。

问题描述

问题 3　冷、热源设备的能效

1. 某公共建筑节能专篇、设备表中标明容量为 1934kW 的离心式定频冷水机组制冷性能系数 $COP \geq 5.50$W/W，容量为 703kW 的螺杆式定频冷水机组的制冷性能系数 $COP = 5.10$W/W，且未计算在设备表中标注冷水机组的综合部分负荷性能系数（*IPLV*）。

2. 某幼儿园采用空气源热泵机组作为夏季空调冷源和冬季地板辐射供暖系统的热源，夏季空调方式为风机盘管加集中新风的集中空调系统，冬季供暖方式为地板辐射供暖系统加集中新风系统，施工图设计阶段未进行空调季空调系统综合性能系数 $SCOP_t$ 计算；设备表中注明在冬季设计工况下，空气源热泵机组（冷热水机组）制热性能系数 $COP = 2.0$。

相关标准

《建筑节能与可再生能源利用通用规范》

3.2.9　采用电机驱动的蒸汽压缩循环冷水（热泵）机组时，其在名义制冷工况和规定条件下的性能系数（*COP*）应符合下列规定：

1　定频水冷机组及风冷或蒸发冷却机组的性能系数（*COP*）不应低于表 3.2.9-1 的数值；

2　变频水冷机组及风冷或蒸发冷却机组的性能系数（*COP*）不应低于表 3.2.9-2 的数值。

表 3.2.9-1　名义制冷工况和规定条件下定频冷水（热泵）机组的制冷性能系数（*COP*）

类型		名义制冷量 *CC*（kW）	性能系数 *COP*（W/W）					
			严寒A、B区	严寒C区	温和地区	寒冷地区	夏热冬冷地区	夏热冬暖地区
水冷	活塞式/涡旋式	$CC \leq 528$	4.30	4.30	4.30	5.30	5.30	5.30
	螺杆式	$CC \leq 528$	4.80	4.90	4.90	5.30	5.30	5.30
		$528 < CC \leq 1163$	5.20	5.20	5.20	5.60	5.60	5.60
		$CC > 1163$	5.40	5.50	5.60	5.80	5.80	5.80
	离心式	$CC \leq 1163$	5.50	5.60	5.60	5.70	5.80	5.80
		$1163 < CC \leq 2110$	5.90	5.90	5.90	6.00	6.10	6.10
		$CC > 2110$	6.00	6.10	6.10	6.20	6.30	6.30
风冷或蒸发冷却	活塞式/涡旋式	$CC \leq 50$	2.80	2.80	2.80	3.00	3.00	3.00
		$CC > 50$	3.00	3.00	3.00	3.00	3.20	3.20
	螺杆式	$CC \leq 50$	2.90	2.90	2.90	3.00	3.00	3.00
		$CC > 50$	2.90	2.90	3.00	3.00	3.20	3.20

表 3.2.9-2　名义制冷工况和规定条件下变频冷水（热泵）机组的制冷性能系数（*COP*）

类型		名义制冷量 *CC*（kW）	性能系数 *COP*（W/W）					
			严寒A、B区	严寒C区	温和地区	寒冷地区	夏热冬冷地区	夏热冬暖地区
水冷	活塞式/涡旋式	$CC \leq 528$	4.20	4.20	4.20	4.20	4.20	4.20
	螺杆式	$CC \leq 528$	4.37	4.47	4.47	4.47	4.56	4.66
		$528 < CC \leq 1163$	4.75	4.75	4.75	4.85	4.94	5.04
		$CC > 1163$	5.20	5.20	5.20	5.23	5.32	5.32
	离心式	$CC \leq 1163$	4.70	4.70	4.74	4.84	4.93	5.02
		$1163 < CC \leq 2110$	5.20	5.20	5.20	5.20	5.21	5.30
		$CC > 2110$	5.30	5.30	5.30	5.39	5.49	5.49
风冷或蒸发冷却	活塞式/涡旋式	$CC \leq 50$	2.50	2.50	2.50	2.50	2.51	2.60
		$CC > 50$	2.70	2.70	2.70	2.70	2.70	2.70
	螺杆式	$CC \leq 50$	2.51	2.51	2.51	2.60	2.70	2.70
		$CC > 50$	2.70	2.70	2.70	2.79	2.79	2.79

相关标准	5.4.3 采用空气源热泵机组供热时，冬季设计工况状态下热泵机组制热性能系数（*COP*）不应小于表 5.4.3 规定的数值。 **表 5.4.3 空气源热泵设计工况制热性能系数（*COP*）** 机组类型 / 严寒地区 / 寒冷地区 冷热风机组 / 1.8 / 2.2 冷热水机组 / 2.0 / 2.4 **北京市地方国家标准《居住建筑节能设计标准》** 4.1.8 采用集中空调系统的居住建筑，应进行空调季空调系统综合性能系数 $SCOP_t$ 计算，并应符合下列规定： 1 空调季空调系统综合性能系数 $SCOP_t$ 不应低于表 4.1.8 的限值； **表 4.1.8 建筑物空调季空调系统综合性能系数 $SCOP_t$ 限值** 集中空调系统类型 / 冷水机组 / 多联机 / 热泵 $SCOP_t$ /（kWh/kWh）/ 3.90 / 3.80 / 3.00 2 多种集中空调系统组合 $SCOP_t$ 限值应按照单一系统所负担的设计冷负荷加权平均获得。 4.1.10 采用空气源热泵机组作为冬季供暖设备时，在冬季设计工况下，其性能系数 *COP* 应符合下列规定： 1 冷热风机组不应低于 2.20； 2 冷热水机组不应低于 2.40。
问题解析	1.《建筑节能与可再生能源利用通用规范》第 3.2.9 条第 1 款规定，限值较现行国家标准《公共建筑节能设计标准》要高很多，容量为 1934kW 的离心式定频冷水机组制冷性能系数 *COP* 不应低于 6.00，容量为 703kW 的螺杆式定频冷水机组的制冷性能系数 *COP* 不应小于 5.60。设计人员要注意设计项目取得规证的时间，在 2022 年 4 月 1 日及之后取得规证的北京项目，在选用电机驱动的蒸汽压缩循环冷水（热泵）机组时，不仅应注意选用符合《建筑节能与可再生能源利用通用规范》第 3.2.9 条规定的机组，设计人员要注意设计项目取得规证的时间，在 2022 年 4 月 1 日及之后取得规证的北京项目，在采选用电机驱动的蒸汽压缩循环冷水（热泵）机组时，不仅应注意选用符合《建筑节能与可再生能源利用通用规范》第 3.2.9 条规定的机组，且选用机组的综合部分负荷性能系数（*IPLV*）还不应低于《建筑节能与可再生能源利用通用规范》第 3.2.11 条规定数值，应同时满足 *COP*、*IPLV* 这 2 个控制参数的要求。 2. 北京市地方标准《居住建筑节能设计标准》平均节能率约为 80%，高于国家标准《建筑节能与可再生能源利用通用规范》第 2.0.1 条规定的严寒和寒冷地区居住建筑平均节能率应为 75% 的规定，北京市居住建筑节能设计应该会继续执行地方标准。幼儿园节能设计应执行《居住建筑节能设计标准》，应按该标准第 4.1.8 条规定进行 $SCOP_t$ 计算，且应满足规定限值；另外，在冬季设计工况下，空气源热泵机组（冷热水机组）冬季供热时的性能系数 $COP = 2.0$，不符合北京市地方标准《居住建筑节能设计标准》第 4.1.10 条（与《建筑节能与可再生能源利用通用规范》第 5.4.3 条规定限值一致）的要求。

问题描述

问题4 冷却塔冬季供冷

1. 某商业综合体采用了冷却塔冬季供冷系统，空调水系统为两管制系统，无法实现内区冷却塔冬季供冷。

2. 某科技园项目采用了冷却塔冬季供冷系统，内区冷负荷为132kW，冷却塔提供一次冷水，经板式换热器换热后提供给内区风机盘管，一次侧设计供回水温度为5/10℃，二次侧设计供回水温度为7/12℃，一次侧设计供水温度5℃，在室外最高湿球温度设计值不应低于5℃的状况下是不可能满足设计要求的。

3. 某医院综合楼项目存在需要冬季供冷的较大面积的建筑内区，空调水系统为分区两管制，内区采用风机盘管加新风系统，夏季由医院集中冷源供冷，集中冷源通过冷却塔释热；建筑内区风机盘管由设置在裙房屋顶的四管制多功能机组（风冷热泵机组，可全部回收制冷机组的冷凝热）提供冷源，该风冷冷水系统只能在过渡季节为建筑内区的风机盘管供冷，在冬季不能为建筑内区的风机盘管供冷，如图1、图2所示。

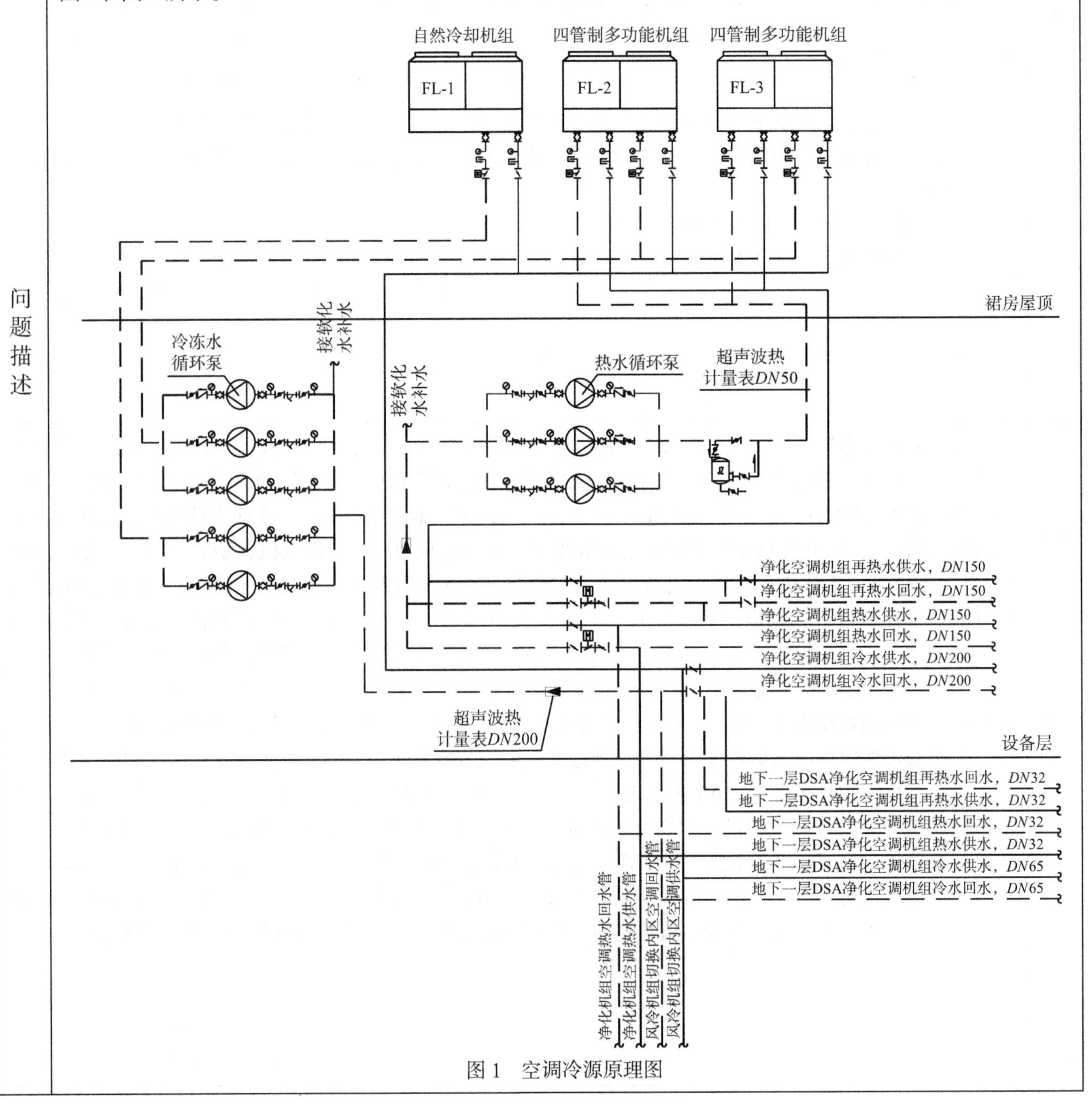

图1 空调冷源原理图

问题描述				
	使用工况	非净化区冷热源	净化区冷热源	
		集中冷热源	四管制多功能机组	自然冷却风冷机组
	夏季全部区域供冷	LS-1-3 制冷	FL-2，3 制冷＋（热回收）	FL-1 制冷
	初夏／夏末提前或延长仅为净化空调及内区风机盘管供冷	LS-1 制冷（轮流）	FL-2，3 制热（轮流）	FL-1 制冷
	过渡季净化空调及内区风机盘管供冷（室外温度 15～25℃）		FL-2，3 制冷＋（热回收）	FL-1 自然冷却制冷
	初冬季及冬末季仅净化区供冷（室外温度 15～25℃）		FL-2/3 制冷＋（热回收）	FL-1 自然冷却制冷
	初冬季及冬末季仅净化区供冷，其余区域供热（室外温度 5～10℃）	热交换机组供热	FL-2/3 制冷＋（热回收）	FL-1 自然冷却制冷
	冬季全部供热	热交换机组供热		

图 2　制冷系统阀门冬夏季切换表

相关标准

国家标准《公共建筑节能设计标准》

4.2.20　对冬季或过渡季存在供冷需求的建筑，应充分利用新风降温；经技术经济分析合理时，可利用冷却塔提供空气调节冷水或使用具有同时制冷和制热功能的空调（热泵）产品。

北京市地方标准《公共建筑节能设计标准》

4.2.26　当建筑物存在冬季需要供冷的内区，且设计了冬季供冷空调系统时，冬季应采用利用自然冷源供冷的技术措施，并满足下列规定：

1　除冬季采用热回收冷水机组为内区供冷且全部回收了制冷机组的冷凝热之外，同时符合下列条件的工程，应利用冷却塔为风机盘管提供空调冷水：

1）采用风机盘管加新风空调系统，且新风不能满足供冷需求；

2）风机盘管的冷源为水冷式冷水机组，且通过冷却塔释热。

2　舒适性空调采用全空气系统时，新风比应符合本标准第 4.4.7 条 3 款的规定。

4.2.27　建筑物冬季采用自然冷源供冷时，应符合下列规定：

1　应充分利用室外新风作冷源。

2　风机盘管加新风系统，能够利用冷却塔提供空调冷水的室外最高湿球温度设计值不应低于 5℃。冷却塔供冷设计计算资料见本标准附录 C.2。

3　采用水环热泵系统时，应按内外区分别布置末端机组，设计工况下为外区供暖提供的内区余热量不应小于内区可利用总余热量的 70%。

4　冬季采用热回收冷水机组为内区供冷时，应全部回收制冷机组的冷凝热，用于外区供暖和／或作为生活热水热源。

问题解析

国家标准《公共建筑节能设计标准》第 4.2.20 条对冬季或过渡季存在供冷需求的建筑规定：经技术经济分析合理时，可利用冷却塔提供空气调节冷水。而北京市地方标准《公共建筑节能设计标准》第 4.2.26 条以强制性条文形式规定了什么情况下应采用冷却塔冬季供冷。

商业建筑、医疗建筑存在较大面积的建筑内区，在冬季，由于这些建筑人员密集，照明灯具、设备功率密度大的区域，也需要供冷。目前，这类建筑物大多采用水冷冷水机组供冷，室内空调为风机盘管加新风系统，当新风系统不能满足室内供冷需求时，应按相关规定利用冷却塔在冬季为风机盘管提供空调冷水。冷却塔供冷系统设计可按《北京地区冷却塔供冷系统设计指南》进行，冷却塔冬季供冷系统设计时，要注意采取冬季防冻措施。

问题解析	1. 空调水系统应满足冷却塔冬季供冷运行需求 公共建筑存在冬季需要供冷的较大面积内区，采用冷却塔冬季供冷为风机盘管提供空调冷水时，应能满足建筑内区冬季供冷、建筑外区冬季供热两种工况，空调水系统应采用分区两管制或四管制系统。目前，有些大型公共建筑设计是按空调季节典型模式（夏季供冷、冬季供热）来设计冷却塔供冷，只在过渡季节（非空调期）运行冷却塔给内区供冷，而不是在冬季利用冷却塔给内区风机供冷。 2. 冷却塔供冷冷水温度确定 冷却塔供冷系统设计应满足冷却塔提供空调冷水的室外最高湿球温度设计值不低于5℃的要求，图2中冷却塔供冷系统一次侧设计供水温度为5℃，在室外最高湿球温度设计值不应低于5℃的状况下是不可能满足的。 3. 医疗建筑经常采用四管制多功能机组（热回收冷水机组）、自然冷却风冷机组在过渡季及冬季为建筑内区风机盘管供冷，四管制多功能机组可全部回收制冷机组的冷凝热，自然冷却风冷机组可利用自然冷源供冷，符合北京市地方标准《公共建筑节能设计标准》第4.2.26条规定，只是图2中使用的工况及阀门开启、关闭说明有误，系统按图2运行不能满足第4.2.26条规定。

问题描述

问题 1 供暖热水循环泵设计扬程偏高

采用集中供暖的住宅小区，换热站二次侧热水循环泵的设计扬程多为 33～36m。例如，某住宅小区采用热水集中供暖系统，设计供回水温差为 25℃，低区供暖系统管网总干线长度为 553m，高区供暖系统管网总干线长度为 587m，设计选用的低区 / 高区热水循环泵扬程为 32m/34m，设备表中标明循环水泵的耗电输热比 *EHR* 符合北京市地方标准《北京市居住建筑节能设计标准》的规定。

相关标准

《民用建筑供暖通风与空气调节设计规范》

8.11.13 在选配集中供暖系统的循环水泵时，应计算循环水泵的耗电输热比（*EHR*），并应标注在施工图的设计说明中。循环泵耗电输热比应符合下式要求：

$$EHR = 0.003096\Sigma(G \cdot H/\eta_b)/Q \leqslant A(B+\alpha\Sigma L)/\Delta T \quad (8.11.13)$$

式中：*EHR*——循环水泵的耗电输热比；

G——每台运行水泵的设计流量，m^3/h；

H——每台运行水泵对应的设计扬程，m 水柱；

η_b——每台运行水泵对应的设计工作点效率；

Q——设计热负荷，kW；

ΔT——设计供回水温差，℃；

A——与水泵流量有关的计算系数，按本规范表 8.5.12-2 选取；

B——与机房及用户的水阻力有关的计算系数，一级泵系统时 $B=20.4$，二级泵系统时 $B=24.4$；

ΣL——室外主干线（包括供回水管）总长度（m）；

α——与 ΣL 有关的计算系数，按如下选取或计算：当 $\Sigma L \leqslant 400$m 时，$\alpha=0.0015$；当 400m $<\Sigma L<$ 1000m 时，$\alpha=0.003833+3.067/\Sigma L$；当 $\Sigma L \geqslant 1000$m 时，$\alpha=0.0069$。

《绿色建筑评价标准》

7.2.6 采取有效措施降低供暖空调系统的末端系统及输配系统的能耗，评价总分值为 5 分，并按以下规则分别评分并累计：

1 通风空调系统风机的单位风量耗功率比现行国家标准《公共建筑节能设计标准》GB 50189 的规定低 20%，得 2 分；

2 集中供暖系统热水循环泵的耗电输热比、空调冷热水系统循环水泵的耗电输冷（热）比比现行国家标准《民用建筑供暖通风与空气调节设计规范》GB 50736 规定值低 20%，得 3 分。

问题解析

EHR 和耗电输冷（热）比 *EC*（*H*）*R-a* 分别反映了供暖系统和空调冷热水系统中循环水泵的耗电功率与建筑冷 / 热负荷的关系，对此值进行限制是为了保证在合理的范围内选择水泵，降低水泵能耗。

《民用建筑供暖通风与空气调节设计规范》第 8.11.13 条中的 *EHR* 与北京市地方标准《公共建筑节能设计标准》第 4.3.6 条的计算公式内容一致。采用北京市地方标准《公共建筑节能设计标准》提供的电子计算表 D.2.3-5 供暖水系统耗电输热比 *EHR-h* 计算表进行核算就可以发现该换热站二次侧热水循环泵的 *EHR* 不能满足节能标准规定，所选的水泵扬程明显偏大。

《绿色建筑评价标准》第 7.2.6 条第 2 款需要提供 *EHR*、空调水系统 *EC*（*H*）*R-a* 计算过程，包括计算公式以及公式中各项参数，并且各项参数应与设备表内容一致。

<table>
<tr><td>问题描述</td><td>

问题 2　室外管网的水力平衡计算

采用集中供暖的住宅小区，将锅炉房和（或）换热站设置在地下车库，在车库布置供暖管网，引至各建筑物供热热力入口。这类项目在报审时很多都没有包含室外管网的水力平衡计算书，在地下供暖管道平面图中也没有标注各建筑物热力入口资用压差、室内侧的供回水压差、室内系统设计工况下的额定流量。

</td></tr>
<tr><td>相关标准</td><td>

《建筑节能与可再生能源利用通用规范》

3.2.20　集中供热（冷）的室外管网应进行水力平衡计算，且应在热力站和建筑物热力入口处设置水力平衡或流量调节装置。

北京市地方标准《供热计量设计技术规程》

6.0.2　室外供热管网水力计算应符合下列规定：

3　计算室外管网在每一建筑供暖入口的资用压差，并对照室内系统的总压力损失，正确选择入口调节装置。室外供热管网施工图的各热力入口标注下列内容：

1）各热力入口资用压差；

2）室内侧的供回水压差（不包括平衡阀、流量控制阀或压差控制阀的阻力）；

3）室内系统设计工况时的额定流量。

</td></tr>
<tr><td>问题解析</td><td>

《锅炉房设计标准》第 2.0.11 条将室外热力管道定义为企业所属锅炉房在企业范围内的室外热力管道，以及区域锅炉房其界线范围内的室外热力管道。

北京市地方标准《供热计量设计技术规程》第 2.0.15 条将室外供热系统定义为自供热热源或热力站出口起，至建筑物供热管道入口止的供热系统。简称室外系统或室外管网。

按上述标准规定，住宅小区采用集中供暖系统，设置在地下汽车库内的供暖管网就属于室外管网，应按《建筑节能与可再生能源利用通用规范》第 3.2.20 规定，进行室外管网的水力平衡计算。

北京的项目还应按北京市地方标准《供热计量设计技术规程》第 6.0.2 条规定，计算室外管网在每一建筑热力入口的资用压差，并在热力入口标注相应的参数。

</td></tr>
</table>

问题描述

问题 3　燃气锅炉房直接供暖系统用户侧回水温度低于其烟气露点温度

一些采用辐射供暖的居住建筑，设计采用普通燃气热水锅炉直接供暖系统，用户侧回水温度通常低于燃气热水锅炉的烟气露点温度（58℃左右），且未按热源侧和用户侧配置二级泵混水系统。

相关标准

北京市地方标准《居住建筑节能设计标准》

4.3.1　燃气锅炉房直接供热系统，当锅炉对供回水温度和流量的限定，与用户侧在整个运行期对供回水温度和流量的要求不一致时，应按热源侧和用户侧配置二级泵混水系统。

《严寒和寒冷地区居住建筑节能设计标准》

5.3.4　采用低温地面辐射供暖的集中供热小区，锅炉或换热站不宜直接提供温度低于 60℃的热媒。当外网提供的热媒温度高于 60℃时，宜在楼栋的供暖热力入口处设置混水调节装置。

问题解析

热网供水温度过低，供回水温差过小，必然会导致室外热网的循环水量、输送管道直径、输送能耗及初期投资大幅度增加，削弱地面辐射供暖系统的节能优势。为了充分保持地面辐射供暖系统的节能优势，设计中应尽可能提高室外热网的供水温度，加大供回水的温差。

另外，采用燃气锅炉直接供热时，各种燃气锅炉对供回水温度、流量等有不同的要求，运行中必须确保这些参数不超出允许范围。燃烧天然气的锅炉，其烟气的露点温度约为 58℃，当用户侧回水温度低于 58℃时，烟气冷凝对碳钢锅炉有较大腐蚀性，影响锅炉的使用寿命，在北京地区的很多燃气锅炉只使用了 5 年就被腐蚀破坏。采用二级泵混水系统可以使热源侧和用户侧分别按各自的要求调节水温和流量，既满足锅炉防腐及安全要求，又满足系统节能的需要。根据某些锅炉的特性（例如冷凝锅炉等），也可能不设二级泵混水系统，而采用一级泵直接供热系统，设计人应向锅炉厂技术部门了解清楚。

普通燃气锅炉房直接供热二级混水系统见图 1。

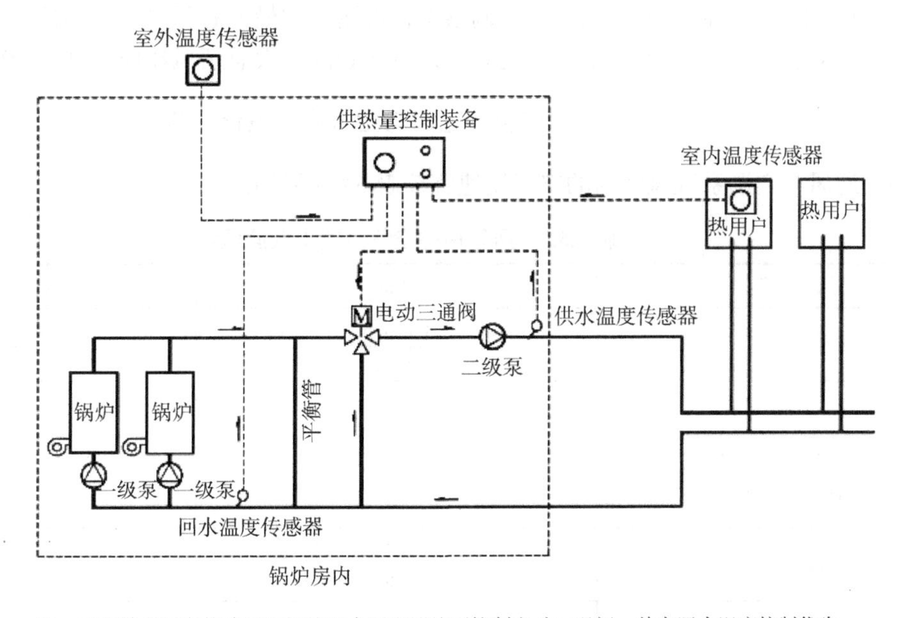

注：二次供水温度传感器和锅炉回水温度器均可控制电动三通阀，其中回水温度控制优先。

图 1　普通燃气锅炉房直接供热二级泵混水系统

问题描述

问题 1 全空气空调系统设计应使新风比可调

某商业购物中心零售集合店、次主力店、儿童零售、宝贝王、电玩等区域采用可调新风比的一次回风全空气系统，空调送风机采用变频调速控制，每个系统设计最大新风比为 70%，设计新风引入管管径（表 1）和新风百叶面积不能满足最大新风比的要求，排风管管径及排风百叶面积也不能满足最大新风比要求。

新风管道风速计算表 **表 1**

位置	总送风量（m^3/h）	最大新风量（m^3/h）	新风引入管管径（m）	计算风速（m/s）
1 号机房	66000	46200	2.0×0.63	10.2
2 号机房	64000	44800	3.0×0.50	8.3
3 号机房	68000	47600	2.0×0.63	10.5
4 号机房	34000	23800	1.6×0.63	6.56
5 号机房	27000	18900	1.6×0.50	6.56

相关标准

《建筑节能与可再生能源利用通用规范》

3.2.23 当冷源系统采用多台冷水机组和水泵时，应设置台数控制；对于多级泵系统，负荷侧各级泵应采用变频调速控制；变风量全空气空调系统应采用变频自动调节风机转速的方式。大型公共建筑空调系统应设置新风量按需求调节的措施。

北京市地方标准《公共建筑节能设计标准》

4.4.7 舒适性全空气空调系统设计应使新风比可调，并应符合下列规定。当不满足本条 1、2 款的要求时，应进行空调系统节能权衡判断，权衡判断计算的最终结果必须符合本标准第 4.7.2 条规定的节能要求。

1 一般空调区域，所有全空气空调系统可达到的最大总新风比，应不低于 50%；

2 人员密集的大空间的所有全空气空调系统，可达到的最大总新风比应不低于 70%；

3 需全年供冷的空调区的全空气空调系统，可达到的最大总新风比应不低于 70%。

《民用建筑供暖通风与空气调节设计规范》

6.6.3 通风与空调系统风管内的空气流速宜按表 6.6.3 采用。

表 6.6.3 风管内的空气流速（低速风管）

风管分类	住宅（m/s）	公共建筑（m/s）
干管	$\frac{3.5\sim4.5}{6.0}$	$\frac{5.0\sim6.5}{8.0}$
支管	$\frac{3.0}{5.0}$	$\frac{3.0\sim4.5}{6.5}$
从支管上接出的风管	$\frac{2.5}{4.0}$	$\frac{3.0\sim3.5}{6.0}$
通风机入口	$\frac{3.5}{4.5}$	$\frac{4.0}{5.0}$
通风机出口	$\frac{5.0\sim8.0}{8.5}$	$\frac{6.5\sim10}{11.0}$

注：1 表列值的分子为推荐流速，分母为最大流速。

2 对消声有要求的系统，风管内的流速宜符合本规范 10.1.5 的规定。

问题解析

《建筑节能与可再生能源利用通用规范》第3.2.23条文说明规定了，风系统在实际运行时的风量通常小于设备的额定风量，通过人为增加输配系统和末端阻力的方式调节风量会造成能源的浪费。因此，要求系统通过风机变速的方式达到调节风量的目的。空调系统过渡季采用增大新风比或全新风运行，可降低系统的运行能耗，同时，也可改善室内空气品质。当系统采用可变新风比或全新风时，应同时设置相应的排风系统，保证新风和排风之间的平衡。设置在内区或高层建筑核心筒内的全空气空调箱，其进新风条件不是很好，要求可调新风比会有困难。其他通常情况下具备条件的系统均应采用可调新风比。

《建筑节能与可再生能源利用通用规范》第3.2.23条及条文说明中明确了大型公共建筑空调系统应设置新风量按需求调节的措施，包括如下节能措施：空调系统应通过风机变速的方式达到调节风量的目的；空调系统过渡季应采用增大新风比或全新风运行，同时设置相应的排风系统。与北京市地方标准《公共建筑节能设计标准》第4.4.7条、第4.4.8条规定内容类似，由于《建筑节能与可再生能源利用通用规范》第3.2.23条没有对新风比例有具体要求，结合北京市地方标准《公共建筑节能设计标准》第4.4.7条规定，对问题描述中的问题进行解析，供大家参考。

大型公共建筑的全空气空调系统应采用可调新风比，按北京市地方标准《公共建筑节能设计标准》第4.4.7条规定，表1中人员密集的大空间的所有全空气空调系统设计最大新风比不低于70%，为了实现最大新风比，表1中所有全空气系统的新风百叶、新风管径应能满足最大新风比的要求，对应的排风系统的排风百叶、排风管道亦应满足系统最大新风比的要求，但是表1中在最大新风比为70%时，新风管道风速均超过《民用建筑供暖通风与空气调节设计规范》第6.6.3条规定的最大流速5.0m/s，不能满足设计最大新风比的运行要求。

对于设置在内区或高层建筑核心筒内的全空气空调箱，其进新风条件不是很好，要求可调新风比会有困难，遇到这种情况下，按北京市地方标准《公共建筑节能设计标准》第4.4.7条规定应进行空调系统节能权衡判断，权衡判断计算的最终结果必须符合北京市地方标准《公共建筑节能设计标准》第4.7.2条规定的节能要求。

采用相同的核心软件计算，现行北京市地方标准《公共建筑节能设计标准》的平均节能率约为70%，接近《建筑节能与可再生能源利用通用规范》的平均节能率72%，在现行国家标准《公共建筑节能设计标准》没有相应条文规定的情况下，可供借鉴。

问题描述

问题 2　全空气空调系统对应的排风系统不能适应新风量变化

1. 某城市商业综合体 A 楼为高级商务写字楼，标准层核心筒设置一台变风量全空气空调机组，过渡季节采用变新风比运行，最大新风比不小于 50%，由于核心筒没有条件设置适应最大新风比的排风竖井，设计说明中写明过渡季最大新风比运行时通过开启外窗排风。

2. 某大型商务办公楼，在某层的集中会议室设置了一台单风机全空气定风量空调机组，设计送风量为 22000m^3/h，按最大新风比 70% 设置新风管道和新风百叶窗，设置一台定风量排风机，满足使用空调时的排风，设计说明中写明该空调系统过渡季节采用全新风空调方式，开启外窗排风。

相关标准

《建筑节能与可再生能源利用通用规范》

3.2.23　当冷源系统采用多台冷水机组和水泵时，应设置台数控制；对于多级泵系统，负荷侧各级泵应采用变频调速控制；变风量全空气空调系统应采用变频自动调节风机转速的方式。大型公共建筑空调系统应设置新风量按需求调节的措施。

《民用建筑供暖通风与空气调节设计规范》

7.3.22　空调系统应进行风量平衡计算，空调区内的空气压力应符合本规范第 7.1.5 条的规定。人员集中且密闭性较好，或过渡季节使用大量新风的空调区，应设置机械排风设施，排风量应适应新风量的变化。

北京市地方标准《公共建筑节能设计标准》

4.4.8　全空气空调系统的风机应按下列规定设置：

1　变风量空调系统空气处理机组的风机，应采用变速风机；

2　人员密集场所的定风量系统，单台空气处理机组风量大于 10000m^3/h 时，应能改变系统送风量，宜采用双速或变速风机；

3　空调系统对应的排风机，应能适应新风量的变化。

问题解析

由于《建筑节能与可再生能源利用通用规范》第 3.2.23 条规定中没有写明空调系统设置新风量按需求调节的实施措施，下面继续结合《民用建筑供暖通风与空气调节设计规范》第 7.3.22 条、北京市地方标准《公共建筑节能设计标准》第 4.4.8 条规定，对问题描述中的 2 个问题进行解析，供大家参考。

《民用建筑供暖通风与空气调节设计规范》第 7.3.22 条规定，人员集中且密闭性较好，或过渡季节使用大量新风的空调区，应设置机械排风设施，排风量应适应新风量的变化。北京市地方标准《公共建筑节能设计标准》第 4.4.8 条第 3 款规定也有相同要求。问题描述 1、2 中的全空气空调系统均要求过渡季采用可变新风比运行，但是在最大新风比运行时，依靠空调区的室内正压或余压将多余新风通过外窗、外门挤出室外，以满足全空气系统大新风比或全新风运行，而不是设置相应的排风系统实现空调系统的变新风比运行，不能满足《建筑节能与可再生能源利用通用规范》第 3.2.23 条规定。

全空气空调系统风机应通过风机变频调速的方式达到调节风量的目的。问题描述 1 中的会议室等人员密集场所的定风量系统，单台空气处理机组风量大于 10000m^3/h 时，也应采用双速或变速风机，以满足《建筑节能与可再生能源利用通用规范》3.2.23 的规定。

问题描述

问题 3　排风热回收系统设计

1. 某商业金融综合项目 ±0.00 以上有 5 栋独立综合楼，地下室相互连接 5 栋办公楼的设计总新风量大于 40000m^3/h，每栋楼设计新风送风量小于 40000m^3/h，未设置排风热回收系统。

2. 某商业项目，裙房为商业楼，塔楼为酒店及公寓、办公楼，本项目设计总新风量 $\Sigma G_X = 309384$m^3/h，只有办公塔楼设有排风热回收系统，办公塔楼设计总新风量 $G_X = 80000$m^3/h，回风量 ΣG_P 为新风送风量 ΣG_X 的 80%，提供的节能计算表 $G_P/G_X = 0.8$，可是填写的回收总排风量 $G_P = 80000$m^3/h，计算结果 $G_P/\Sigma G_X = 25.8\%$。

3. 某综合医院项目，其医疗综合楼建筑面积为 153000m^2，门急诊和病房采用风机盘管加新风系统，设计总新风量大于 40000m^3/h，未设置排风热回收系统；动物实验室采用直流式空调系统，设计送风量大于 3000m^3/h，也未设置排风热回收系统。

相关标准

《建筑节能与可再生能源利用通用规范》

3.2.19　严寒和寒冷地区采用集中新风的空调系统时，除排风含有毒有害高污染成分的情况外，当系统设计最小总新风量大于或等于 40000m^3/h 时，应设置集中排风能量热回收装置。

北京市地方标准《公共建筑节能设计标准》

4.4.11　全楼中采用对室内空气进行冷 / 热循环处理的末端设备加集中新风的空调系统，其设计最小新风总送风量大于等于 40000m^3/h 时，应有相当于总新风送风量至少 25% 的排风设置集中排风系统，并进行能量回收。当不满足时，应进行空调系统节能权衡判断，权衡判断计算的最终结果必须符合本标准第 4.7.2 条规定的节能要求。

4.4.12　全空气直流式集中空调系统的送风量大于等于 3000m^3/h 时，应对相当于送风量至少 75% 的排风进行能量回收。

4.4.13　集中空调，系统按本标准第 4.4.11 条和第 4.4.12 条的规定进行排风能量回收设计时，以下房间可不回收排风能量，送入该房间的新风送风量或送风量可不计入“总新风送风量”或“总送风量”：

1　排风中有害物质浓度较大的房间；

2　冬季采用加热处理的直流送风系统，室内设计温度≤ 5℃的设备机房等；

3　设有经常开启的外门的首层大堂等房间；

4　新风系统仅在夏季使用，且新风和排风的设计温差不大于 8℃的房间。

问题解析

《建筑节能与可再生能源利用通用规范》第 3.2.19 条规定严寒和寒冷地区采用集中新风的空调系统时，除排风含有毒有害高污染成分的情况外，当系统设计最小总新风量大于或等于 40000m^3/h 时，应设置集中排风能量热回收装置。该规定没有一个定量的要求，如最少应回收多少总新风量，也没有界定哪些属于“排风含有毒有害高污染成分的情况”，国家标准《公共建筑节能设计标准》也没有具体的实施措施，在北京市地方标准《公共建筑节能设计标准》中有较具体的实施措施，通过对问题描述 1～3 的解析，帮助大家理解《建筑节能与可再生能源利用通用规范》第 3.2.19 条规定。

1. 北京市地方标准《公共建筑节能设计标准》第 3.1.1 条条文说明中写明判定是否是单栋建筑要以标高 ±0.00 的首层地面为界：±0.00 以上有连体裙楼时，即使裙楼之上有多栋塔楼，将该建筑整体按一栋楼对待；±0.00 以上为多栋建筑群，即使地下室相互连接，也按多栋建筑分别对待，商业金融综合项目地上 5 栋办公楼属于 5 栋单栋建筑，每栋楼设计最小新风总送风量小于 40000m^3/h，可以不设置排风热回收系统。

问题解析

2. 本项目设计总新风量 $\Sigma G_X = 309384m^3/h$（已减去《建筑节能与可再生能源利用通用规范》第3.2.19条规定中的含有毒有害高污染成分的排风量），办公塔楼设计可回收的排风量应该是 $0.8 \times 80000 = 64000$（m^3/h），与设计总新风送风量 $309384m^3/h$ 的比值约为20.7%（＜25%），不符合北京市地方标准《公共建筑节能设计标准》第4.4.11条规定。

办公塔楼可以回收的排风量一般不包括公共卫生间排风、空调区维持正压所需新风量，每层可以回收的排风量一般只有本层设计新风送风量的60%左右，问题描述2. 按回风量 ΣG_P 为新风送风量 ΣG_X 的80%确定办公区可回收风量也不合适。

3. 对于医疗建筑，为了避免新风、排风的交叉感染，美国颁布的《医院通风标准》ASHRAE170—2013中要求采用中间媒介热回收盘管（如溶液热回收装置）进行能量回收，不得采用新风、排风有直接接触的空气—空气能量回收装置。

热回收新风机组的类型包括以显热或全热回收装置为核心、通过风机驱动空气流动实现新风对排风能量回收和新风过滤的设备（简称ERV），以及实现空气间显热或全热能量交换的换热部件（简称ERC）。另外，选用热回收新风机组时，ERV和ERC的交换效率的限值应符合国家标准《热回收新风机组》GB/T 21087的规定，如表1所示。

ERV和ERC的交换效率限值 **表1**

类型	冷量回收	热量回收
全热型ERV和ERC，全热交换效率	≥55	≥60
显热型ERV和ERC，显热交换效率	≥65	≥70

注：1. 按规定工况，且在送、排风量相等的条件下测试的交换效率。
2. 全热交换效率适用于全热型ERV和ERC，显热交换效率适用于显热型ERV和ERC。

设置空气—空气能量回收装置，设备本身和排风收集系统等要占据较大的空间和机房面积，需要建设开发单位和建筑师给予支持和配合，才能够得以执行。如设计中确实出现不能满足要求的情况，北京市地方标准《公共建筑节能设计标准》允许通过空调系统权衡判断的方法解决。

问题描述

问题 4　通风和空调系统单位风量耗功率 W_S 计算

1. 设备表中只列出通风、空调系统的单位风量耗功率 W_S 的标准限值，未标明风量大于 10000m^3/h 的空调、通风系统风机的机外余压或风压、风机效率和风道系统单位风量耗功率值、标准限值以及降低比例。

2. 设备表中标注的通风、空调系统的单位风量耗功率 W_S 值大于北京市地方标准《公共建筑节能设计标准》规定限值。

相关标准

《公共建筑节能设计标准》

4.3.22　空调风系统和通风系统的风量大于 10000m^3/h 时，风道系统单位风量耗功率（W_S）不宜大于表 4.3.22 的数值。风道系统单位风量耗功率（W_S）应按下式计算：

$$W_S = P/(3600 \times \eta_{CD} \times \eta_F) \quad (4.3.22)$$

式中：W_S——风道系统单位风量耗功率 [W/（m^3/h）]；

P——空调机组的余压或通风系统风机的风压（Pa）；

η_{CD}——电机及传动效率（%），η_{CD} 取 0.855；

η_F——风机效率（%），按设计图中标注的效率选择。

表 4.3.22　风道系统单位风量耗功率 W_S [W/（m^3/h）]

系统形式	W_S 限值
机械通风系统	0.27
新风系统	0.24
办公建筑定风量系统	0.27
办公建筑变风量系统	0.29
商场、酒店建筑全空气系统	0.30

《绿色建筑评价标准》

7.2.6　采取有效措施降低供暖空调系统的末端系统及输配系统的能耗，评价总分值为 5 分，并按以下规则分别评分并累计：

1　通风空调系统风机的单位风量耗功率比现行国家标准《公共建筑节能设计标准》GB 50189 的规定低 20%，得 2 分；

2　集中供暖系统热水循环泵的耗电输热比、空调冷热水系统循环水泵的耗电输冷（热）比比现行国家标准《民用建筑供暖通风与空气调节设计规范》GB 50736 规定值低 20%，得 3 分。

问题解析

国家标准《公共建筑节能设计标准》第 4.3.22 条对机械通风系统、空调新风系统以及商业、办公、酒店三类公共建筑中的全空气系统风机的 W_S 给出了限值。

设计图中各通风空调系统风机的单位风量耗功率 W_S 值应按《公共建筑节能设计标准》第 4.3.22 条和公式 4.3.22 通过计算确定，暖通设备表中应标明风量大于 10000m^3/h 通风、空调系统风机的余压或风压、风机效率和风道系统单位风量耗功率值、《公共建筑节能设计标准》的规定限值以及降低率。节能计算书中明确风道系统单位风量耗功率计算过程，并且各项参数应与设备表一致。有特殊工艺要求的排风系统除外。

节能标准仅将 W_S 的计算公式作为计算方法提出，有条件时可以采用，但不强制要求，但是要满足《绿色建筑评价标准》第 7.2.6 条第 1 款评分要求则 W_S 不应超过国家标准《公共建筑节能设计标准》第 4.3.22 条规定限值。

问题描述

问题 1　热量结算点确定

1. 某住宅楼按单元设置热力入口，并以住宅单元的热力入口作为热量结算点设置热量表。

2. 某幼儿园采用集中供暖，在首层设置热力入口，在热力入口设置热量计量装置，但没有明确热量结算方式。

3. 某新建十二年一贯制学校有多个教学楼、图书馆、食堂、教师宿舍、学生宿舍等，采用市政热力集中供暖，在食堂地下一层设有集中换热站，每栋建筑的热力入口处未设置热量表进行热量结算，设计说明中也没有写明热量结算方式、热量结算点位置。

4. 某厂区通过动力中心设置的自建锅炉房、换热机房给厂区内多栋工业建筑（厂房、仓库）供暖，每栋工业建筑热力入口处未设置热量结算用热量表。

相关标准

《建筑节能与可再生能源利用通用规范》

3.2.25　集中供暖系统热量计量应符合下列规定：

1　锅炉房和换热机房供暖总管上，应设置计量总供热量的热量计量装置；

2　建筑物热力入口处，必须设置热量表，作为该建筑物供热量结算点；

3　居住建筑室内供暖系统应根据设备形式和使用条件设置热量调控和分配装置；

4　用于热量结算的热量计量必须采用热量表。

《供热计量技术规程》

2.0.3　热量结算点　heat settlement site

供热方和用热方之间通过热量表计量的热量值直接进行贸易结算的位置。

5.1.1　居住建筑应以楼栋为对象设置热量表。对建筑类型相同、建筑年代相近、围护结构做法相同、用户热分摊方式一致的若干栋建筑，也可确定一个共用的位置设置热量表。

5.1.2　公共建筑应在热力入口或热力站设置热量表，并以此作为热量结算点。

5.1.3　新建建筑的热量表应设置在专用表计小室中；既有建筑的热量表计算器宜就近安装在建筑物内。

北京市地方标准《公共建筑节能设计标准》

4.6.13　集中供热公共建筑的热源和热力站应对供热量进行计量监测。热量结算点应设置热量表。

问题解析

《建筑节能与可再生能源利用通用规范》第 3.2.25 条规定与《严寒及寒冷地区居住建筑节能设计标准》第 5.1.9 条规定基本相同，居住建筑特别是住宅建筑执行本条文没有困难，但对于公共建筑供热计量，情况有些复杂。北京市地方标准《公共建筑节能设计标准》第 4.6.13 条条文说明规定，作为热量结算终端对象的公共建筑，有可能一个建筑物是一个结算对象，也有可能一个建筑群是一个结算对象，还有可能一个建筑物中各部分归属不同的使用单位。用户与供热单位可协商共同确定热量结算点的位置，并在此为各用户单位装设热量表。对于新建建筑，在设计阶段难于确定归属于不同单位的各部分，不强制要求按用户设置热量表，可在热力入口或热力站设置热量表，并以此作为热量结算点，各用户采用热分摊方式，对分摊方法没有硬性规定。

1. 住宅楼以住宅单元的热力入口作为热量结算点，不符合《建筑节能与可再生能源利用通用规范》第 3.2.25 条、《供热计量技术规程》第 5.1.1 条规定。该规定要求将整栋住宅楼的热量消耗作为贸易结算的基本单位，热量结算点应设在楼栋热力入口处，该位置的热量表是耗热量的热量结算依据装置，不应以住宅单元的热力入口作为热量结算点，而住宅各住户热计量应为热分摊。板式建筑存在伸缩缝时，以伸缩缝为界，视为两栋建筑，分别设置楼栋热力入口。

问题解析	2. 北京市地方标准《供热计量设计技术规程》第 1.0.2 条条文说明规定，民用建筑包括住宅、其他居住建筑和公共建筑；使用功能为商住两用，且按套型分户的公寓也包括在住宅范围内；从供热计量角度，不分户的单宿、幼儿园、养老院、旅馆等其他居住建筑归入公共建筑范畴。在《供热计量设计规程》第 8.3 节相关内容中，也是只按住宅、公共建筑分别要求，对于幼儿园建筑物是一个结算对象，采用集中供热时，应按《建筑节能与可再生能源利用通用规范》第 3.2.25 条、《供热计量技术规程》第 5.1.2 条规定，在热力入口设置热量表，并以此作为热量结算点。 3. 新建学校建筑群采用市政热力供暖，通常学校的建筑群是一个结算对象，应在设计说明中写明热量结算方式、热量结算点位置，可在热力站设置热量表（在市政热力入口处的回水总管上设置热量表），并以此作为热量结算点。采用市政热力的一个工厂的各建筑群通常也是一个结算对象。 4. 工业厂区（建筑群）由动力中心的自建锅炉房、换热机房供暖，由于不存在热量贸易（买卖）关系，则无需在本厂区每栋工业建筑热力入口处设置结算热量用的热量表，其锅炉房和换热机房应按《建筑节能与可再生能源利用通用规范》第 3.2.25 条第 1 款规定设置总供热量的计量装置，厂区内每栋工业建筑热力入口处宜设置热量测量装置，用于能耗监测。

<table>
<tr><td>问题描述</td><td>

问题 2　热源侧的节能控制、计量设计

某公寓楼采用市政热力供暖，在地下二层设置换热机房，一次侧设计供回水温度为 110℃/70℃，二次侧设计供回水温度为 75℃/50℃，公寓室内供暖方式为散热器供暖。在换热机房换热系统原理图中，没有表示出供热量自动控制装置，换热站一次侧、二次侧均未设置热量表。

还有一些项目换热系统原理图中仅绘制一个标有热计量装置的方框，二次侧没有设置热量表或仅绘制一个标有热计量装置的方框，没有表示出贸易结算用热量表。

</td></tr>
<tr><td>相关标准</td><td>

《建筑节能与可再生能源利用通用规范》

3.2.21　锅炉房和换热机房应设置供热量自动控制装置。

3.2.25　集中供暖系统热量计量应符合下列规定：

1　锅炉房和换热机房供暖总管上，应设置计量总供热量的热量计量装置；

2　建筑物热力入口处，必须设置热量表，作为该建筑物供热量结算点；

3　居住建筑室内供暖系统应根据设备形式和使用条件设置热量调控和分配装置；

4　用于热量结算的热量计量必须采用热量表。

3.2.26　锅炉房、换热机房和制冷机房应对下列内容进行计量：

1　燃料的消耗量；

2　供热系统的总供热量；

3　制冷机（热泵）耗电量及制冷（热泵）系统总耗电量；

4　制冷系统的总供冷量；

5　补水量。

</td></tr>
<tr><td>问题解析</td><td>

锅炉房、换热机房施工图设计一般包括设计施工说明、锅炉房和换热站工艺平面图、锅炉房和换热机房供热系统原理图、设备表、相关控制要求等，设计说明应对锅炉房和换热机房供热系统的节能控制提出要求，锅炉房和换热机房供热系统原理图中应表示出节能控制装置、供热量计量装置以及结算用热量表（存在热量买卖关系时）及节能运行调控措施。

公寓楼采用市政热力供暖，存在热量贸易结算问题。换热机房热量表首选安装在一次管网的回水管上，二次侧热量表应安装在楼热力入口热算点处，本工程仅有一个结算用户，二次侧热量表可安装在热力站内供水管道上，以满足《建筑节能与可再生能源利用通用规范》第 3.2.25 条第 1 款、第 2 款及第 3.2.26 条第 2 款规定。

换热机房供热系统原理图中尚应表示出供热量自动控制装置，可参考北京市地方标准《居住建筑节能设计标准》配套图集 PT-891 第 73～81 页要求设计。

</td></tr>
</table>

问题描述

问题 3 采用通断时间面积法时，户内散热器不应设置恒温控制阀

1. 某住宅项目采用散热器供暖，系统形式为共用立管的分户双管式系统，分户热计量采用通断时间面积法，分户设置电动通断阀，同时，户内散热器供水支管上设置高阻力恒温控制阀。

2. 某住宅项目采用地板辐射供暖，系统形式为共用立管的分户双管式系统，室内用总体温控方式。分户热计量采用通断时间面积法，分户设置电动通断阀。户内卫生间设置散热器，散热器供水管道设置了高阻力恒温控制阀。

相关标准

《建筑节能与可再生能源利用通用规范》

3.2.24 供暖空调系统应设置自动室温调控装置。

北京市地方标准《供热计量设计技术规程》

8.4.4 采用通断时间面积热分摊法时，应符合下列规定：

1 通断执行器安装在每户的入户管道上，户内系统入口装置组成满足本规程第 7.2.4 条 4 款的规定。

2 室温控制器在户内统一位置固定安装，设置位置满足本规程第 7.1.10 条的规定。

3 通断执行器和中央处理器之间实现网络连接控制。

4 热量调节和分摊由同一设备完成，不应安装额外的温控设备。

5 符合《通断时间面积法热计量装置技术条件》JG/T 379 的相关规定。

问题解析

现行《供热计量技术规程》没有对通断时间面积热分摊法设计的相关规定，行业产品标准《通断时间面积法热计量装置技术条件》中规定了通断时间面积法热计量装置的术语和定义、一般要求和技术要求，北京市地方标准《供热计量设计技术规程》对通断时间面积法（标准中叫通断时间面积热分摊法）设计有明确规定。

通断时间面积法热计量分配系统是以每户的供暖系统通水时间为依据，分摊总供热量的方法。对于分户水平连接的室内供暖系统，在各户分支支路上安装室温通断控制器，用于对该用户的循环水进行通断控制来实现室温控制，见图 1。同时，在各户的代表房间里设置室温控制器，用于测量室内温度和供用户设定温度，并将这两个温度值传输给室温通断控制器。通断控制器根据实测室温与设定值之差，确定在一个控制周期内通断阀的开停比，并按照这一开停比控制通断阀的通断，以此调节送入室内热量，同时记录和统计各户通断阀的接通时间，按照各户的累计接通时间结合采暖面积分摊整栋建筑的热量。

北京市地方标准《供热计量设计技术规程》第 8.4.3 条第 1 款规定了共用立管分户独立式散热器系统，当室温为分户总体控制时，宜采用通断时间面积法；第 4 款规定了热水地面辐射供暖系统，当户内为总体温度控制时，宜采用通断时间面积法；第 8.4.4 条第 4 款规定了热量调节和分摊由同一设备完成，不应安装额外的温控设备。因此，采用通断时间面积热分摊方法，室温应采用分户总体控制方式，散热器不应设置恒温控制阀。散热器增设恒温控制阀后，会使入户处通断阀长时间开启，影响热计量的准确性。

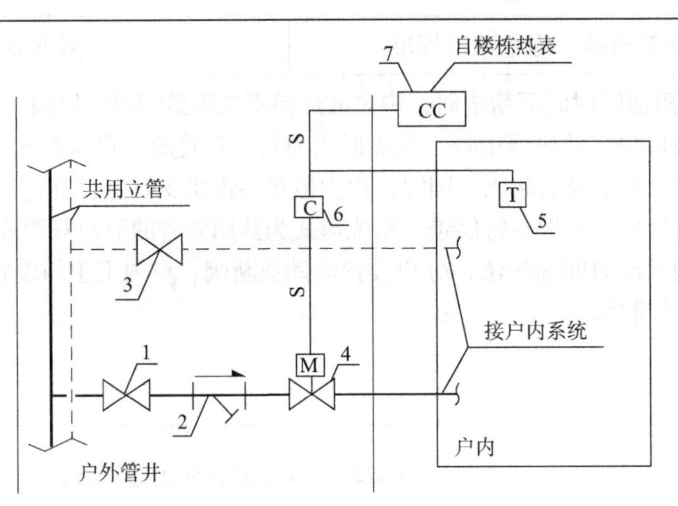

主要设备表

序号	名称	序号	名称	序号	名称	序号	名称
1	关断阀	3	关断阀*	5	室温控制器	7	采集计算器
2	Y形过滤器	4	电动通断阀	6	通断温控器		

注：1. 通断控制器包含序号4和序号6，S—信号线（有线）。
2. *表示应根据室内外管网的水力平衡要求和建筑物内供暖系统所采用的调节方式，由工程设计人员确定水力平衡调节装置的配置

图1 通断时间面积法原理简图

问题解析

问题描述

问题 1 未按《建筑设计防火规范》第 8.5.1 条设置防烟设施

1. 某改造项目建筑高度为 30m，地上六层，原建筑为二类高层商业建筑，本次改造为医疗建筑，属于一类高层建筑。在建筑消防设计说明中写明：将北楼的一部客梯改为消防电梯，将疏散楼梯间改为防烟楼梯间，而暖通专业施工图中各层防烟楼梯间 / 前室、消防电梯前室均未设置防烟设施，二层通风、防排烟平面图如图 1 所示。

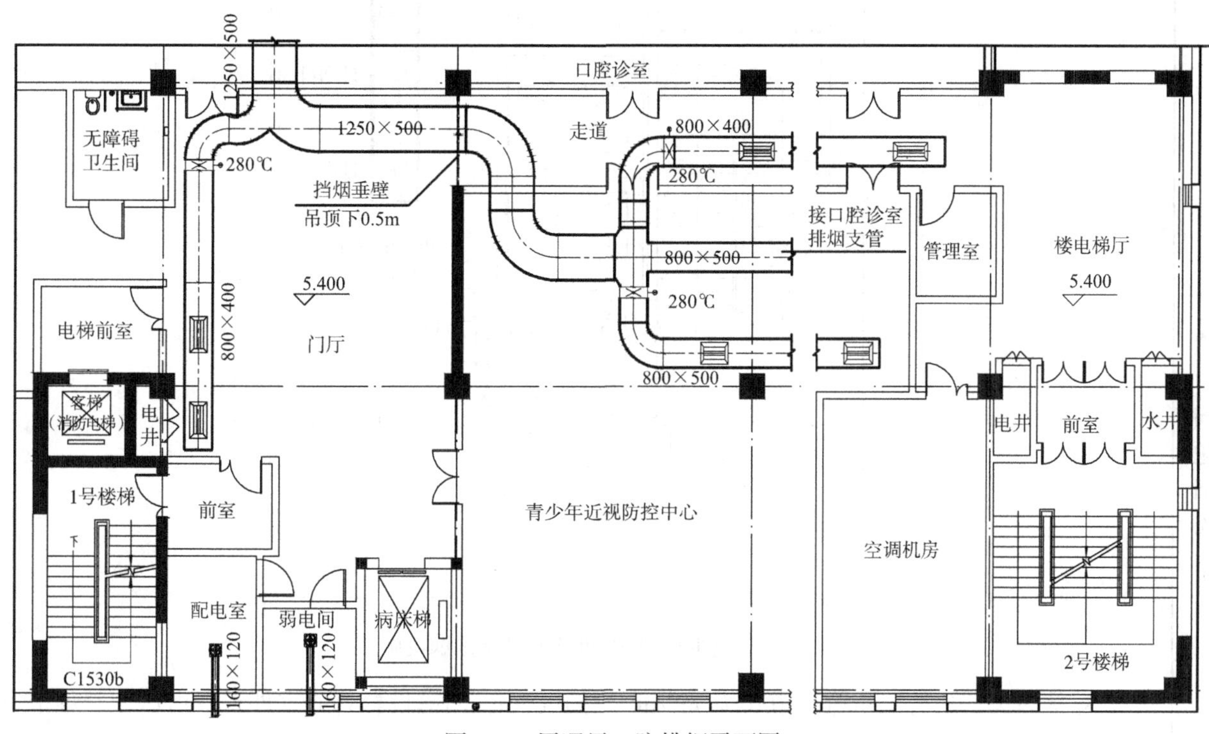

图 1 二层通风、防排烟平面图

2. 避难间未设置防烟设施，如图 2 所示。

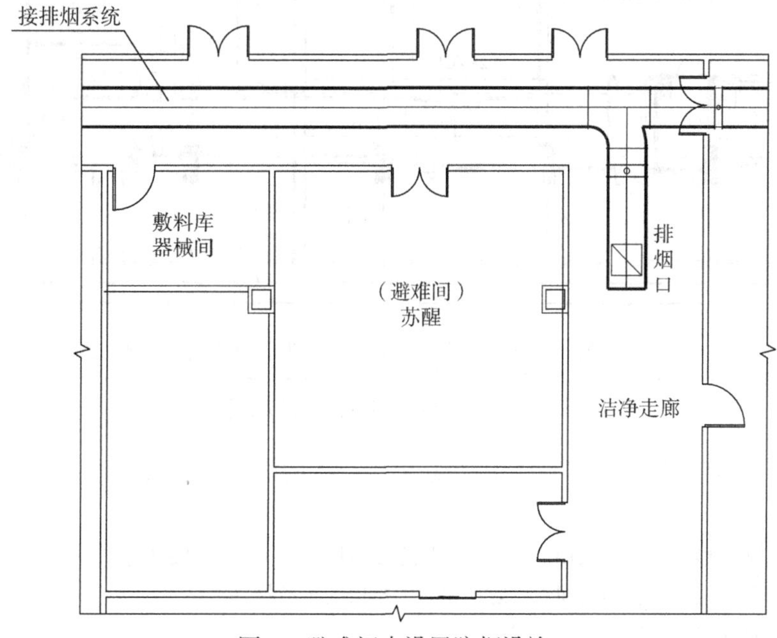

图 2 避难间未设置防烟设施

问题描述	避难间设置机械排烟设施，如图 3 所示。 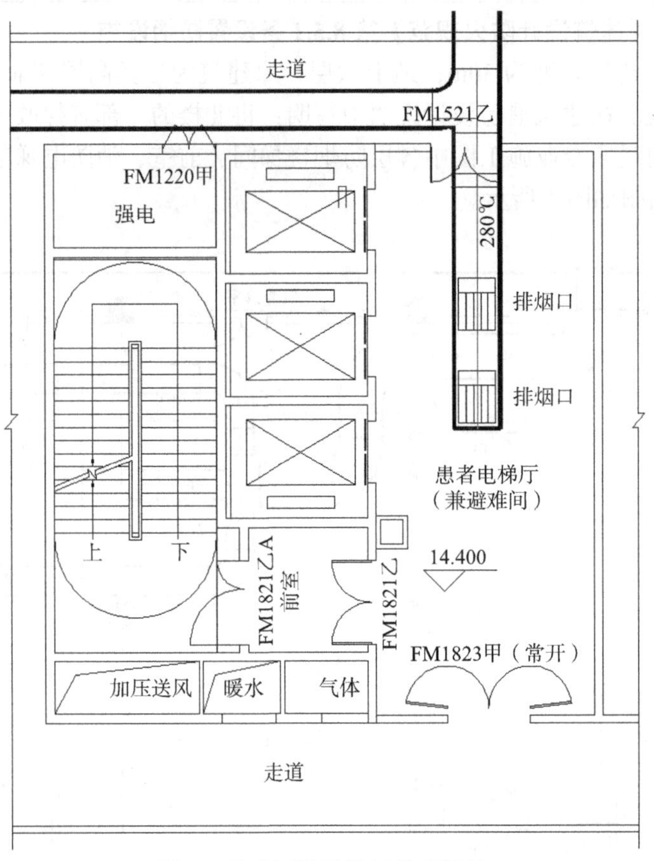 图 3　避难间设置机械排烟设施 3. 某丙类厂房首层避难走道长为 75.7m，大于 60m，两端设置直通室外安全出口，避难走道未设置机械加压送风系统，如图 4 所示。 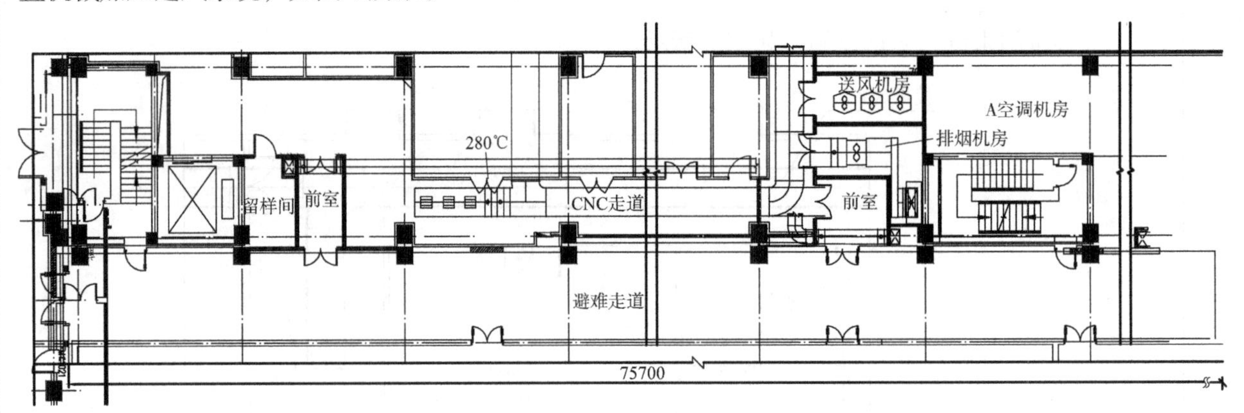 图 4　总长度大于 60m 的避难走道未设置防烟设施
相关标准	**《建筑设计防火规范》** 5.5.12　一类高层公共建筑和建筑高度大于 32m 的二类高层公共建筑，其疏散楼梯应采用防烟楼梯间。 裙房和建筑高度不大于 32m 的二类高层公共建筑，其疏散楼梯应采用封闭楼梯间。 注：当裙房和高层建筑主体之间设置防火墙时，裙房的疏散楼梯可按本规范有关单、多层建筑的要求确定。 7.3.1　下列建筑应设置消防电梯： 1　建筑高度大于 33m 的住宅建筑；

<table>
<tr><td>相关标准</td><td>
2　一类高层公共建筑和建筑高度大于 32m 的二类高层公共建筑、5 层及以上且总建筑面积大于 3000m²（包括设置在其他建筑内五层及以上楼层）的老年人照料设施；
3　设置消防电梯的建筑的地下或半地下室，埋深大于 10m 且总建筑面积大于 3000m² 的其他地下或半地下建筑（室）。
8.5.1　建筑的下列场所或部位应设置防烟设施：
1　防烟楼梯间及其前室；
2　消防电梯间前室或合用前室；
3　避难走道的前室、避难层（间）。
建筑高度不大于 50m 的公共建筑、厂房、仓库和建筑高度不大于 100m 的住宅建筑，当其防烟楼梯间的前室或合用前室符合下列条件之一时，楼梯间可不设置防烟系统：
1　前室或合用前室采用敞开的阳台、凹廊；
2　前室或合用前室具有不同朝向的可开启外窗，且可开启外窗的面积满足自然排烟口的面积要求。
《建筑防烟排烟系统技术标准》
3.1.9　避难走道应在其前室及避难走道分别设置机械加压送风系统，但下列情况可仅在前室设置机械加压送风系统：
1　避难走道一端设置安全出口，且总长度小于 30m；
2　避难走道两端设置安全出口，且总长度小于 60m。
</td></tr>
<tr><td>问题解析</td><td>
1. 图 1 中 1 号、2 号防烟楼梯间地上部分采用自然通风防烟方式，而楼梯间前室、消防电梯前室没有自然通风条件，均应设置机械加压送风系统。
除了了解建筑分类、建筑平面功能之外，暖通专业设计人员应能粗略了解《建筑设计防火规范》中建筑专业的一些条文，否则容易出现图 1 中的设计错误。本改造工程原来是二类高层商业建筑，高度小于 32m，其疏散楼梯采用封闭楼梯间，而本次改造为医疗建筑，成为一类高层公共建筑，依据《建筑设计防火规范》第 5.5.12 条、第 7.3.1 条规定，疏散楼梯应采用防烟楼梯间，需增加消防电梯，暖通专业应为这些防烟楼梯间、前室设置防烟设施。
2. 审查中发现有些医疗建筑、老年人照料设施建筑的避难间未设置防烟设施，甚至未设置排烟设施，如图 2、图 3 所示，设计人员反映在设计时没有注意或没有意识到这些部位设置了避难间。那么，我们首先了解一下建筑专业在哪些部位需设置避难间：
《建筑设计防火规范》第 5.5.24 条规定：高层病房楼应在二层及以上的病房楼层和洁净手术部设置避难间。
第 5.5.24A 条规定：3 层及 3 层以上总建筑面积大于 3000m²（包括设置在其他建筑内三层及以上楼层）的老年人照料设施，应在二层及以上各层老年人照料设施部分的每座疏散楼梯间的相邻部位设置 1 间避难间。
避难间是室内安全区，平时这些场所或部位没有堆积可燃物，不会产生烟气，不应设置排烟设施，而应设置防烟设施来阻止火灾烟气进入这些室内安全区，保障火灾初期医疗建筑、老年人照料设施建筑中人员暂时躲避火灾及其烟气危害。
3. 在图 4 中，《建筑设计防火规范》第 8.5.1 条没有规定避难走道应设置防烟设施，但是《建筑防烟排烟系统技术标准》第 3.1.9 条规定在 2 种情况下避难走道应设置机械加压送风系统，且避难走道前室、避难走道的加压送风系统应该分别设置，审查中发现个别项目的避难走道及其前室合用一个机械加压送风系统。
</td></tr>
</table>

问题描述

问题 2　建筑高度大于 50m 的公共建筑，防烟楼梯间及前室未分别设置加压送风系统

1. 某酒店建筑高度大于 50m，裙房和主楼之间未设置防火墙，裙房的防烟楼梯间 LT7 及其独立前室合用机械加压送风系统，见图 1。

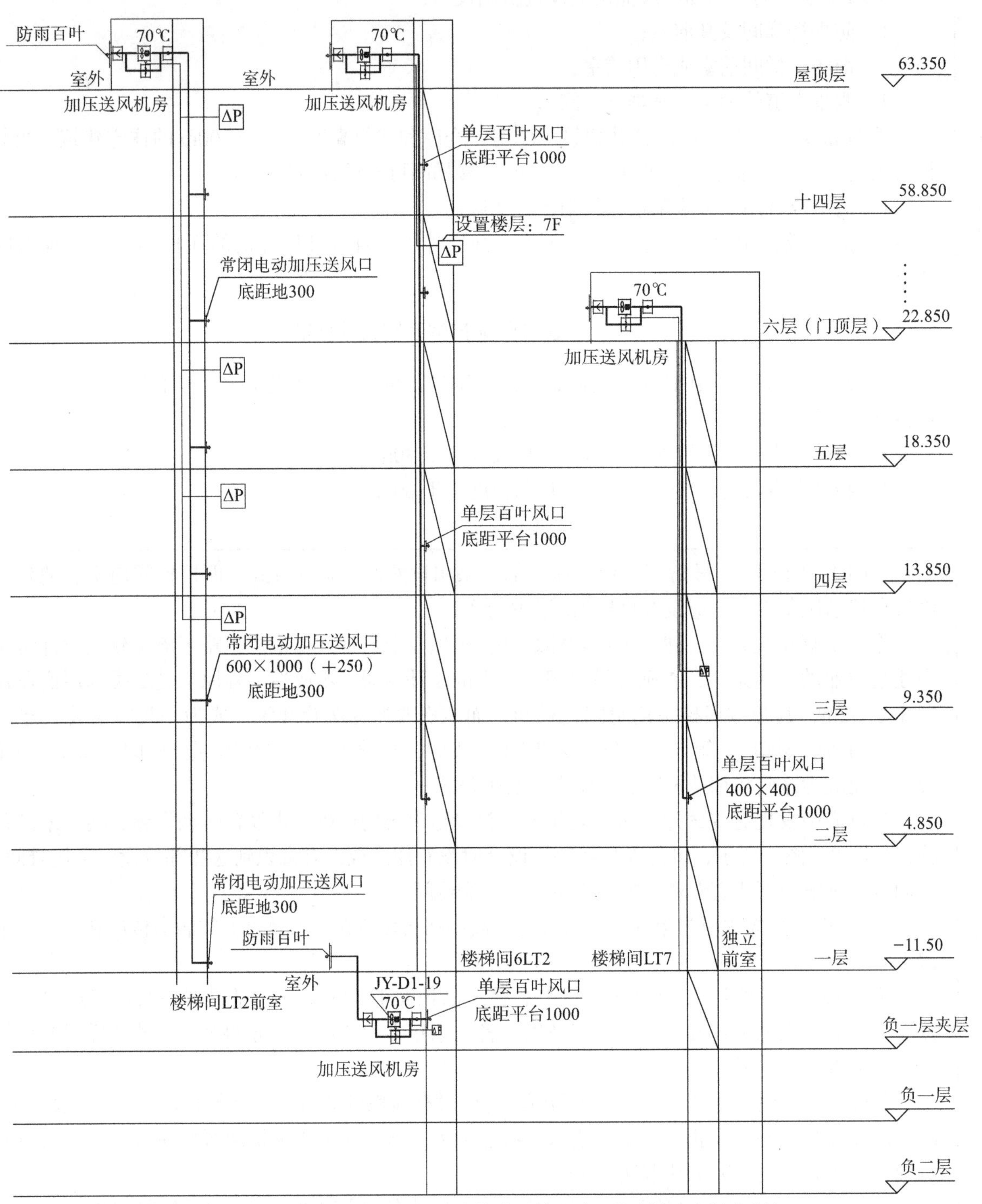

图 1　裙房的防烟楼梯间 LT7 及其独立前室合用机械加压送风系统

注：ΔP 为楼梯间、前室压力传感器

2. 图 2 为某高层公共建筑剖面简图，建筑高度大于 50m，在高层建筑主体投影范围外裙房（或低于 50m 的附楼）的防烟楼梯间、前室和高层公共建筑主体投影范围内地下部分的疏散楼梯间，当具备自然通风条件时，是否可以采取自然通风？

问题描述	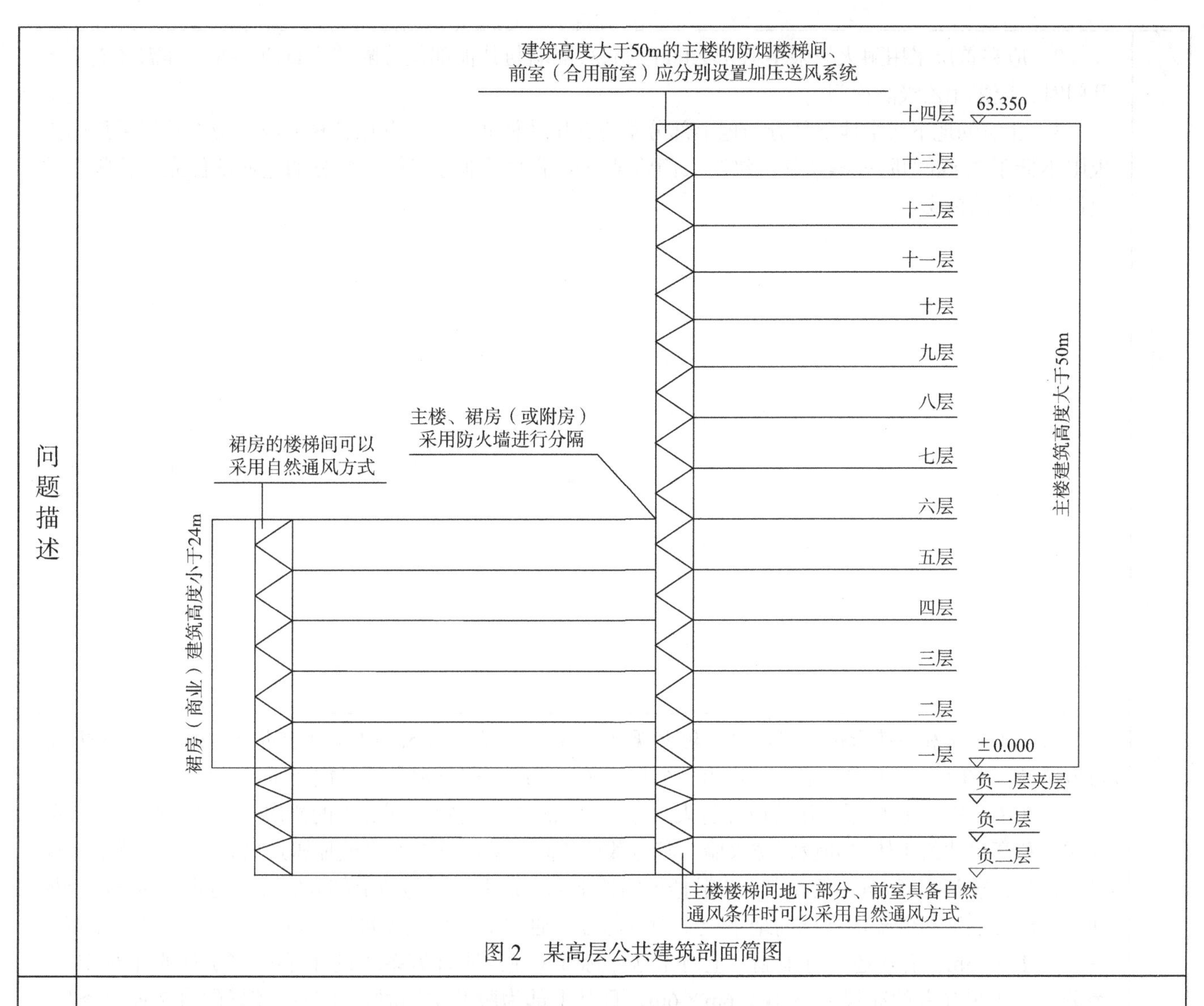 图 2　某高层公共建筑剖面简图
相关标准	**《建筑防烟排烟系统技术标准》** 3.1.2　建筑高度大于 50m 的公共建筑、工业建筑和建筑高度大于 100m 的住宅建筑，其防烟楼梯间、独立前室、共用前室、合用前室及消防电梯前室应采用机械加压送风系统。 3.1.4　建筑地下部分的防烟楼梯间前室及消防电梯前室，当无自然通风条件或自然通风不符合要求时，应采用机械加压送风系统。 **《建筑设计防火规范》** 1.0.4　同一建筑内设置多种使用功能场所时，不同使用功能场所之间应进行防火分隔，该建筑及其各功能场所的防火设计应根据本规范的相关规定确定。 5.5.12　一类高层公共建筑和建筑高度大于 32m 的二类高层公共建筑，其疏散楼梯应采用防烟楼梯间。 裙房和建筑高度不大于 32m 的二类高层公共建筑，其疏散楼梯应采用封闭楼梯间。 注：当裙房和高层建筑主体之间设置防火墙时，裙房的疏散楼梯可按本规范有关单、多层建筑的要求确定。 6.4.4　除通向避难间错位的疏散楼梯外，建筑内的疏散楼梯间在各层的平面位置不应改变。 除住宅建筑套内的自用楼梯外，地下或半地下建筑（室）的疏散楼梯间，应符合下列规定： 1　室内地面与室外出入口地坪高差大于 10m 或 3 层及以上的地下、半地下建筑（室），其疏散楼梯应采用防烟楼梯间；其他地下或半地下建筑（室），其疏散楼梯应采用封闭楼梯间。

<table>
<tr><td>相关标准</td><td>2　应在首层采用耐火极限不低于 2.00h 的防火隔墙与其他部位分隔并应直通室外，确需在隔墙上开门时，应采用乙级防火门。
3　建筑的地下或半地下部分与地上部分不应共用楼梯间，确需共用楼梯间时，应在首层采用耐火极限不低于 2.00h 的防火隔墙和乙级防火门将地下或半地下部分与地上部分的连通部位完全分隔，并应设置明显的标志。</td></tr>
<tr><td>问题解析</td><td>1. 图 1 裙房和主楼未按《建筑设计防火规范》第 1.0.4 条、第 5.5.12 条规定进行防火分隔，裙房的防烟楼梯间 LT7 及其独立前室不应合用一个加压送风系统，应分别设置机械加压送风系统。
2. 在图 2 中，① 根据《建筑设计防火规范》第 5.5.12 条规定，图 2 中的裙房（或高度低于 50m 的附楼）和高层建筑主体之间设置防火墙，其疏散楼梯间可采用自然通风或加压送风方式。② 根据《建筑设计防火规范》第 6.4.4 条规定，疏散楼梯间地下或半地下部分与地上部分实际上是相互独立的楼梯间。采用自然通风的疏散楼梯间地下或半地下部分，通常采用采光井自然通风，常用的采光井净宽度一般为 1～1.5m，有些还带有雨棚。上海市地方标准《建筑防排烟系统设计标准》第 51 页中规定了：经分析，当采光井的净尺寸不小于 6m×6m，且其上部为敞开空间时，才具有较好的自然通风条件。因此，仅地下一层的封闭楼梯间满足《建筑防烟排烟系统技术标准》第 3.1.6 条或第 3.2.1 条规定的自然通风条件时，可以采用自然通风方式；地下二层及以下层的疏散楼梯间，除能满足紧靠通风条件较好的下沉式广场、设有净尺寸不小于 6m×6m，且其上部为敞开空间的采光井外，应设置机械加压送风系统。</td></tr>
</table>

问题描述

问题3　前室正压送风口布置对楼梯间防烟方式的影响

某建筑高度小于50m的公共建筑，11号防烟楼梯间地上部分自然通风，合用前室设置机械加压送风系统，见图1；合用前室侧加压送风口未正对前室入口的墙面，见图2。

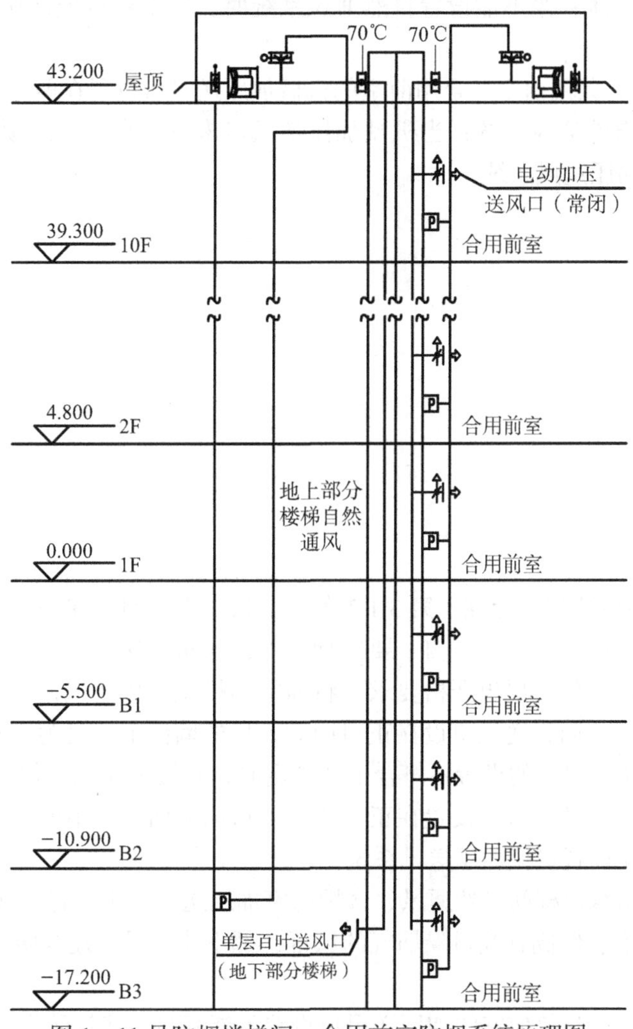

图1　11号防烟楼梯间、合用前室防烟系统原理图

注：P为压力传感器。

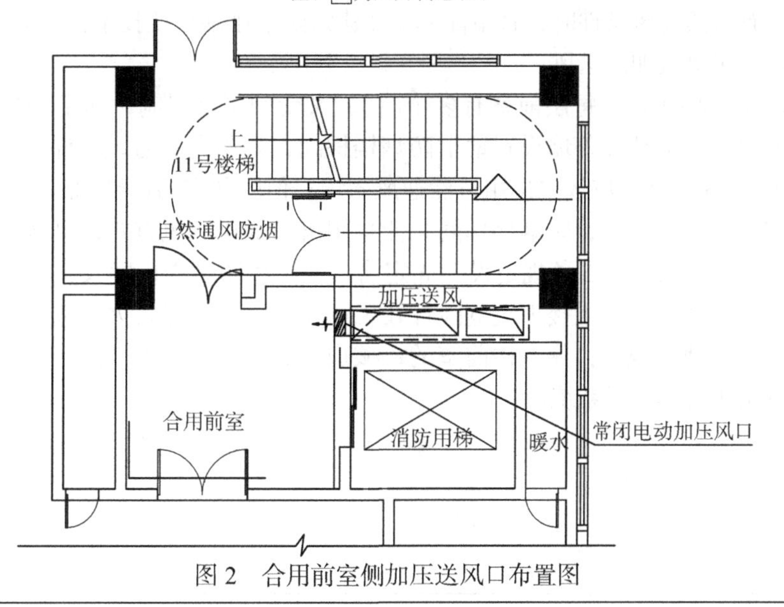

图2　合用前室侧加压送风口布置图

<table>
<tr><td>相关标准</td><td>

《建筑防烟排烟系统技术标准》

3.1.3 建筑高度小于或等于50m的公共建筑、工业建筑和建筑高度小于或等于100m的住宅建筑，其防烟楼梯间、独立前室、共用前室、合用前室（除共用前室与消防电梯前室合用外）及消防电梯前室应采用自然通风系统；当不能设置自然通风系统时，应采用机械加压送风系统。防烟系统的选择，尚应符合下列规定：

2 当独立前室、共用前室及合用前室的机械加压送风口设置在前室的顶部或正对前室入口的墙面时，楼梯间可采用自然通风系统；当机械加压送风口未设置在前室的顶部或正对前室入口的墙面时，楼梯间应采用机械加压送风系统。

</td></tr>
<tr><td>问题解析</td><td>

《建筑防烟排烟系统技术标准》第3.1.3条第2款条文说明：在一些建筑中，楼梯间设有满足自然通风的可开启外窗，但其前室无外窗，要使烟气不进入防烟楼梯间，就必须对前室增设机械加压送风系统，并且对送风口的位置提出严格要求。将前室的机械加压送风口设置在前室的顶部，目的是形成有效阻隔烟气的风幕；而将送风口设在正对前室入口的墙面上，是为了形成正面阻挡烟气侵入前室的效果。当前室的加压送风口的设置不符合上述规定时，其楼梯间就必须设置机械加压送风系统。

图2合用前室加压送风口未设置在正对前室入口的墙面上，不能形成正面阻挡烟气侵入前室的效果，防烟楼梯间就应设置机械加压送风系统。

审查中还常见防烟楼梯间自然通风、合用前室加压送风口未设置在前室的顶部的情况。

这两种情况都不能形成有效阻隔烟气的风幕，都不能满足《建筑防烟排烟系统技术标准》第3.1.3条第2款规定。

当公共建筑、工业建筑前室的加压送风口设置不能满足《建筑防烟排烟系统技术标准》第3.1.3条第2款规定时，应要求建筑专业给予配合来满足防烟楼梯间、前室的自然通风条件；当公共建筑、工业建筑前室没有自然通风条件时，且不能满足《建筑防烟排烟系统技术标准》第3.1.3条第2款规定时，防烟楼梯间应采用机械加压送风。

住宅楼通常一梯多户（每层前室有多个门），又受到层高限制，前室的加压送风口通常不能设置在顶部，目前很多住宅楼靠外墙设置地上防烟楼梯间，具备自然通风条件，按照《建筑防烟排烟系统技术标准》第3.1.3条规定应优先采用自然通风系统；但因前室的机械加压送风口不能设置在前室的顶部或正对前室入口的墙面上，防烟楼梯间只能采用机械加压送风方式，且按《建筑防烟排烟系统技术标准》第3.3.10条、第3.3.11条规定设置固定窗，住宅楼防烟楼梯间及其前室不能自然通风，卫生条件较差，业主投诉较多。住宅楼火灾危险性较工业建筑、公共建筑火灾危险性要小一些，设计时可参照浙江省、上海市地方规定：住宅楼前室的机械加压送风的气流不被阻挡，且不朝向楼梯间入口，防烟楼梯间就可采用自然通风系统。

</td></tr>
</table>

问题描述

问题 4　在前室有 2 个入口时，防烟楼梯间及其独立前室合用加压送风系统

1. 某建筑高度小于 50m 的会展中心，地下二层防烟楼梯间、独立前室没有自然通风条件，独立前室设有 2 个入口时，与两侧疏散走道连通时，仅对防烟楼梯间设置加压送风系统，如图 1 所示。

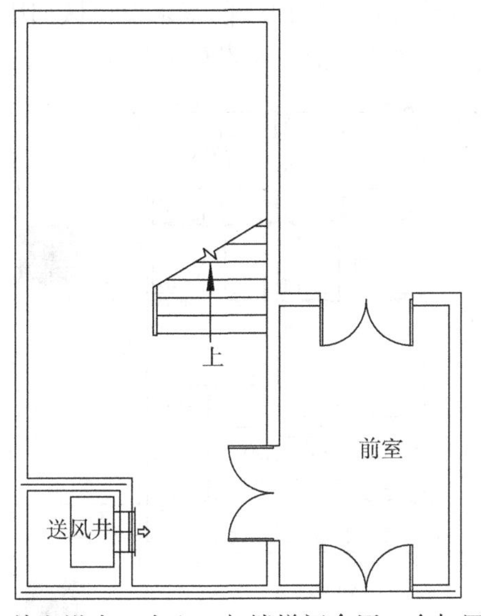

图 1　独立前室设有 2 个入口与楼梯间合用一个加压送风系统

2. 某建筑高度小于 50m 的商业建筑，地下一层防烟楼梯间独立前室设有 2 个双扇门与走道连通，仅对防烟楼梯间设置了加压送风系统，如图 2 所示。

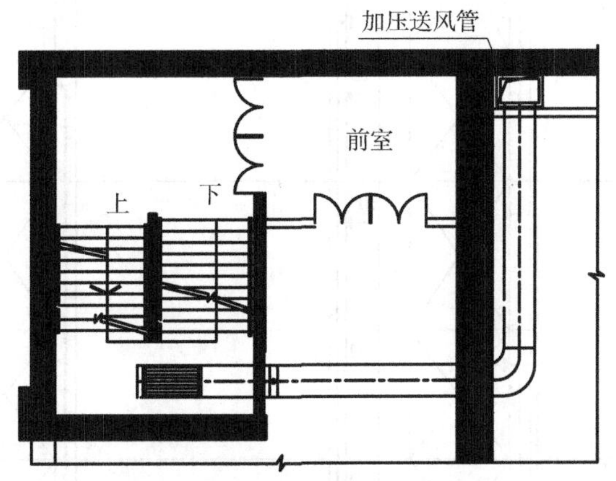

图 2　防烟楼梯间独立前室设有一个疏散口、多个门

相关标准

《建筑防烟排烟系统技术标准》

3.1.5　防烟楼梯间及其前室的机械加压送风系统的设置应符合下列规定：

1　建筑高度小于或等于 50m 的公共建筑、工业建筑和建筑高度小于或等于 100m 的住宅建筑，当采用独立前室且其仅有一个门与走道或房间相通时，可仅在楼梯间设置机械加压送风系统；当独立前室有多个门时，楼梯间、独立前室应分别独立设置机械加压送风系统。

问题解析

1. 图 1 不满足独立前室仅有一个门与走道或房间连通的条件，按《建筑防烟排烟系统技术标准》第 3.1.5 条第 1 款规定防烟楼梯间及其独立前室应分别设置加压送风系统。

2.《建筑防烟排烟系统技术标准》第 3.1.5 条第 1 款规定独立前室仅有一个门与走道或房间相通，此处的一个门应该理解为一个标准双扇门，图 2 中的防烟楼梯间独立前室设有 2 个双扇门，虽然是一个疏散出口，也不应合用加压送风系统。

问题描述

问题 5　剪刀梯的防烟楼梯间、前室合设加压送风系统

某建筑高度小于 50m 的会展中心，剪刀梯 C-ST10、C-ST11 在梯段之间采用防火隔墙隔开，剪刀梯的 2 部防烟楼梯间、前室、合用前室均不具备自然通风条件，剪刀梯 C-ST10 前室设置一个门与走道连通，仅对 2 部防烟楼梯间设置机械加压送风，前室未设机械加压送风，剪刀梯 C-ST11 的 2 部防烟楼梯间、合用前室设置独立机械加压送风，前室未设机械加压送风，如图 1、图 2 所示。

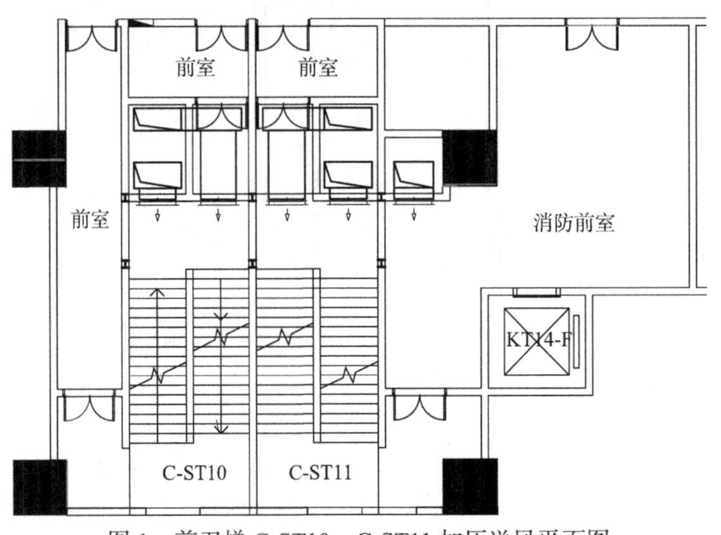

图 1　剪刀梯 C-ST10、C-ST11 加压送风平面图

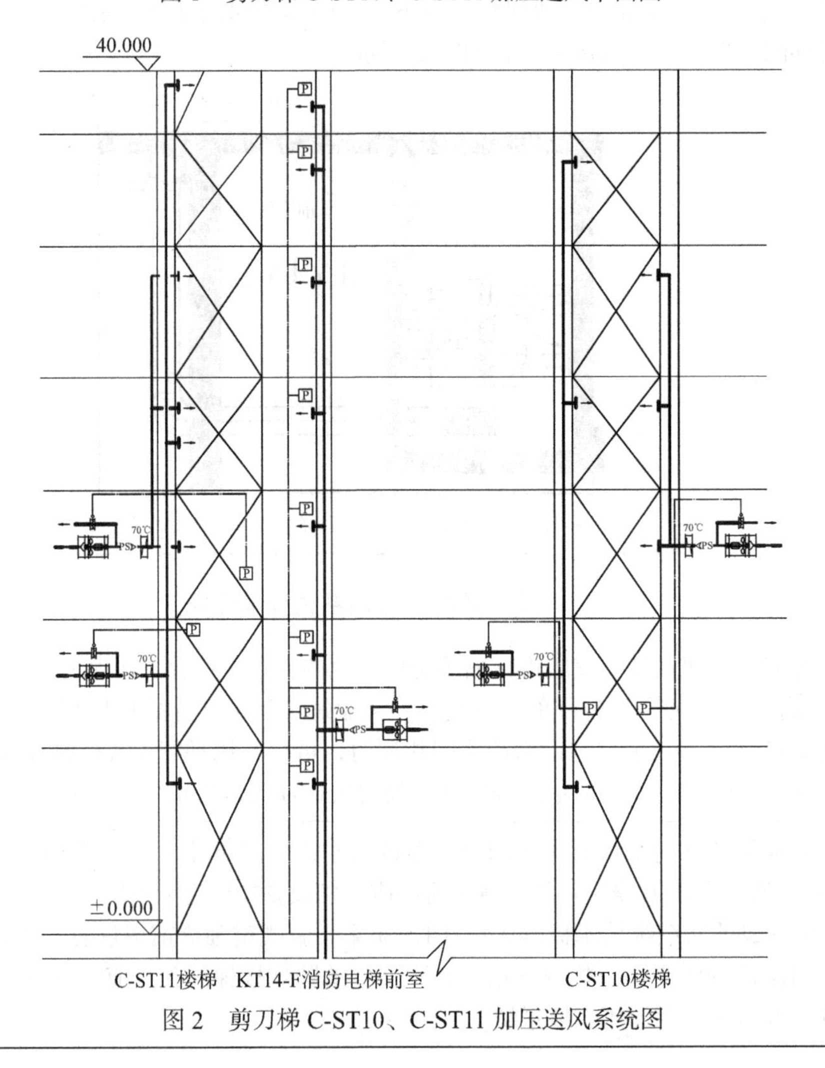

图 2　剪刀梯 C-ST10、C-ST11 加压送风系统图

<table>
<tr><td>相关标准</td><td>

《建筑防烟排烟系统技术标准》

2.1.19　独立前室　independent anteroom

只与一部疏散楼梯相连的前室。

3.1.5　防烟楼梯间及其前室的机械加压送风系统的设置应符合下列规定：

2　当采用合用前室时，楼梯间、合用前室应分别独立设置机械加压送风系统。

3　当采用剪刀楼梯时，其两个楼梯间及其前室的机械加压送风系统应分别独立设置。

3.4.4　机械加压送风量应满足走廊至前室至楼梯间的压力呈递增分布，余压值应符合下列规定：

1　前室、封闭避难层（间）与走道之间的压差应为25Pa～30Pa；

2　楼梯间与走道之间的压差应为40Pa～50Pa；

3　当系统余压值超过最大允许压力差时应采取泄压措施。最大允许压力差应由本标准第3.4.9条计算确定。

</td></tr>
<tr><td>问题解析</td><td>

《建筑防烟排烟系统技术标准》第3.1.5条条文说明规定了对于剪刀楼梯无论是公共建筑还是住宅建筑，为了保证2部楼梯的加压送风系统不至于在火灾发生时同时失效，其2部楼梯间和前室、合用前室的机械加压送风系统（风机、风道、风口）应分别独立设置，2部楼梯间也要独立设置风机和风道、风口。

标准正文和条文解释明确了剪刀梯的2部楼梯间要设置独立的加压送风系统，但是前室是否也需要设置独立的加压送风系统则没有明确。有很多设计人员认为依据《建筑防烟排烟系统技术标准》第3.1.5条第1款规定，图1中的剪刀梯的2部楼梯间可与其独立前室合用一个加压送风系统。

按照《建筑防烟排烟系统技术标准》规定，剪刀梯2部楼梯间的前室，在相邻层对应的是不同的楼梯间，不能算独立前室。

根据剪刀楼梯间的构造特点，依据《建筑防烟排烟系统技术标准》第3.1.5条第2款、第3款规定，剪刀梯C-ST11的2个楼梯间应分别设置加压送风系统，2个前室也应分别设置加压送风系统；剪刀梯C-ST10的2个前室虽然有可能满足《建筑防烟排烟系统技术标准》第3.4.4条规定的室内余压值，也应分别设置加压送风系统。

</td></tr>
</table>

问题描述

问题 6　自然通风设施

1. 某住宅建筑地下仅为一层，地下一层的封闭楼梯间与地上楼梯间通过一道乙级防火门连通，在首层设有直通室外的疏散门，利用外门自然通风，见图 1、图 2。

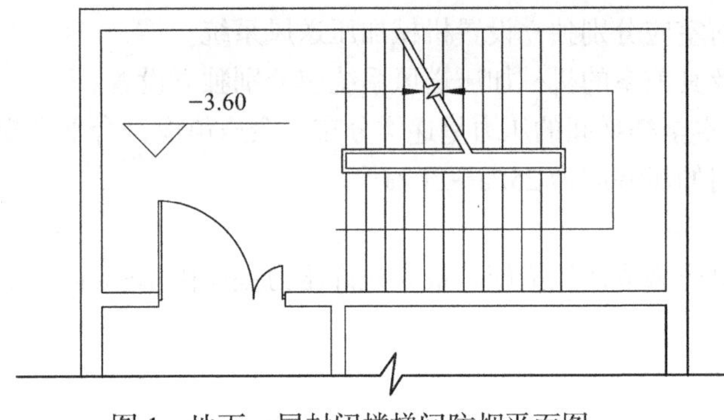

图 1　地下一层封闭楼梯间防烟平面图

图 2　首层封闭楼梯间防烟平面图

2. 图 3～图 5 中的封闭楼梯间通过地下一层、地下一层夹层，但是仅服务于地下一层，在首层设有直通室外的疏散门，封闭楼梯间采用自然通风方式。

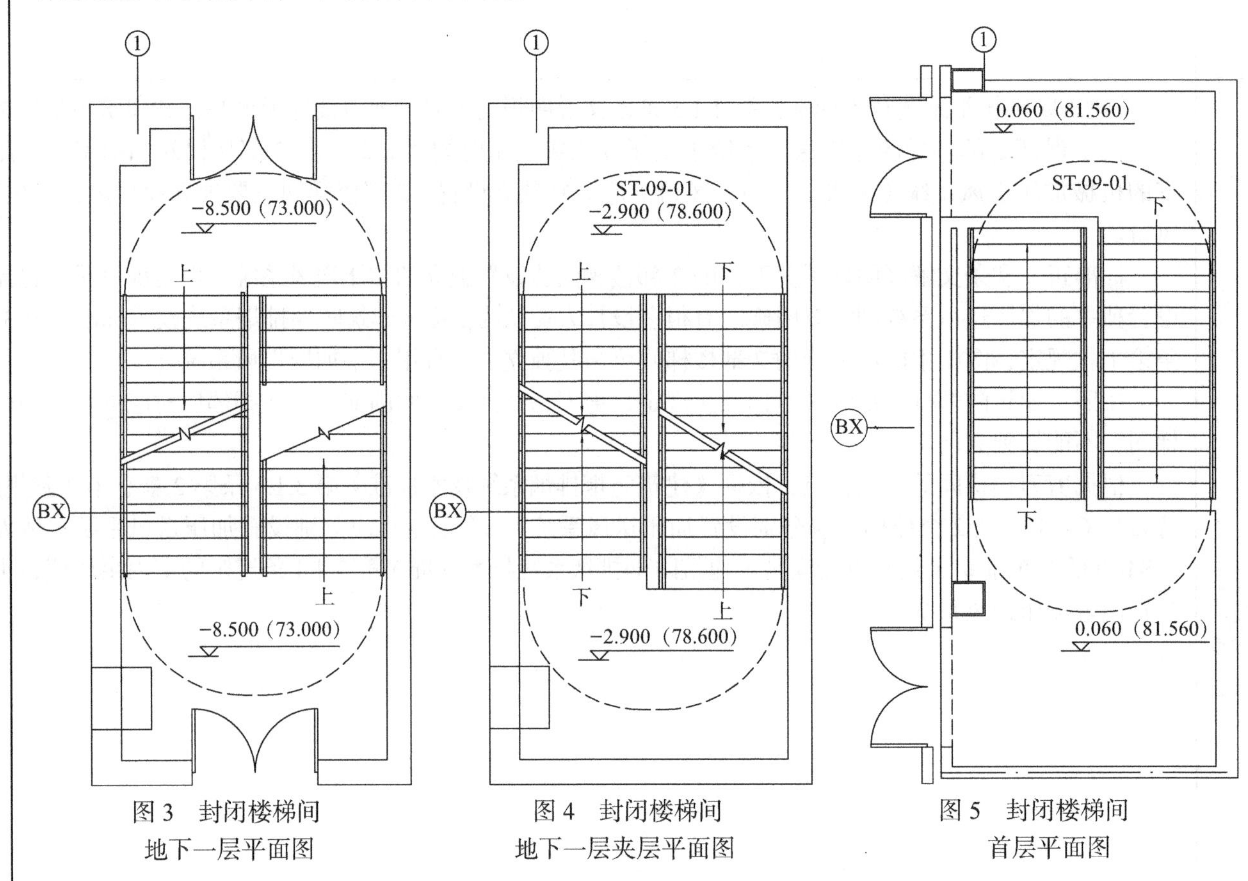

图 3　封闭楼梯间地下一层平面图

图 4　封闭楼梯间地下一层夹层平面图

图 5　封闭楼梯间首层平面图

3. 某小区多栋住宅楼防烟楼梯间、合用前室采用自然通风，仅在一个朝向设置一个可开启外窗 C2114，见图 6。

4. 某老年人照料设施建筑在二层至五层平面图中每座疏散楼梯间的相邻部位设置 1 间避难间，图 7 为二层避难间自然通风平面图，该避难间只在一个朝向设有开启面积不小于 $2.0m^2$ 的外窗。

问题描述	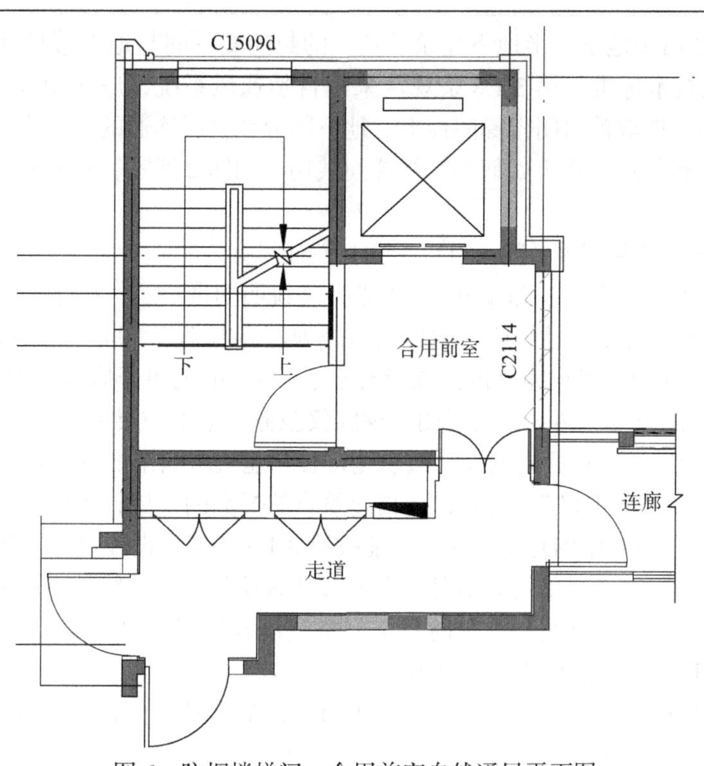 图 6　防烟楼梯间、合用前室自然通风平面图 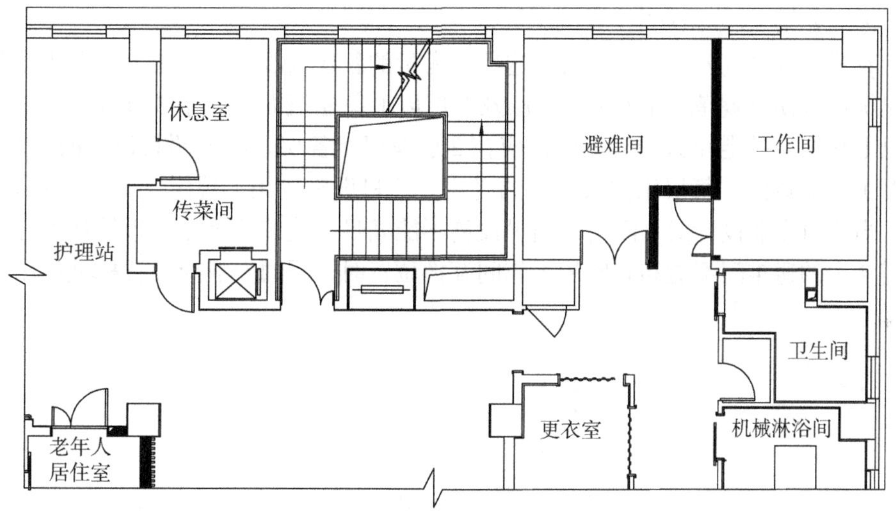 图 7　某老年人照料设施建筑二层避难间自然通风平面图
相关标准	**《建筑防烟排烟系统技术标准》** 3.1.6　封闭楼梯间应采用自然通风系统，不能满足自然通风条件的封闭楼梯间，应设置机械加压送风系统。当地下、半地下建筑（室）的封闭楼梯间不与地上楼梯间共用且地下仅为一层时，可不设置机械加压送风系统，但首层应设置有效面积不小于 $1.2m^2$ 的可开启外窗或直通室外的疏散门。 3.2.1　采用自然通风方式的封闭楼梯间、防烟楼梯间，应在最高部位设置面积不小于 $1.0m^2$ 的可开启外窗或开口；当建筑高度大于 10m 时，尚应在楼梯间的外墙上每 5 层内设置总面积不小于 $2.0m^2$ 的可开启外窗或开口，且布置间隔不大于 3 层。 3.2.2　前室采用自然通风方式时，独立前室、消防电梯前室可开启外窗或开口的面积不应小于 $2.0m^2$，共用前室、合用前室不应小于 $3.0m^2$。 3.2.3　采用自然通风方式的避难层（间）应设有不同朝向的可开启外窗，其有效面积不应小于该避难层（间）地面面积的 2%，且每个朝向的面积不应小于 $2.0m^2$。

问题解析	1. 图 1、图 2 属于地下、半地下建筑（室）的封闭楼梯间与地上楼梯间共用的情况，不能按《建筑防烟排烟系统技术标准》第 3.1.6 条规定采用自然通风系统，应按第 3.2.1 条规定设置自然通风窗（口）或者建筑专业能取消封闭楼梯间地上、地下部分在首层连通的门，进行自然通风。 第 3.1.6 条执行的难点在于如何判断楼梯间共用，如图 2 所示，只要是在首层设置了连通的门就属于楼梯间共用。 2. 图 3～图 5 中的封闭楼梯间不可以采用自然通风方式。 《建筑防烟排烟系统技术标准》第 3.1.6 条条文说明明确表示，对于设在地下的封闭楼梯间，当其服务的地下室层数仅为 1 层且最底层地坪与室外地坪高差小于 10m 时，为体现经济合理的建设要求，只要在其首层设置了直接开向室外的门或设有不小于 $1.2m^2$ 的可开启外窗即可。 按该条文说明，图 3～图 6 中的封闭楼梯间仅服务于地下一层（在地下一层夹层没有开门），首层设有直通室外的疏散门，自然通风设计似乎能符合《建筑防烟排烟系统技术标准》3.1.6 条规定；但是第 3.1.6 条条文中的“地下仅为一层”，是指建筑自然层数的一层，不应是说明中的封闭楼梯间服务层数仅为一层，图 3～图 6 中的封闭楼梯间不能按第 3.1.6 条规定设计自然通风设施。 “有效面积不小于 $1.2m^2$ 的可开启外窗”与《建筑防烟排烟系统技术标准》第 3.2.1 条规定有矛盾，封闭楼梯间本身不会产生烟气，火灾时只需将少量侵入封闭楼梯间的烟气通过外窗排至室外，因此，只要求可开启面积，而不是有效开启面积。 3. 图 6 中合用前室只有一个可开启外窗 C2114，最大开启面积为 $2.1m \times 1.4m = 2.94m^2 < 3.0m^2$，不符合《建筑防烟排烟系统技术标准》第 3.2.2 条规定。 4. 图 7 中避难间采用自然通风方式时，只设置一个朝向的可开启外窗，不能满足《建筑防烟排烟系统技术标准》第 3.2.3 条规定。 5. 随着我们国家进入老龄化社会，这些年大量的新建或改建（含改造）老年人照料设施建筑出现，依据《建筑设计防火规范》的规定，3 层及 3 层以上总建筑面积大于 $3000m^2$（包括设置在其他建筑内三层及以上楼层）的老年人照料设施，应在 2 层及以上各层老年人照料设施的每座疏散楼梯间的相邻部位设置 1 间避难间，每层床位数较多的老年人照料设施按相关规定，在设计时，每层避难间数量会比较多，当建筑专业设计避难间自然通风设施不能满足《建筑防烟排烟系统技术标准》第 3.2.3 条规定时，如图 7 中的避难间不能和右侧的工作间互换位置时，暖通专业应设置机械加压送风系统。

问题描述

问题 7 首层前室、扩大前室防烟方式

1. 图 1 首层前室（或扩大前室）在与首层商铺等没有疏散门连通，与上、下楼层的前室同时加压送风防烟时，首层前室不设加压送风口，也没有自然通风外窗。

图 2 首层前室（或扩大前室）在与首层商铺等有疏散门连通，上、下楼层的前室设有加压送风防烟时，首层前室应设置防烟设施。

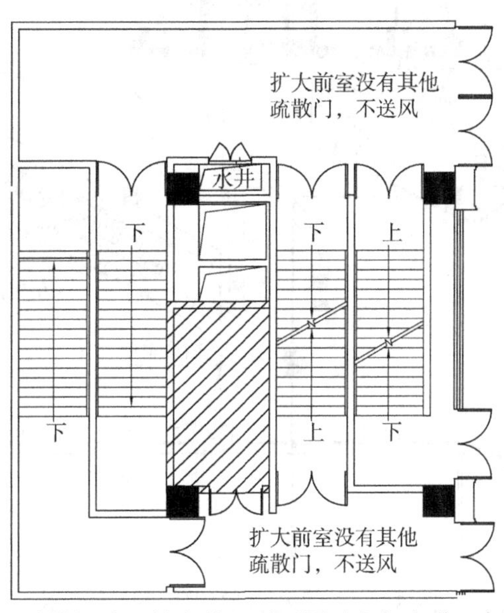

图 1 防烟楼梯间首层扩大前室平面图（未与走道、商铺连通）

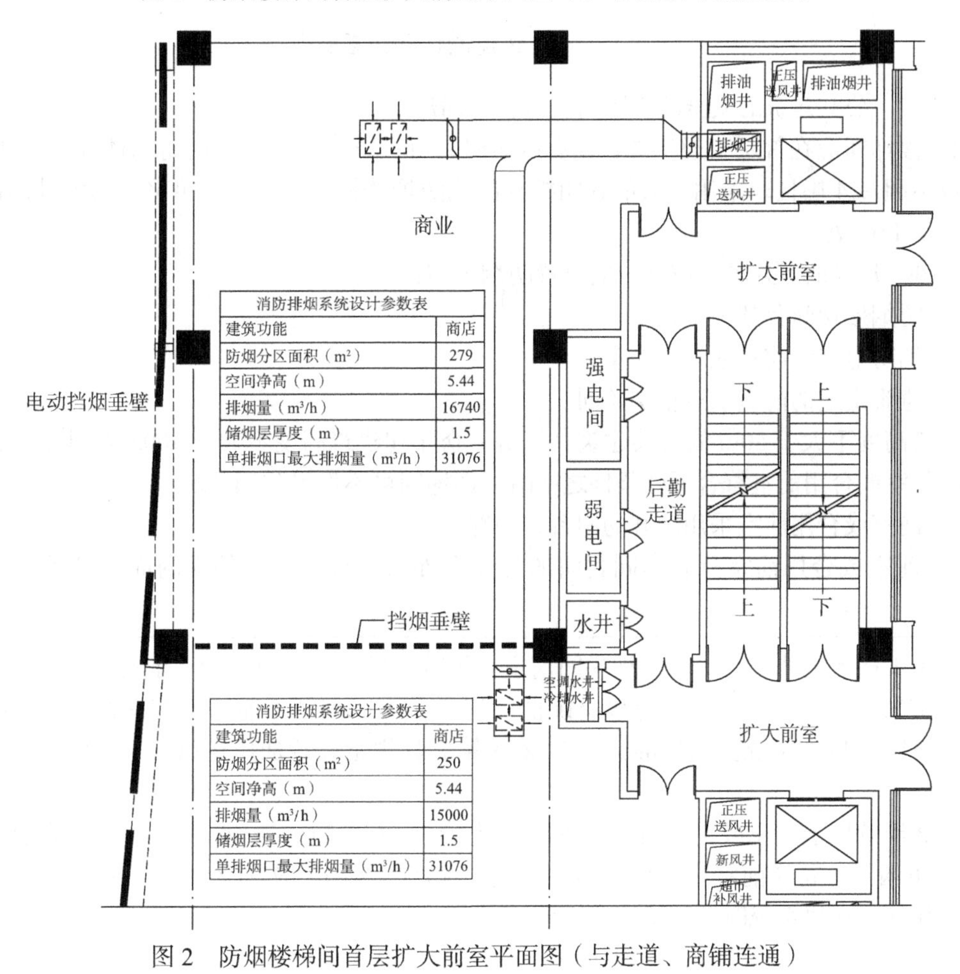

图 2 防烟楼梯间首层扩大前室平面图（与走道、商铺连通）

问题描述	2. 图 3 某商业楼首层门厅按无回廊中庭设计，同时还是防烟楼梯间的扩大前室，中庭与周围商业区采用特级防火卷帘分隔，在中庭顶棚设有机械排烟系统。 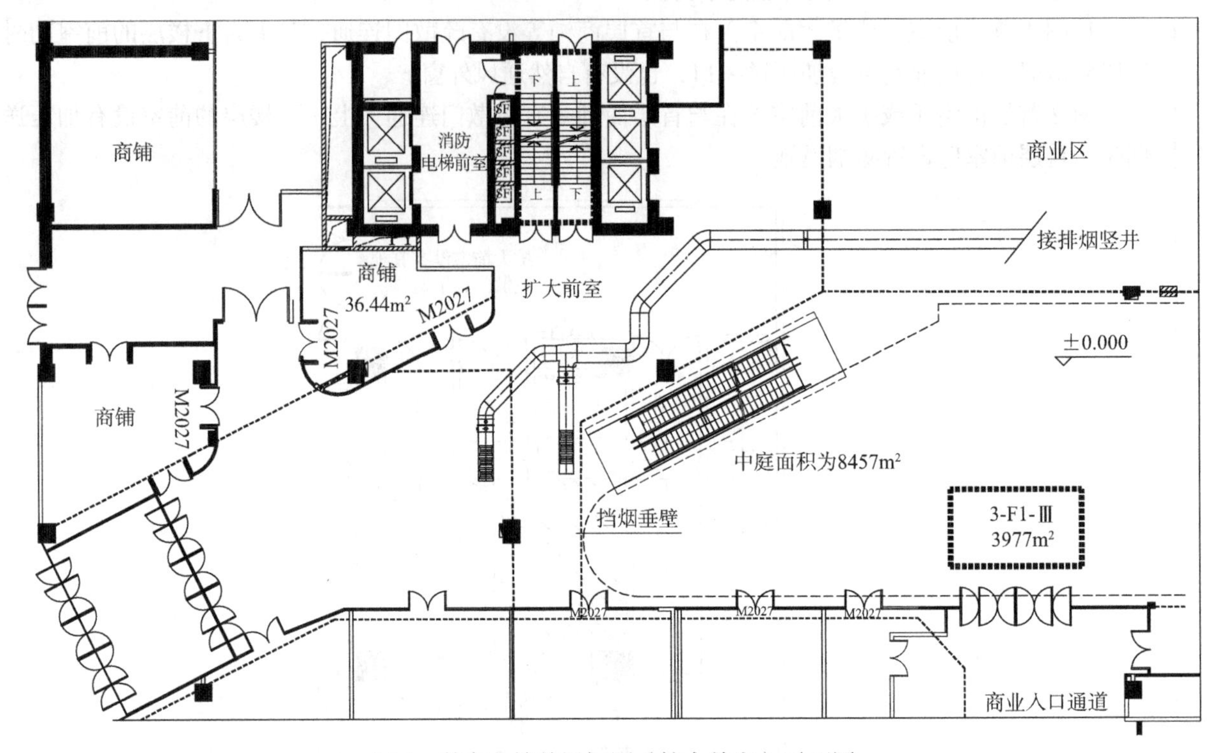 图 3 某商业楼首层门厅（扩大前室）平面图
相关标准	**《建筑设计防火规范》** 5.5.17 公共建筑的安全疏散距离应符合下列规定： 2 楼梯间应在首层直通室外，确有困难时，可在首层采用扩大的封闭楼梯间或防烟楼梯间前室。当层数不超过 4 层且未采用扩大的封闭楼梯间或防烟楼梯间前室时，可将直通室外的门设置在离楼梯间不大于 15m 处。 8.5.1 建筑的下列场所或部位应设置防烟设施： 1 防烟楼梯间及其前室； 2 消防电梯间前室或合用前室； 3 避难走道的前室、避难层（间）。 建筑高度不大于 50m 的公共建筑、厂房、仓库和建筑高度不大于 100m 的住宅建筑，当其防烟楼梯间的前室或合用前室符合下列条件之一时，楼梯间可不设置防烟系统： 1 前室或合用前室采用敞开的阳台、凹廊； 2 前室或合用前室具有不同朝向的可开启外窗，且可开启外窗的面积满足自然排烟口的面积要求。
问题解析	1. 图 1 地上、地下部分防烟楼梯间前室均设有机械加压送风系统，能有效阻挡烟气侵入，首层前室（或扩大前室）与首层商铺等没有疏散门连通，火灾烟气不能进入前室，这种情况下前室可以不按《建筑防烟排烟系统技术标准》第 3.3.6 条第 2 款规定设置加压送风口，也没有必要设置自然通风设施。 图 2 当首层前室（或扩大前室）在与首层商铺等有疏散门连通，即使上、下部楼层的前室设有加压送风防烟时，首层前室也应设置防烟设施（加压送风或自然通风），且应优先采用自然通风方式，采用机械加压送风系统时，系统宜独立设置。

问题解析	2. 在图 3 中，依据《建筑设计防火规范》第 8.5.3 条规定，在 6 层设置了机械排烟系统，而首层大厅设置剪刀梯、消防电梯的扩大前室。理论上，扩大前室也属于前室（室内安全区）范畴，通常应设置防烟设施，将渗入扩大前室的少量烟气排出室外或通过设置前室等将烟气阻挡在扩大前室之外。本工程的建筑审查人员也认为在图 3 中，门厅采用大尺寸防火卷帘，与周围场所（商铺）分隔，不能有效地阻挡商铺火灾烟气侵入扩大前室，不能形成室内安全出口。因此，设计单位进行了修改，见图 4，防烟楼梯间、合用前室通过新的扩大前室，不通过门厅（中庭），避免了同一场所既要防烟，又要排烟的需求。这种处理比较理想，但是大多数项目的业主、建筑师不会同意修改设计方案，对于在首层设置大面积的扩大前室，平时又有使用功能的设计方法，本书的作者认为：对这类扩大前室应该设置排烟设施。在北京市的一些特殊项目消防设计中，消防设计单位对于这类面积大，净高很高的扩大前室采用排烟方式，且大多采用机械排烟，确保人员在整个疏散过程中不受烟雾影响。 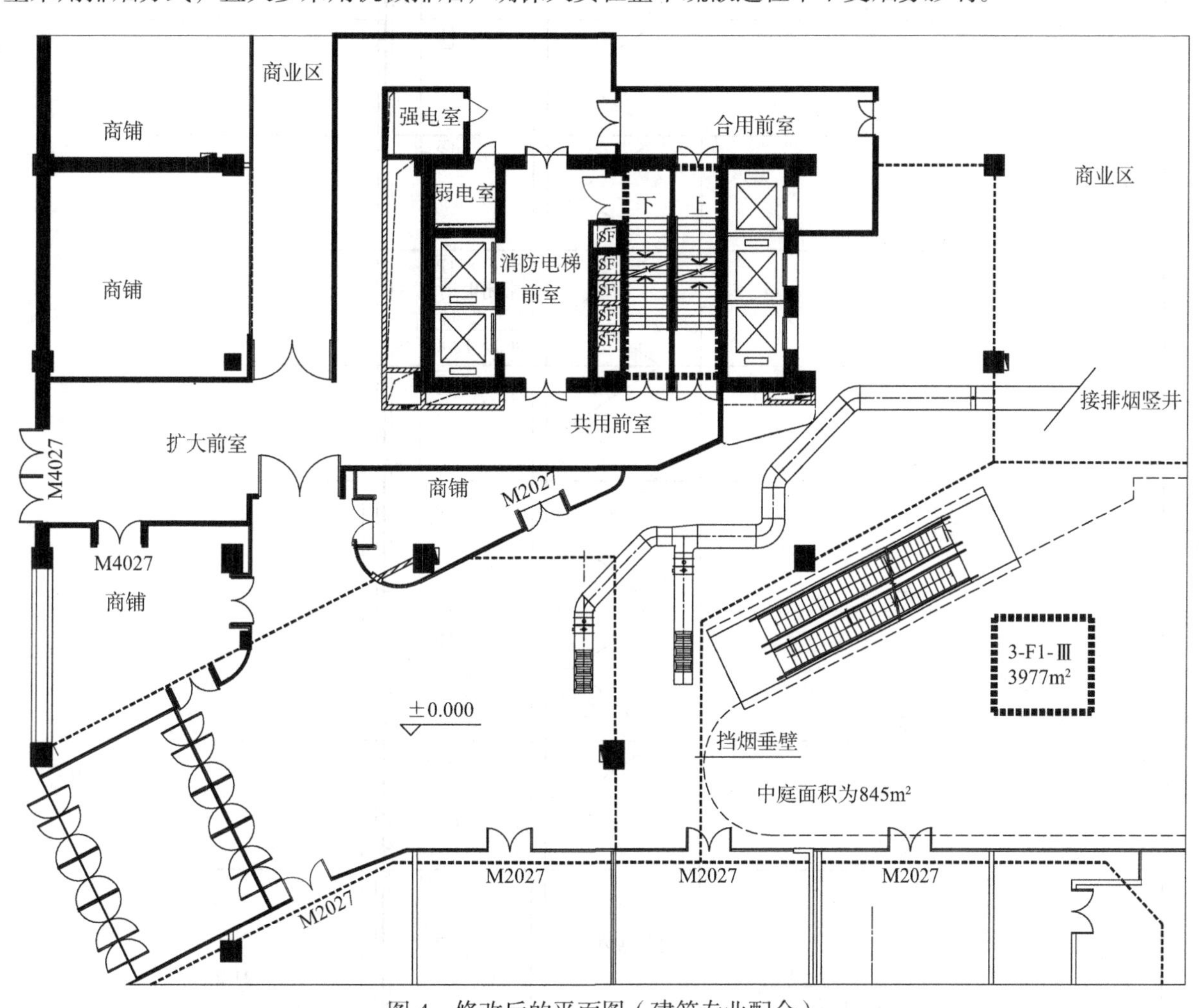 图 4　修改后的平面图（建筑专业配合）

问题描述

问题 8　防烟系统计算送风量、设计送风量

1. 某医学院研究中心防烟系统图，见图 1，地下一层，地上九层，建筑高度为 42m，地下一层地面标高为 −7.6m。1 号、2 号防烟楼梯间地下部分设置加压送风系统，地上部分采用自然通风，合用前室设置一个加压送风系统，每层的防烟楼梯间、合用前室均设置乙级防火门，设备表中标明合用前室加压送风机风量（系统设计风量）为 $33000m^3/h$，而防烟计算书中计算值为 $96000m^3/h$。

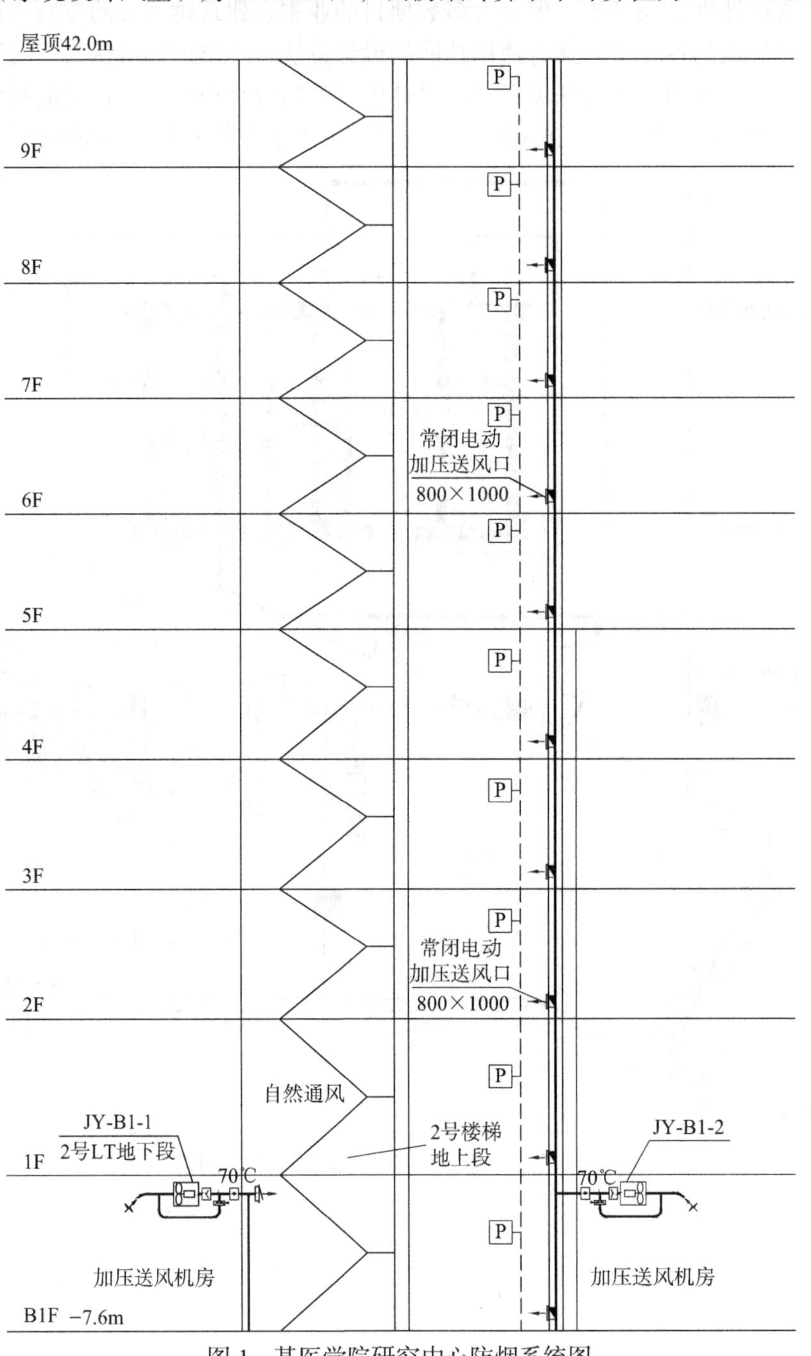

图 1　某医学院研究中心防烟系统图

2. 某办公及配套商业楼，地下四层，地上十层，防烟楼梯间 NLT-03 地上部分高度为 43.6m，地下部分高度为 15.25m，NLT-03 楼梯间地上、地下分别设置加压送风系统，合用前室设置独立加压送风系统。

合用前室在地下四层至地下一层设置 2 个疏散出口（双扇门），地上各层均设置一个疏散出口（双扇门），如图 2～图 5 所示。

问题描述

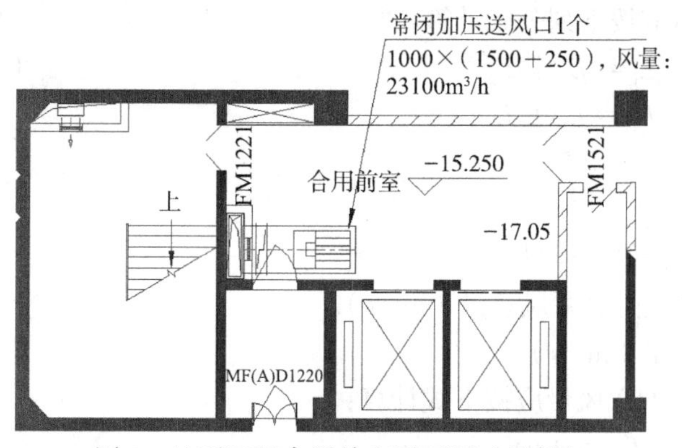

图 2　地下四层合用前室平面图（局部）

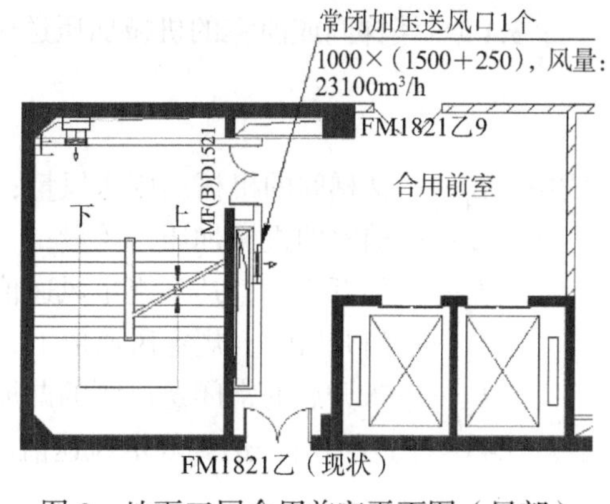

图 3　地下三层合用前室平面图（局部）

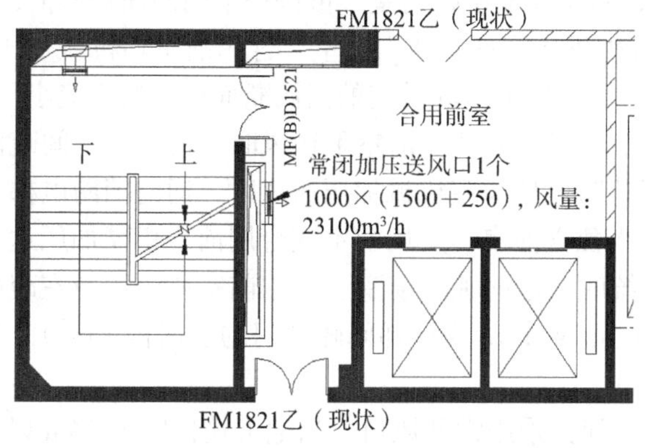

图 4　地下二层合用前室平面图（局部）

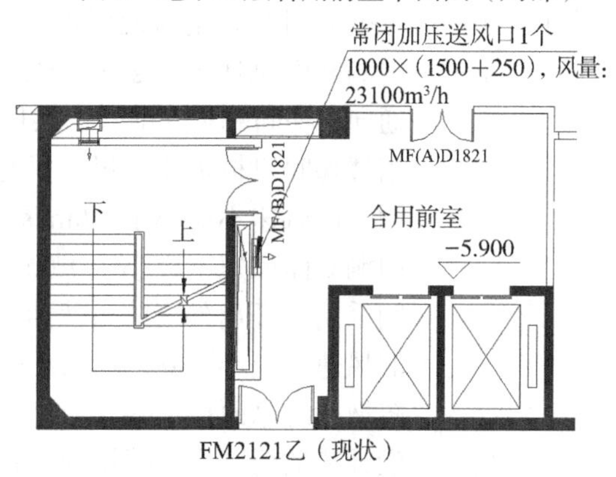

图 5　地下一层合用前室平面图（局部）

防烟系统计算书中（表 1）NLT-03 合用前室加压送风系统计算送风量为 57704m³/h，系统设计风量为 69300m³/h，设备表加压送风机风量为 69300m³/h。

防烟系统计算书　　　**表 1**

风机编号	服务区域	系统负担高度 H	开启门类型	门宽（m）	门高（m）	一层内开启门数量	一层内开启门的截面面积（m²）	设计疏散门开启楼层数	漏风阀门的数量	送风量计算值（m³/h）
							A_k	N_1	N_3	
ZY-02-QS/WD	NLT-03 前室	24 < H < 50m	双扇	1.6	2.2	2	7.04	3	15	57704

3. 仍然以某办公及配套商业楼为例，地下三、四层为汽车库和设备用房，地下一、二层为商业用房，NLT-03 楼梯间地上、地下分别设置加压送风系统，NLT-03 楼梯间地下部分加压送风系统计算书中 $N_1 = 1$，见表 2。

NLT-03 楼梯间地下部分加压送风系统计算书　　　**表 2**

风机编号	服务区域	楼梯间类型	系统负担高度 H	开启门类型	门宽（m）	门高（m）	一层内开启门数量	一层内开启门的截面面积（m²）	设计开启门的楼层数量
								A_k	N_1
ZY-02-01/WD	NLT-03 地下	地下楼梯间	H < 24m	双扇	1.8	2.1	1	3.78	1

相关标准

《建筑防烟排烟系统技术标准》

3.4.1　机械加压送风系统的设计风量不应小于计算风量的 1.2 倍。

3.4.2　防烟楼梯间、独立前室、共用前室、合用前室和消防电梯前室的机械加压送风的计算风量应由本标准第 3.4.5 条～第 3.4.8 条的规定计算确定。当系统负担建筑高度大于 24m 时，防烟楼梯间、独立前室、合用前室和消防电梯前室应按计算值与表 3.4.2-1～表 3.4.2-4 的值中的较大值确定。

相关标准	3.4.5　楼梯间或前室的机械加压送风量应按下列公式计算： $L_j = L_1 + L_2$　（3.4.5-1） $L_s = L_1 + L_3$　（3.4.5-2） 式中：L_j——楼梯间的机械加压送风量； L_s——前室的机械加压送风量； L_1——门开启时，达到规定风速值所需的送风量（m^3/s）； L_2——门开启时，规定风速值下，其他门缝漏风总量（m^3/s）； L_3——未开启的常闭送风阀的漏风总量（m^3/s）。 3.4.6　门开启时，达到规定风速值所需的送风量应按下式计算： $L_1 = A_k v N_1$　（3.4.6） 式中：A_k——一层内开启门的截面面积（m^2），对于住宅楼梯前室，可按一个门的面积取值； v——门洞断面风速（m/s）；当楼梯间和独立前室、共用前室、合用前室均机械加压送风时，通向楼梯间和独立前室、共用前室、合用前室疏散门的门洞断面风速均不应小于0.7m/s；当楼梯间机械加压送风、只有一个开启门的独立前室不送风时，通向楼梯间疏散门的门洞断面风速不应小于1.0m/s；当消防电梯前室机械加压送风时，通向消防电梯前室门的门洞断面风速不应小于1.0m/s；当独立前室、共用前室或合用前室机械加压送风而楼梯间采用可开启外窗的自然通风系统时，通向独立前室、共用前室或合用前室疏散门的门洞风速不应小于0.6（$A_l/A_g + 1$）（m/s）；A_l为楼梯间疏散门的总面积（m^2）；A_g为前室疏散门的总面积（m^2）。 N_1——设计疏散门开启的楼层数量；楼梯间：采用常开风口，当地上楼梯间为24m以下时，设计2层内的疏散门开启，取$N_1 = 2$；当地上楼梯间为24m及以上时，设计3层内的疏散门开启，取$N_1 = 3$；当为地下楼梯间时，设计1层内的疏散门开启，取$N_1 = 1$。前室：采用常闭风口，计算风量时取$N_1 = 3$。 3.4.8　未开启的常闭送风阀的漏风总量应按下式计算： $L_3 = 0.083 \times A_f N_3$　（3.4.8） 式中：0.083——阀门单位面积的漏风量［$m^3/(s \cdot m^2)$］； A_f——单个送风阀门的面积（m^2）； N_3——漏风阀门的数量：前室采用常闭风口取N_3=楼层数−3。
问题解析	1. 图1合用前室加压送风系统属于楼梯间自然通风、合用前室加压送风的情况，按《建筑防烟排烟系统技术标准》公式3.4.6、3.4.8计算核算，门开启时，达到规定风速值所需的送风量是40824m^3/h，未开启的常闭送风阀的漏风总量是1581m^3/h，JY-B1-2、JY-B1-4计算风量为42405m^3/h，与本标准中表3.4.2-2中数值比较，取较大值，加压送风计算风量为42405m^3/h，系统设计风量为50886m^3/h，加压送风机风量不应小于系统设计风量50886m^3/h。 在表2中，N_1取值为10，门洞处风速为0.7m/s，也不符合《建筑防烟排烟系统技术标准》第3.4.6条规定： 当独立前室、共用前室或合用前室机械加压送风而楼梯间采用可开启外窗的自然通风系统时，通向独立前室、共用前室或合用前室疏散门的门洞风速不应小于0.6（$A_l/A_g + 1$）（m/s）；A_l为楼梯间疏散门的总面积（m^2）；A_g为前室疏散门的总面积（m^2）。 门洞处计算风速为1.2m/s。 前室：采用常闭风口，计算风量时区$N_1 = 3$。 2. 图2中楼梯间地下部分加压送风系统计算书中存在如下问题： （1）合用前室加压送风系统负担高度大于50m，地下四层到十层高度为59m。 （2）计算的门洞尺寸与建筑平面图不一致，平面图中门洞尺寸为1.8×2.1和2.1×2.1，而非1.6×2.2。 （3）漏风阀门的数量不对。N_3=楼层数$-N_1$（常闭风口时，N_1取3）$= 14 - 3 = 11$（层）。

问题解析

（4）当公共建筑内裙楼楼层前室门数量不相同的情况时，可将公式 3.4.6A_k 与 N_1 合并考虑，采用最大的连续三层中前室门洞面积。

本工程地下三层至地下一层前室门洞面积为 23.31m^2，按公式 3.4.6 计算，$L_1 = A_k v N_1 = 16.317$（m^3/s），换算为 58741.2m^3/h，未开启的常闭送风阀的漏风总量约为 3478.75m^3/h，系统计算送风量为 62219.95m^3/h，系统设计送风量为 74663.94m^3/h，应按系统设计送风量确定加压送风机风量。

表 2 中 N_1 取值为 1，可以满足《建筑防烟排烟系统技术标准》第 3.4.6 条规定。

《建筑防烟排烟系统技术标准》目前已经开始修编，明确要求地下室楼梯间 N_1 取值要视地下室功能确定，见表 3。

地下室楼梯间 N_1 取值 **表 3**

<table>
<tr><th colspan="2">地下室功能及楼层数</th><th>N_1</th></tr>
<tr><td colspan="2">地下仅为汽车库、非机动车库、设备用房</td><td>1</td></tr>
<tr><td rowspan="2">地下有其他功能时（经常有人停留或可燃物较多）</td><td>服务的地下楼层为 1 层或 2 层</td><td>实际楼层数量</td></tr>
<tr><td>服务的地下楼层大于等于 3 层</td><td>3</td></tr>
</table>

NLT-03 楼梯间地下部分加压送风系统计算书中 $N_1 = 3$ 时，重新按《建筑防烟排烟系统技术标准》公式 3.4.6 计算，系统计算送风量为 28847.54m^3/h，系统设计送风量为 34617m^3/h；而按 $N_1 = 1$ 时的系统计算送风量为 10609m^3/h，系统设计送风量为 12730.8m^3/h。加压送风系统风机的风量、正压送风竖井及管路均有较大差异，为避免日后改造时设备、管道更换以及扩大管井的麻烦，建议地下室楼梯间 N_1 按表 3 中的数值取值。

问题描述

问题 1　未按现行《建筑设计防火规范》第 8.5.4 条规定设置排烟设施

1. 某医疗建筑首层咖啡厅建筑面积为 75m²，没有外窗，没有设置排烟设施，如图 1 所示。

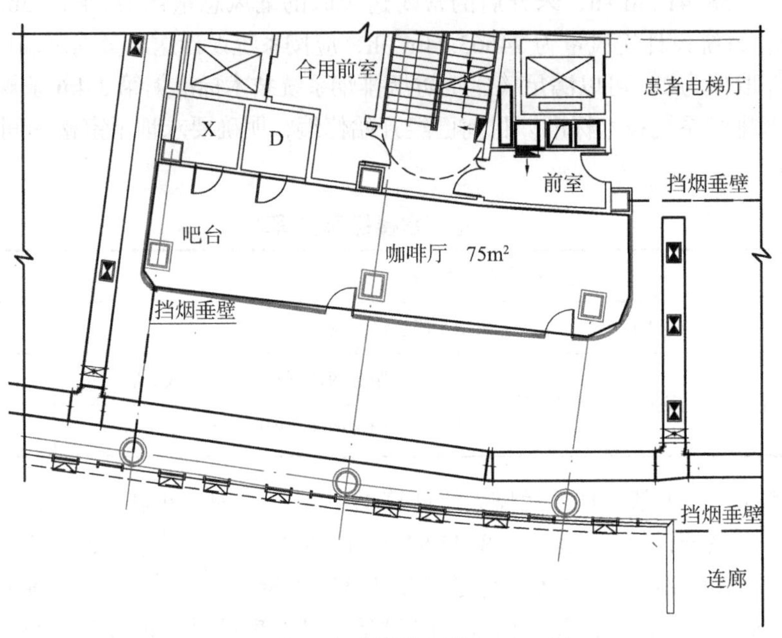

图 1　某医疗建筑首层排烟平面图

2. 某中学地下一层课外活动室建筑面积为 92m²（大于 50m²），没有外窗，房间对疏散走廊设有观察窗。课外活动室、疏散走道按一个防烟分区设置一个机械排烟系统，课外活动室未设置排烟设施。某中学地下一层防排烟平面图如图 2 所示。

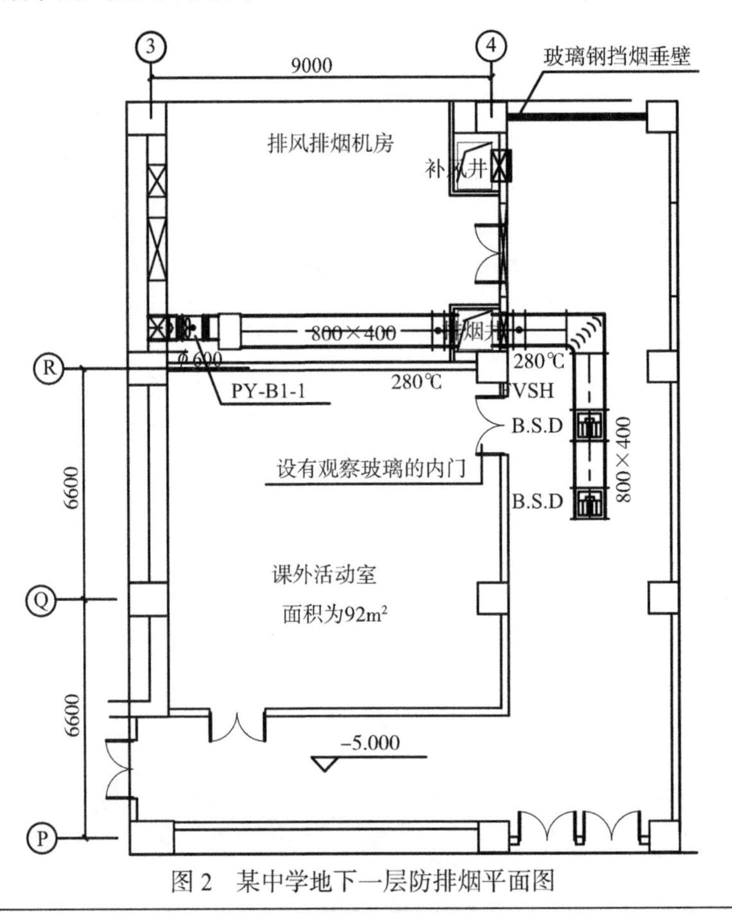

图 2　某中学地下一层防排烟平面图

问题描述	3. 某住宅楼地下一层4号防火分区建筑面积为240m²，功能为丙二类储藏间、入户大堂、走道，疏散走道长度小于20m，每间丙二类储藏间建筑面积均小于50m²，走道、储藏间均未设置排烟设施，如图3所示。 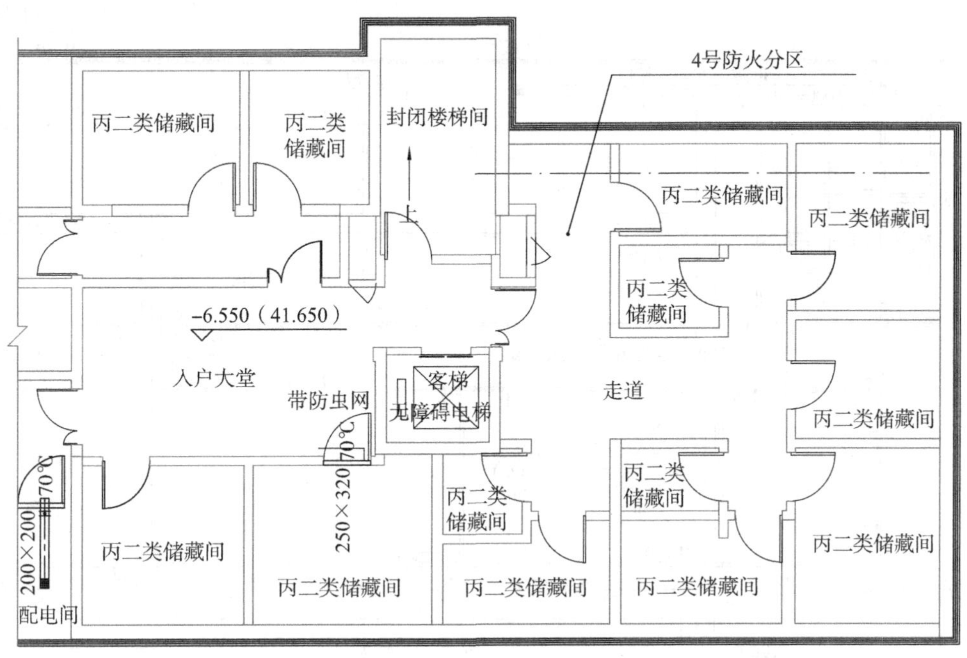 图3　某住宅楼地下一层4号防火分区通风防排烟平面图 4. 某商场二层某防火分区中设有足疗店，全部设置为无窗房间，建筑面积大于200m²，未设置排烟设施，如图4所示。 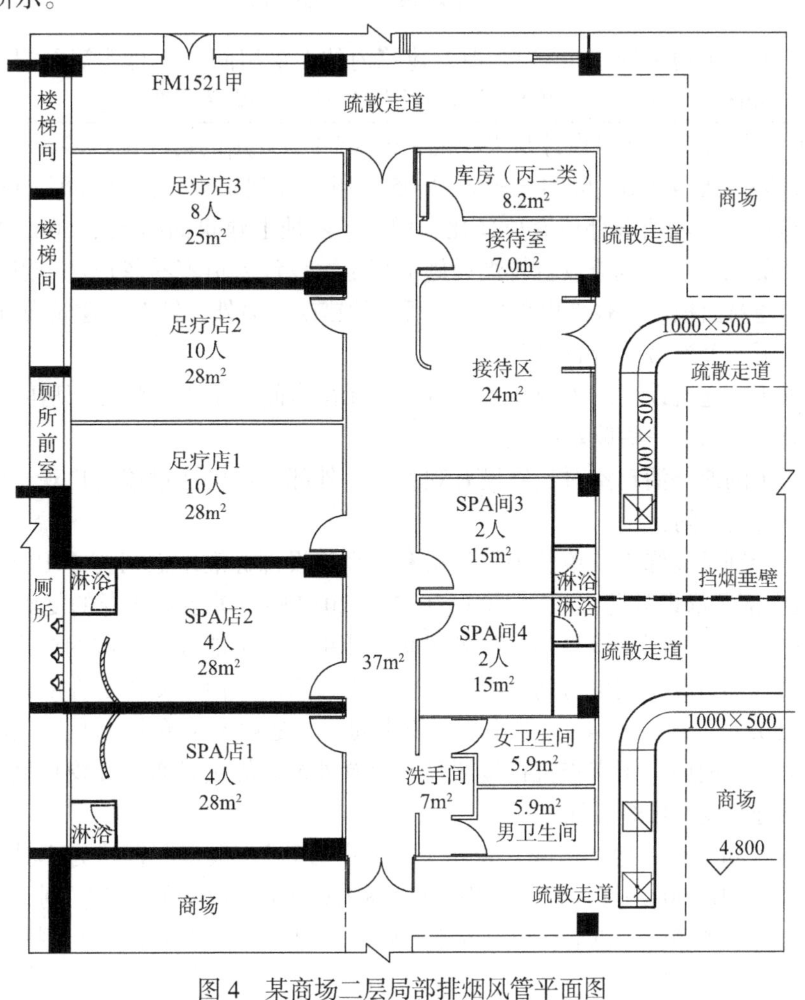 图4　某商场二层局部排烟风管平面图

问题描述

5. 某丙类厂房二层设有多间实验室及一间金机室，每间实验室、金机室建筑面积均大于 50m²，未设置排烟设施，如图 5 所示。

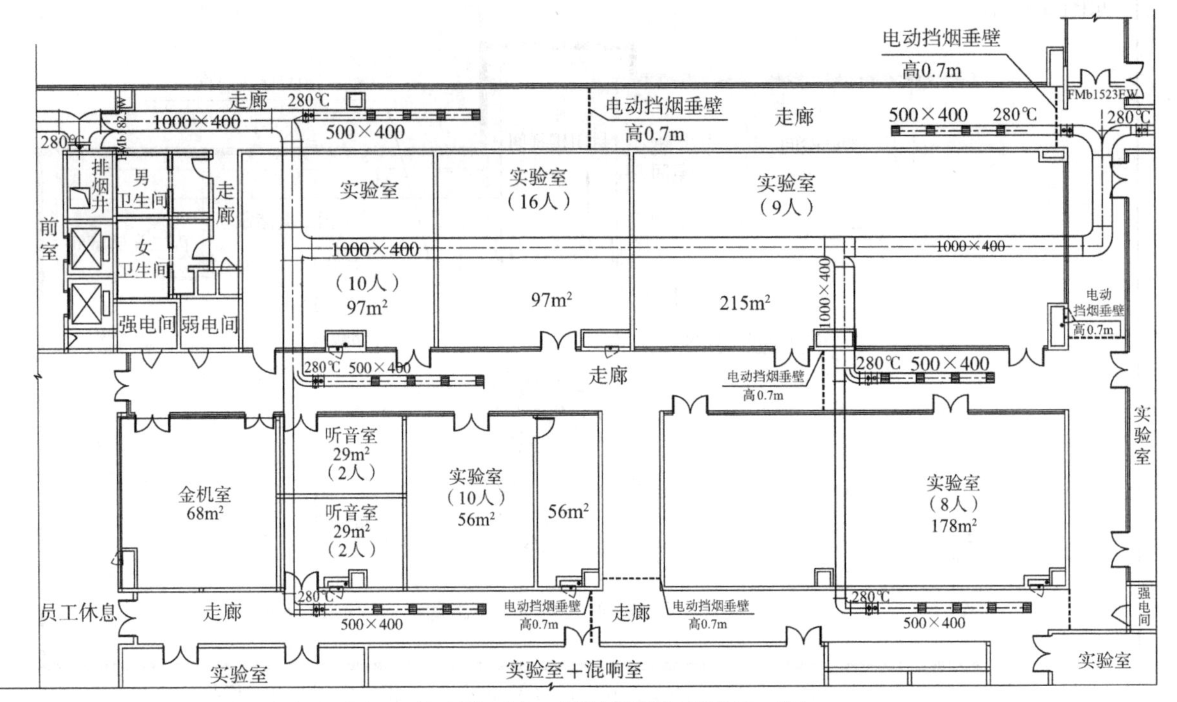

图 5 某丙类厂房二层局部排烟管道平面图

相关标准

《建筑设计防火规范》

8.5.4 地下或半地下建筑（室）、地上建筑内的无窗房间，当总建筑面积大于 200m² 或一个房间建筑面积大于 50m²，且经常有人停留或可燃物较多时，应设置排烟设施。

问题解析

施工图中违反现行《建筑设计防火规范》第 8.5.4 条规定的情况比较多，主要是本条规定与《高层民用建筑设计防火规范》GB 50045—95（2005 年版）、《建筑设计防火规范》GB 50016—2006 规定的需要设置排烟设施的场所或部位有所变化，增加了对地上建筑面积大于 50m² 的无窗房间或总建筑面积大于 200m² 的无窗房间也应设置排烟设施的规定，设计人员容易忽视这一点，且建筑平面图中也很少标注房间的建筑面积，很容易出现如图 1 所示的错误。另外，针对《建筑设计防火规范》第 8.5.4 条内容，还有以下三个容易出错的方面：

第一，由于《建筑设计防火规范》没有定义无窗房间，是否应将无窗房间视为无可开启外窗的房间，理解上尚存在如下一些偏差：

如图 2 所示的课外活动室对走廊设有观察窗，外部人员可通过该窗户观察到房间内部情况时，该房间是否属于无窗房间？

设计单位特别是装修设计单位根据住房和城乡建设部标准定额司在 2018 年 12 月 4 日转发回复的“关于《建筑内部装修设计防火规范》GB 50222—2017 中有关条款解释的复函”（图 6）认为设有观察窗的房间不属于无窗房间，该复函中明确房间内如果安装了能够被击破的窗户，外部人员可通过该窗户观察到房间内部情况，则该房间可不被认定为无窗房间。由于复函是在明确《建筑内部装修设计防火规范》GB 50222—2017 第 4.0.8 条中的无窗房间，不是对《建筑设计防火规范》第 8.5.4 条中无窗房间的直接解释。目前施工图审查机构按照是否设置外窗来界定是否是无窗房间，图 2 中的课外活动室应按独立防烟分区设置排烟设施。

外墙上设置固定窗的地上房间是否属于“无窗房间”？很多同行认为不是，依据《高层民用建筑设计防火规范》GB 50045—95（2005 年版）第 8.1.3 条条文说明的规定，利用火灾时产生的热压，通过可开启的外窗或排烟窗（包括在火灾发生时破碎玻璃以打开外窗）把烟气排至室外。

问题解析

中国建筑科学研究院有限公司

关于《建筑内部装修设计防火规范》（GB 50222—2017）有关条款解释的复函

住房和城乡建设部标准定额司：

关于你司转来的文件收悉，经征询专家意见，现回复如下：

《建筑内部装修设计防火规范》GB50222—2017 中第 4.0.8 条明确规定：无窗房间内部装修材料的燃烧性能等级除 A 级外，应在表 5.1.1、表 5.2.1、表 5.3.1、表 6.0.1、表 6.0.5 规定的基础上提高一级。

在规范条文说明中对本条规定的目的进行了说明，无窗房间发生火灾时有几个特点：(1) 火灾初起阶段不易被发觉，发现起火时，火势往往已经较大。(2) 室内的烟雾和毒气不能及时排出。(3) 消防人员进行火情侦察和施救比较困难。

房间内如果安装了能够被击破的窗户，外部人员可通过该窗户观察到房间内部情况，则该房间可不被认定为无窗房间。

中国建筑科学研究院有限公司

2018 年 11 月 日

图 6　住房和城乡建设部标准定额司文件

在《建筑防火通用规范》2022 年 0322 报批稿第 8.2.4 条文中将“无窗房间”改为“无可开启外窗的房间”，明确界定了“无窗房间”。

第二，对“总建筑面积大于 200m^2”的理解也有争议。是指整个地下或半地下室、地上建筑中所有无窗房间的总面积，还是指每个防火分区的上述房间的总面积。目前世界各国的排烟系统技术标准都是建立在一个防火分区内单点有限火灾的前提之上的，现行防火规范、标准也遵循“单点火灾”的基本设防原则，因此，作者认为应该是一个防火分区内上述无窗房间的总建筑面积。图 3 中住宅楼地下 4 号防火分区的丙二类储藏间、大堂面积大于 200m^2，因此，它们和图 4 中地上二层商场中无外窗，且建筑面积大于 200m^2 的足疗店都应设置排烟系统。

第三，《建筑设计防火规范》规范编制组多名成员在讲课时将此条文作为第 8.5.3 条的第 6 款列出，且提到此条文适用于民用建筑，但是《建筑设计防火规范》第 8.5.4 条作为独立条文，无法区分民用、工业建筑，工业建筑中如果存在这类无窗房间，如图 5 中丙类厂房中建筑面积大于 50m^2 的有人停留的实验室等，亦应设置机械排烟设施。

现行的《医药工业洁净厂房设计标准》规定，医药洁净室不按地上无窗房间的定义来执行现行的《建筑设计防火规范》第 8.5.4 条的规定，医药工业洁净厂房（丙类厂房）可不执行本条文。

问题描述

问题 2　疏散走道未按《建筑设计防火规范》规定设置排烟设施排烟

1. 某商业建筑地下四层疏散走道被甲级防火门分隔成 2 段不超过 20m 的部分，该甲级防火门不是防火分区分隔处，疏散走道最不利点与安全出口距离超过 20m，未设置排烟设施，如图 1 所示。

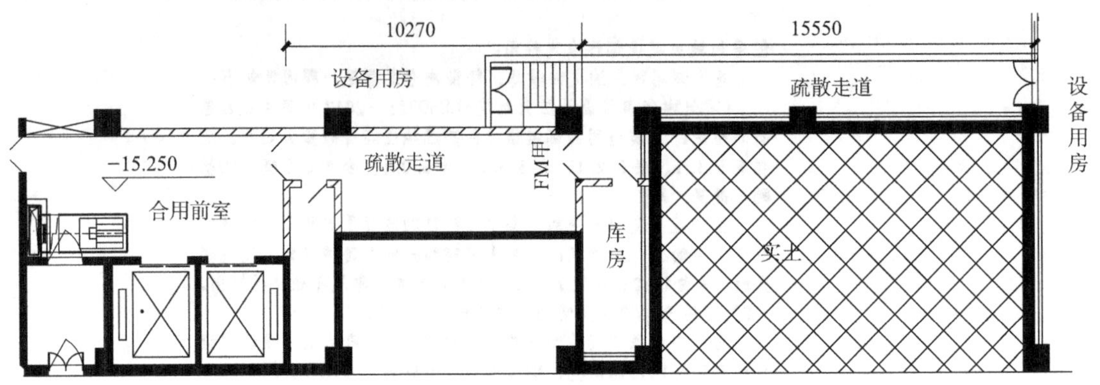

图 1　地下四层疏散走道平面图

2. 某高层丙类厂房建筑高度 36m，地下一层疏散走道被甲级防火门分隔成 2 段不超过 20m 的部分，地下一层防火分区平面图中该甲级防火门不是防火分区分隔处，疏散走道总长度大于 20m，未设置排烟设施，地下一层防排烟平面图和地下一层防火分区平面图如图 2 和图 3 所示，图 3 中的阴影表示防火分区范围。

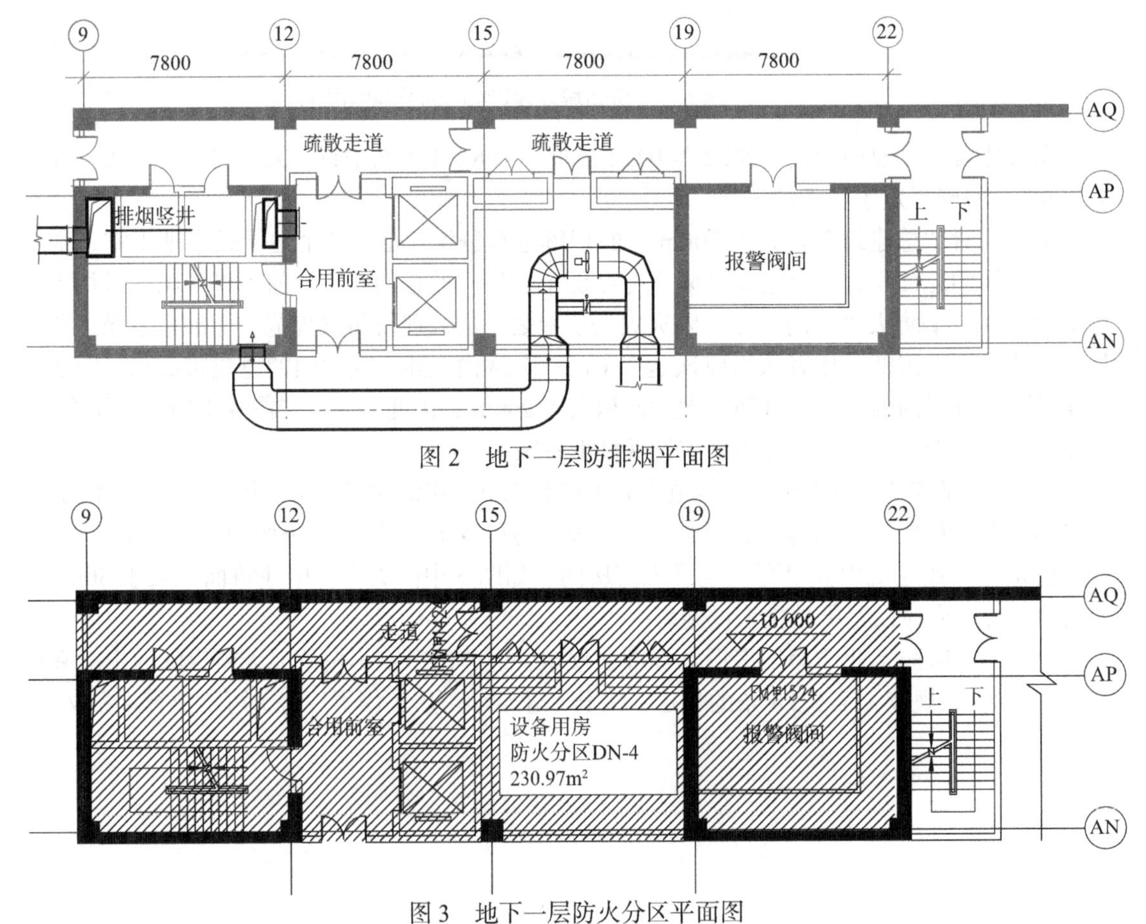

图 2　地下一层防排烟平面图

图 3　地下一层防火分区平面图

3. 图 4 为某医院三层防火分区 F3-1 人员疏散路线图，该防火分区人员在火灾时通过一条双向疏散走道疏散，排烟平面图（图 5）中该疏散走道被门分隔为 3 段，每段长度不超过 20m，但总长度大于 20m，未设置排烟设施。

问题描述	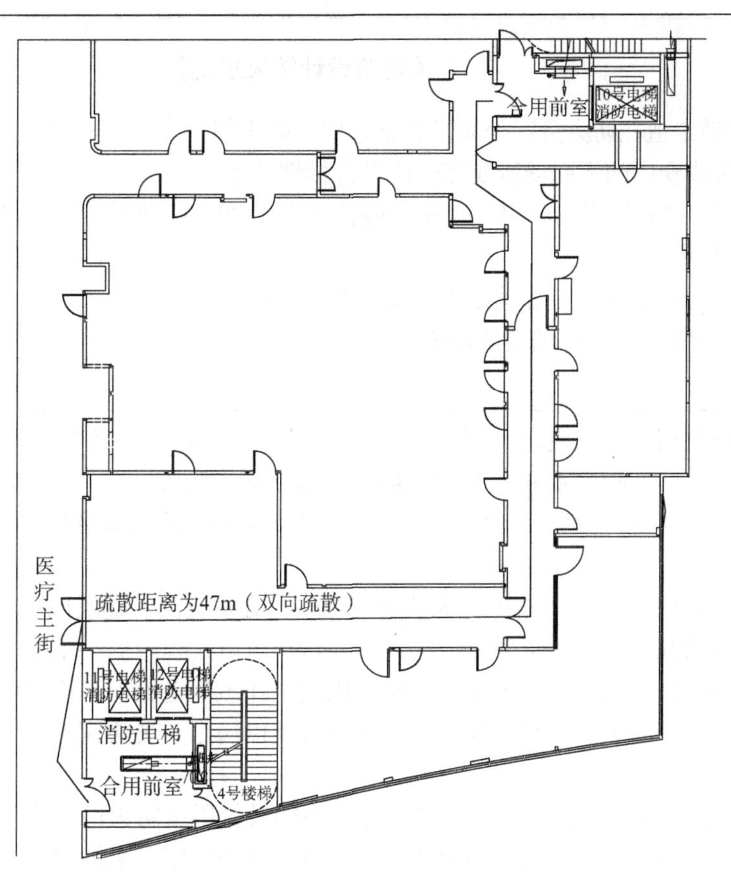 图4　某医院三层防火分区 F3-1 人员疏散路线图 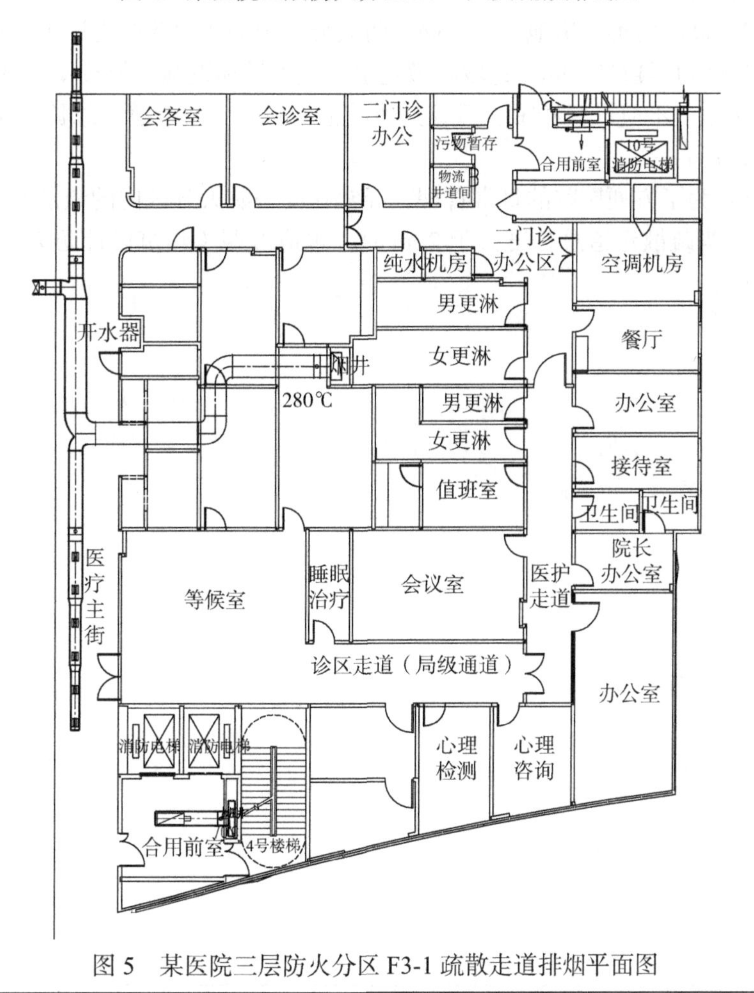 图5　某医院三层防火分区 F3-1 疏散走道排烟平面图

相关标准	《建筑设计防火规范》 6.4.10　疏散走道在防火分区处应设置常开甲级防火门。 8.5.2　厂房或仓库的下列场所或部位应设置排烟设施： 4　高度大于 32m 的高层厂房（仓库）内长度大于 20m 的疏散走道，其他厂房（仓库）内长度大于 40m 的疏散走道。 8.5.3　民用建筑的下列场所或部位应设置排烟设施： 5　建筑内长度大于 20m 的疏散走道。
问题解析	疏散走道通常用于平面疏散，《人民防空工程设计防火规范》第 2.0.9 条规定，疏散走道为用于人员疏散通行至安全出口或相邻防火分区的走道。《建筑设计防火规范》第 3.2.1 条、第 5.1.2 条及表 3.2.1、表 5.1.2 中规定了厂房和仓库、民用建筑中疏散走道两侧的隔墙应满足相应建筑耐火等级的燃烧性能和耐火极限要求。 《建筑设计防火规范》第 6.4.10 条条文说明规定，在火灾时，建筑内可供人员安全进入楼梯间的时间比较短，一般为几分钟。而疏散走道是人员在楼层疏散过程中的一个重要环节，且也是人员汇集的场所，要尽量使人员的疏散行动通畅不受阻。因此，在疏散走道上不应设置卷帘、门等其他设施，但在防火分区处设置的防火门，则需要采用常开的方式以满足人员快速疏散、火灾时自动关闭起到阻火挡烟的作用。 图 1：公共建筑同一防火分区的疏散走道在中间设置甲级防火门，将疏散走道分隔为 2 段，每段均不超过 20m，但是按《建筑设计防火规范》第 6.4.10 条规定，疏散走道不应设置卷帘、门等其他设施，该疏散走道总长度大于 20m，应按《建筑设计防火规范》第 8.5.3 条第 5 款规定设置排烟设施。 图 2、图 3：高层丙类厂房地下一层同一防火分区中的双向疏散走道被走道中间的甲级防火门分隔为 2 段，每段长度均不超过 20m，每段疏散走道未设置排烟设施。但按《建筑设计防火规范》第 6.4.10 条规定，疏散走道上不应设置卷帘、门等其他设施，视为一条走道，总长度超过 20m，仍应按第 8.5.2 条第 4 款规定执行。 图 4、图 5：为了方便医院的日常管理，经常在同一防火分区内的疏散走道上设置门，将走道分隔为 2 段或多段。当疏散走道总长度大于 20m 时，也应按照《建筑设计防火规范》第 8.5.3 条第 5 款规定设置排烟设施。

问题描述

问题 3　丙类厂房内的甲、乙类火灾危险性房间和在民用建筑物内的柴油发电机房、锅炉房排烟的设置

1. 某制药厂房（丙类厂房）的包衣间属于甲类火灾危险性场所，被划分为防烟分区 14 及设置机械排烟设施，见图 1。

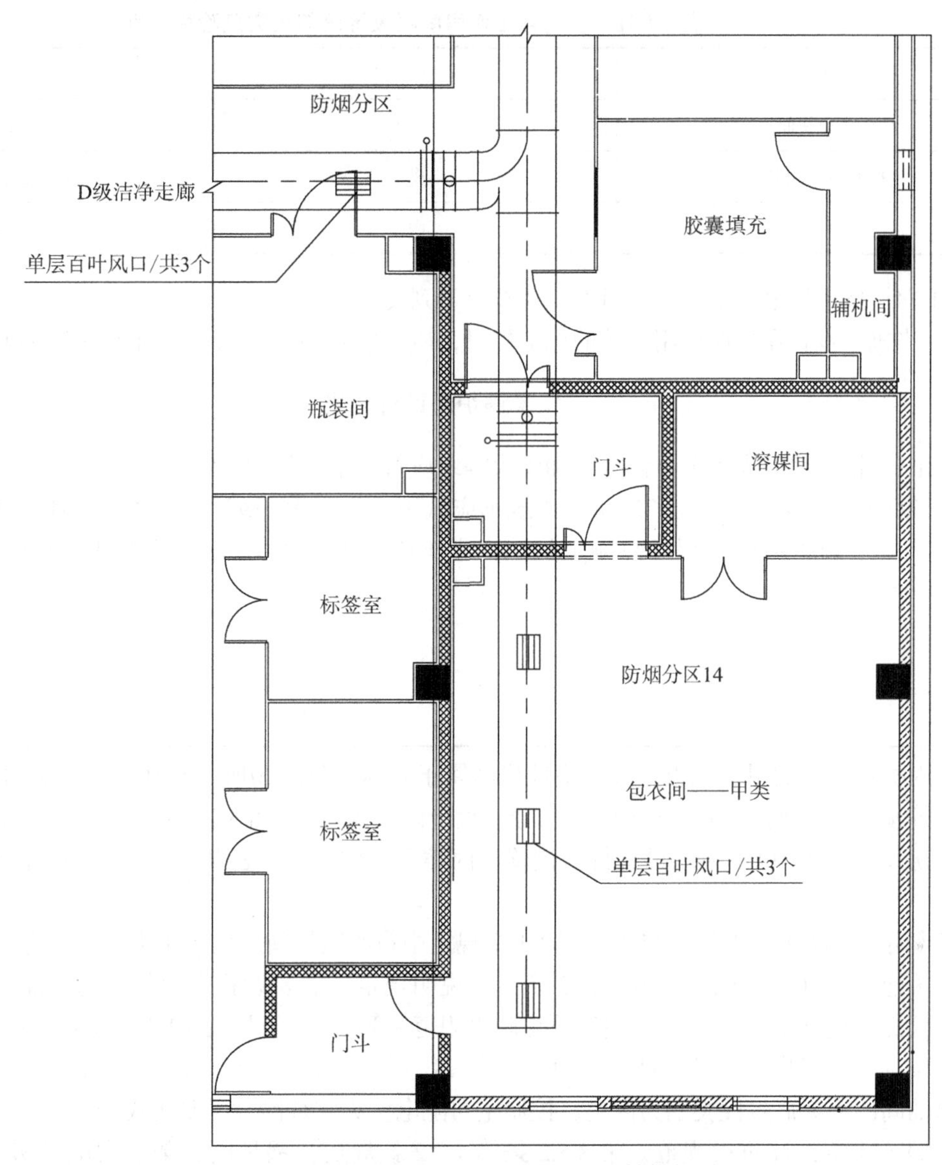

图 1　甲类火灾危险性场所—包衣间机械排烟平面

2. 民用建筑内设置的燃油、燃气锅炉间及柴油发电机房未设置排烟设施。

3. 气体灭火防护区、细水雾灭火防护区未按《建筑设计防火规范》规定设置排烟设施。

相关标准

《建筑设计防火规范》

8.5.2　厂房或仓库的下列场所或部位应设置排烟设施：

1　人员或可燃物较多的丙类生产场所，丙类厂房内建筑面积大于 300m² 且经常有人停留或可燃物较多的地上房间；

2　建筑面积大于 5000m² 的丁类生产车间；

3　占地面积大于 1000m² 的丙类仓库；

4　高度大于 32m 的高层厂房（仓库）内长度大于 20m 的疏散走道，其他厂房（仓库）内长度大于 40m 的疏散走道。

相关标准	《民用建筑电气设计标准》 6.1.11 柴油发电机房设计应符合下列规定： 7 机房各工作房间的耐火等级与火灾危险性类别应符合表 6.1.11 的规定。 **表 6.1.11 机房各工作房间耐火等级与火灾危险性类别** 名称 / 火灾危险性类别 / 耐火等级：发电机间 / 丙 / 一级；控制室与配电室 / 戊 / 二级；储油间 / 丙 / 一级 6.1.14 柴油发电机房供暖通风专业应符合下列要求： 2 当机房设置在高层民用建筑的地下层时，应设置防烟、排烟、防潮及补充新风的设施； 《锅炉房设计标准》 15.1.1 锅炉房的火灾危险性分类和耐火等级应符合下列规定： 1 锅炉间应属于丁类生产厂房，建筑不应低于二级耐火等级；当为燃煤锅炉间且锅炉的总蒸发量小于或等于 4t/h 或热水锅炉总额定热功率小于或等于 2.8MW 时，锅炉间建筑不应低于三级耐火等级；

《民用建筑电气设计标准》

6.1.11 柴油发电机房设计应符合下列规定：

7 机房各工作房间的耐火等级与火灾危险性类别应符合表 6.1.11 的规定。

表 6.1.11 机房各工作房间耐火等级与火灾危险性类别

名称	火灾危险性类别	耐火等级
发电机间	丙	一级
控制室与配电室	戊	二级
储油间	丙	一级

6.1.14 柴油发电机房供暖通风专业应符合下列要求：

2 当机房设置在高层民用建筑的地下层时，应设置防烟、排烟、防潮及补充新风的设施；

《锅炉房设计标准》

15.1.1 锅炉房的火灾危险性分类和耐火等级应符合下列规定：

1 锅炉间应属于丁类生产厂房，建筑不应低于二级耐火等级；当为燃煤锅炉间且锅炉的总蒸发量小于或等于 4t/h 或热水锅炉总额定热功率小于或等于 2.8MW 时，锅炉间建筑不应低于三级耐火等级；

问题解析

1. 丙类厂房内的甲、乙类火灾危险性房间属于有爆炸危险场所，对其主要考虑加强正常通风和事故通风等预防发生爆炸的技术措施。在《建筑设计防火规范》第 8.5.2 条规定中，对于有爆炸危险的甲、乙类厂房（仓库），也不要求设置排烟设施，丙类厂房内的甲、乙类火灾危险性房间可以参照该条文执行。

2.《锅炉房设计标准》第 15.1.1 条第 1 款规定中写明锅炉间应属于丁类生产厂房。

在《建筑设计防火规范》第 5.4.13 条条文说明规定，需要设置在建筑内的柴油设备或柴油储罐，柴油的闪点不应低于 60℃。按《建筑设计防火规范》第 3.1.1 条及表 3.1.1 规定在生产的火灾危险性分类中，柴油发电机房火灾危险性应是丙类；在《民用建筑电气设计标准》表 6.1.11 中也规定，发电机间、储油间的火灾危险性类别为丙类，控制室与配电室火灾危险性类别为戊类。

参照《建筑设计防火规范》第 8.5.2 条第 1、2 款规定，锅炉间、柴油发电机房可以不设置排烟设施。

至于《民用建筑电气设计标准》第 6.1.14 条第 2 款规定的防烟、排烟设施，应该是指对柴油发电机房高温烟气的排放措施，而不应是防火规范中定义的防烟、排烟设施，因为，对同一个建筑空间不可能既要求防烟，又要求排烟。

3. 气体灭火系统为全淹没灭火系统，开式细水雾灭火系统采用全淹没应用方式时，防护区影响灭火有效性的开口，应在系统动作时联动关闭，如开启机械排烟设施，则不能实现防护区的全淹没灭火要求。

问题描述

问题 4　排烟系统室外出口未设置在建筑物外

1. 某公共建筑七层报告厅采用自然排烟，通过侧墙上安装的电动排烟窗，将烟气排到庭院，如图 1 所示。庭院顶部设置采光天窗，在建筑专业八层（屋顶层）采光天窗平面图（图 2）和庭院详图中，该庭院未设置侧向百叶窗。

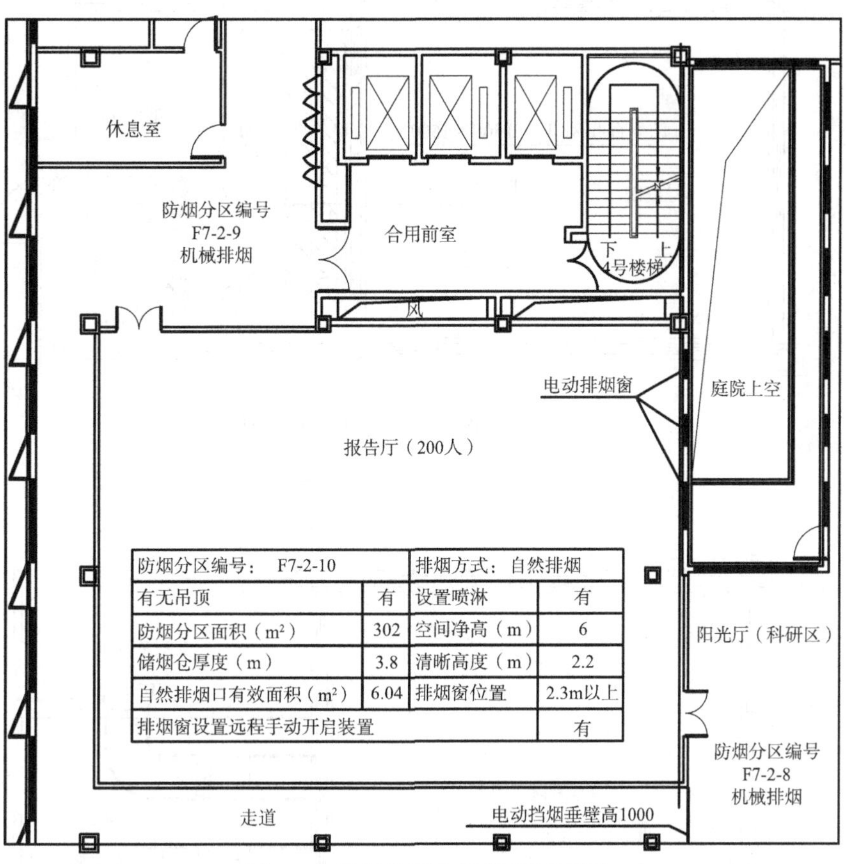

防烟分区编号：　F7-2-10		排烟方式：自然排烟	
有无吊顶	有	设置喷淋	有
防烟分区面积（m²）	302	空间净高（m）	6
储烟仓厚度（m）	3.8	清晰高度（m）	2.2
自然排烟口有效面积（m²）	6.04	排烟窗位置	2.3m以上
排烟窗设置远程手动开启装置			有

图 1　七层报告厅自然排烟平面图

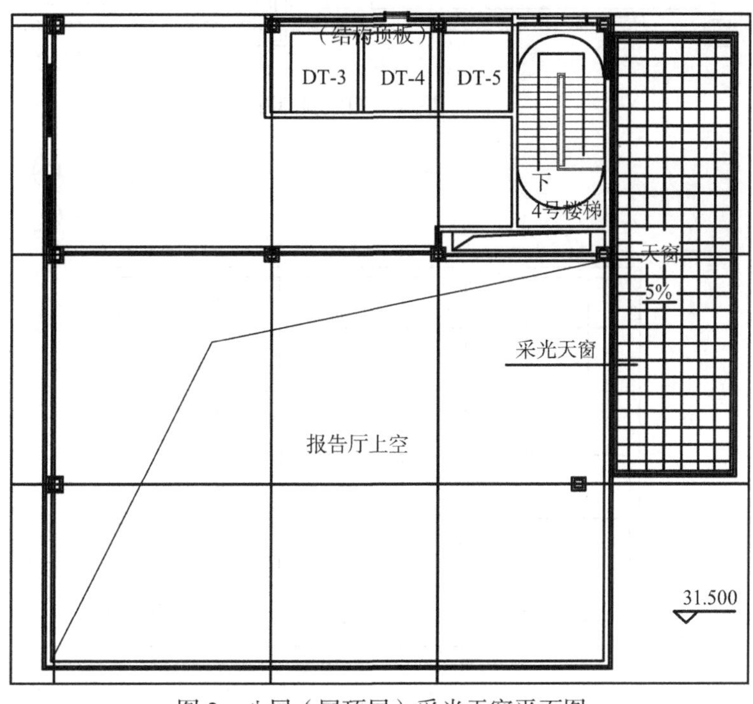

图 2　八层（屋顶层）采光天窗平面图

问题描述	2. 某医疗建筑机械排烟系统排烟口设置在有天窗的4号庭院二层、四层侧墙上（图3、图4），4号庭院在五层屋顶设有天窗（图5）。 12 L K 防雨百叶风口 1500×1500 排烟机房 4号庭院 PY-2-7 PY-2-8 图3 二层排烟平面图 12 L K 女更衣室 4号庭院上空 PY-4-2 排烟机房 PY-4-3 图4 四层排烟平面图 12 L K 天窗（防火窗） 5% 图5 屋顶天窗平面图

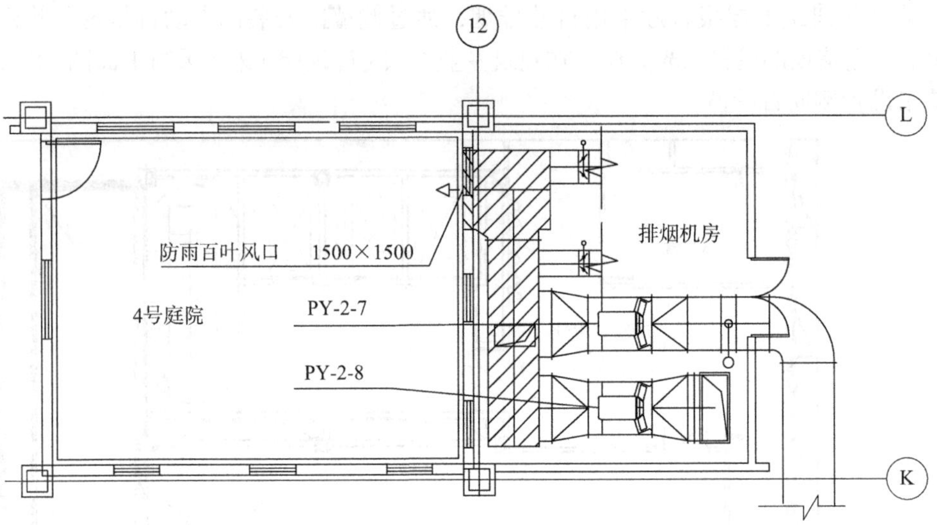

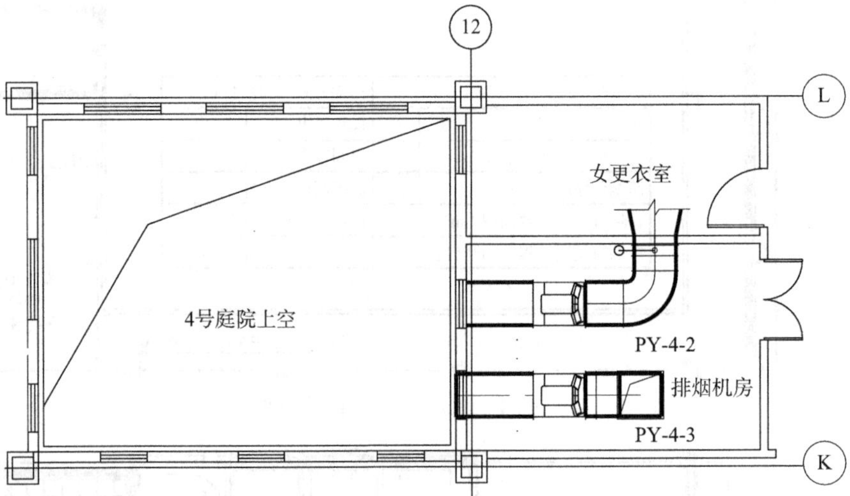

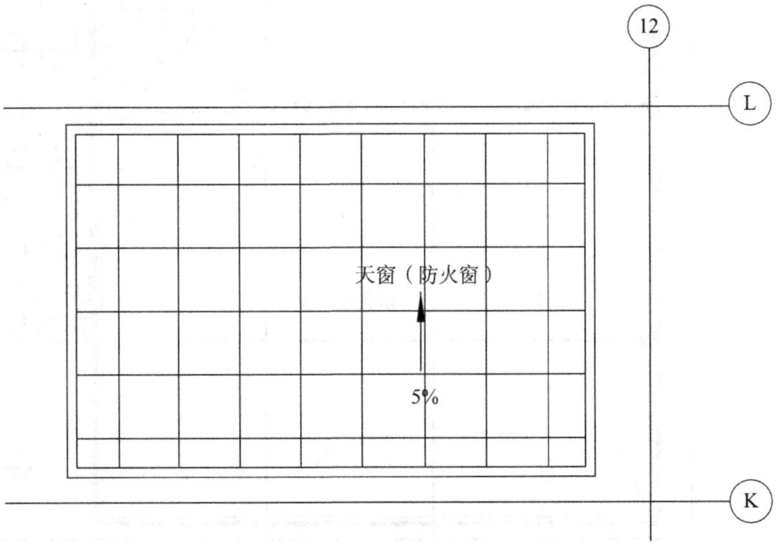

相关标准	《建筑防烟排烟系统技术标准》 2.1.2　排烟系统　smoke exhaust system 采用自然排烟或机械排烟的方式，将房间、走道等空间的火灾烟气排至建筑物外的系统，分为自然排烟系统和机械排烟系统。
问题解析	1. 图 1、图 2：自然排烟用电动悬窗设置在有顶盖的采光天井内，烟气不能被排除到建筑物外。 2. 图 3～图 5 的 4 号庭院在屋顶设有天窗（防火窗），烟气不能通过该庭院排到建筑物外；均不能满足《建筑防烟排烟系统技术标准》第 2.1.2 条规定。

问题描述

问题 5　建筑内上、下层相连通的开口部位的防排烟设计

1. 某购物中心项目设有中庭（自首层到六层），在六层设有中庭机械排烟系统，首层中庭平面图见本书第二章第一节问题 7 的图 4，门厅和周围场所（商铺）采用防火卷帘、隔墙分隔，设有一个小商铺，中庭和门厅非挑空部分未采用挡烟垂壁分隔，图 1 为二层至五层（标准层）中庭排烟管道平面图，采用防火卷帘将中庭与商铺、疏散走道分隔，中庭所在防火单元中还设有 2 个固定商铺、1 个活动商铺、商业通道（回廊），周围商铺对着商业通道（回廊）开门，小商铺未设置排烟设施，商业通道（回廊）未设置排烟设施。

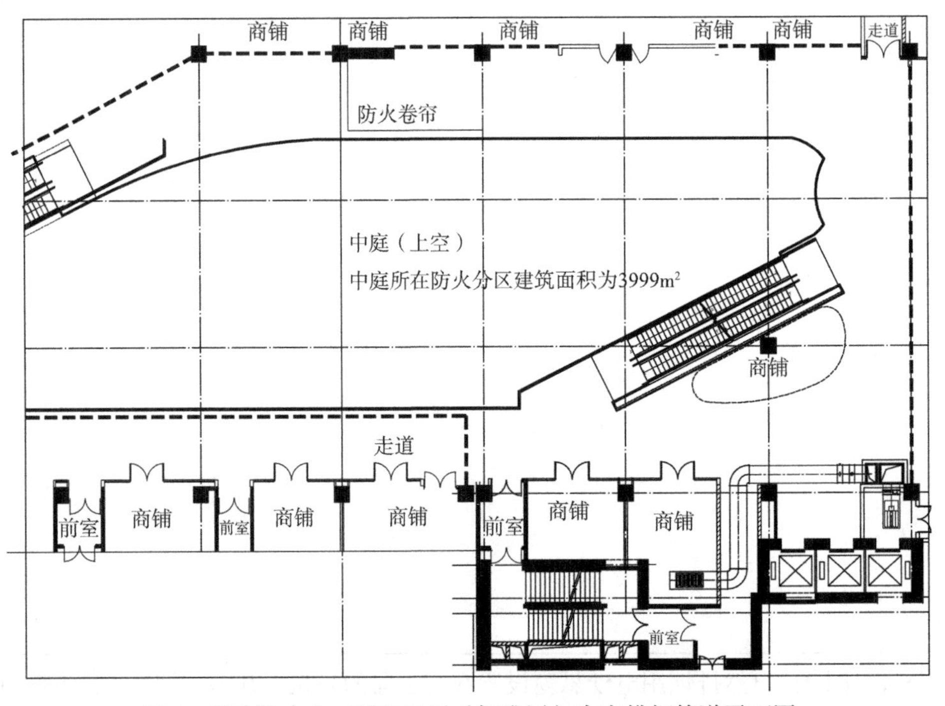

图 1　某购物中心二层至五层（标准层）中庭排烟管道平面图

2. 综合商业楼上下贯通的自动扶梯穿越楼板的开口部设置挡烟垂壁，顶部需要设置排烟设施吗？

3. 有些公共建筑长度超过 20m 的疏散走道，可以利用其两侧的开敞楼梯间自然排烟吗？

相关标准

《建筑防烟排烟系统技术标准》

4.1.3　建筑的中庭、与中庭相连通的回廊及周围场所的排烟系统的设计应符合下列规定：

1　中庭应设置排烟设施。

2　周围场所应按现行国家标准《建筑设计防火规范》GB 50016 中的规定设置排烟设施。

3　回廊排烟设施的设置应符合下列规定：

1）当周围场所各房间均设置排烟设施时，回廊可不设，但商店建筑的回廊应设置排烟设施；

2）当周围场所任一房间未设置排烟设施时，回廊应设置排烟设施。

4　当中庭与周围场所未采用防火隔墙、防火玻璃隔墙、防火卷帘时，中庭与周围场所之间应设置挡烟垂壁。

4.2.3　设置排烟设施的建筑内，敞开楼梯和自动扶梯穿越楼板的开口部应设置挡烟垂壁等设施。

<table>
<tr><td>相关标准</td><td>

《建筑设计防火规范》

5.3.2　建筑内设置自动扶梯、敞开楼梯等上、下层相连通的开口时，其防火分区的建筑面积应按上、下层相连通的建筑面积叠加计算；当叠加计算后的建筑面积大于本规范第 5.3.1 条的规定时，应划分防火分区。

建筑内设置中庭时，其防火分区的建筑面积应按上、下层相连通的建筑面积叠加计算；当叠加计算后的建筑面积大于本规范第 5.3.1 条的规定时，应符合下列规定：

1　与周围连通空间应进行防火分隔：采用防火隔墙时，其耐火极限不应低于 1.00h；采用防火玻璃墙时，其耐火隔热性和耐火完整性不应低于 1.00h，采用耐火完整性不低于 1.00h 的非隔热性防火玻璃墙时，应设置自动喷水灭火系统进行保护；采用防火卷帘时，其耐火极限不应低于 3.00h，并应符合本规范第 6.5.3 条的规定；与中庭相连通的门、窗，应采用火灾时能自行关闭的甲级防火门、窗；

2　高层建筑的中庭回廊应设置自动喷水灭火系统和火灾自动报警系统；

3　中庭应设置排烟设施；

4　中庭内不应布置可燃物。
</td></tr>
<tr><td>问题解析</td><td>

《建筑设计防火规范》第 5.3.2 条条文说明规定，建筑内连通上下楼层的开口破坏了防火分区的完整性，会导致火灾在多个区域和楼层蔓延发展。这样的开口主要有：自动扶梯、中庭、敞开楼梯等。中庭等共享空间，贯通数个楼层，甚至从首层直通到顶层，四周与建筑物各楼层的廊道、营业厅、展览厅或窗口直接连通；自动扶梯、敞开楼梯也连通了上下两层或数个楼层。火灾时，这些开口是火势竖向蔓延的主要通道，火势和烟气会从开口部位侵入上下楼层，对人员疏散和火灾控制带来困难。因此，应对这些相连通的空间采取可靠的防火分隔措施，防止火灾通过连通空间迅速向上蔓延。在采取了能防止火灾和烟气蔓延的措施后，一般将中庭单独作为一个独立的防火单元。

《建筑防烟排烟系统技术标准》第 4.1.3 条、第 4.2.3 条是对《建筑设计防火规范》第 5.3.2 条规定的呼应，通过将建筑内上下层相连通的开口部位（主要有自动扶梯、中庭、敞开楼梯等）设置挡烟垂壁等设施，将不同楼层划分为不同的防烟分区，防止火灾烟气竖向蔓延。

目前，公共建筑内部形态多样，建筑专业为了造型等原因，在楼层间设置各种不规则开口，防排烟系统设计应遵照《建筑防烟排烟系统技术标准》第 4.1.3 条、第 4.2.3 条的规定，一是通过在穿越楼板的开口部位设置挡烟垂壁等设施防止火灾烟气竖向蔓延；二是中庭与周围场所、回廊应分别设置独立的排烟系统，避免回廊、周围场所的烟气通过中庭排出，从烟气烟羽流类型进行分析，中庭、回廊、周围场所 3 个空间分别排烟或中庭、周围场所分别排烟时，是按轴对称型烟羽流模型计算排烟量，而回廊、周围场所通过中庭排烟时，则变为阳台溢出型烟羽流模型，《建筑防烟排烟系统技术标准》第 4.6.5 条 2 款给出的 2 种烟羽流模型下的中庭计算排烟量，两者大约是倍数关系。

1. 图 1 标准层中庭排烟管道平面图仍然将中庭视为无回廊中庭，在中庭顶部设置机械排烟设施，未能区分中庭、回廊、周围场所（3 个商铺），中庭、回廊之间没有设置挡烟垂壁，而 3 个商铺、回廊没有设置排烟设施，火灾时商铺、回廊的烟气需要通过中庭的机械排烟系统排出，且火灾时 3 个商铺人员需要通过这个无回廊中庭进行疏散。

均不能满足《建筑防烟排烟系统技术标准》第 4.1.3 条、第 4.2.3 条规定。

2. 贯通多层的自动扶梯厅穿越楼板的开口部设置挡烟垂壁，顶部没有必要设置排烟设施。建筑内的自动扶梯处于敞开空间，火灾时容易受到烟气的侵袭，且梯段坡度和踏步高度与疏散楼梯的要求有较大差异，难以满足人员安全疏散的需要，故设计不能考虑其疏散能力。只需按 4.2.3 条规定采用挡烟垂壁或防火卷帘与其他区域进行防火分隔。
</td></tr>
</table>

问题解析	3. 疏散走道不能利用敞开楼梯间的外窗自然排烟。敞开楼梯直接对室内开放，不能形成围合的疏散空间，不能作为疏散楼梯使用。敞开楼梯间，是指一面敞开，三面为实体围护结构的疏散楼梯间，对于规范允许采用敞开楼梯间的建筑，在计算防火分区时，敞开楼梯间可以不按上下层相连通的开口考虑。在防火上，敞开楼梯间是不安全的，可能成为烟、火向其他楼层蔓延的通道，仅应用于防火等级要求不高的场所。 《建筑防烟排烟系统技术标准》第4.2.3条文所述的敞开楼梯，应该包括敞开楼梯间，需要设置排烟设施的疏散走道，其敞开楼梯间部位应设置挡烟垂壁或其他挡烟设施，让烟气在着火层及时排出，防止烟气向上层蔓延，以利人员疏散和救援。当然，不需要设置排烟设施的疏散走道，可不设置挡烟设施。

问题描述

问题 6　防烟分区

图 1 为某中学地下一层防烟分区平面图。防烟分区 2-1 包括疏散走道、课外活动室，课外活动室建筑面积大于 50m²，和疏散走道采用隔墙分隔，被划分为一个防烟分区。

图 2 为某中学地下一层防排烟平面图，图中机械排烟系统负担防烟分区 2-1 的排烟，仅在疏散走道设有排烟口，设计排烟量 15000m³/h，设计补风量 10000m³/h。

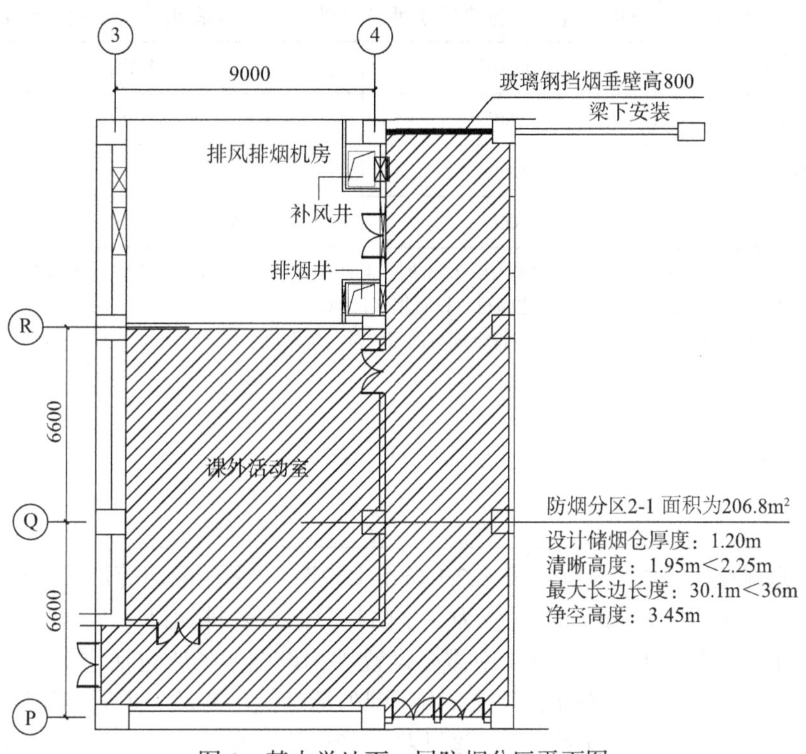

图 1　某中学地下一层防烟分区平面图

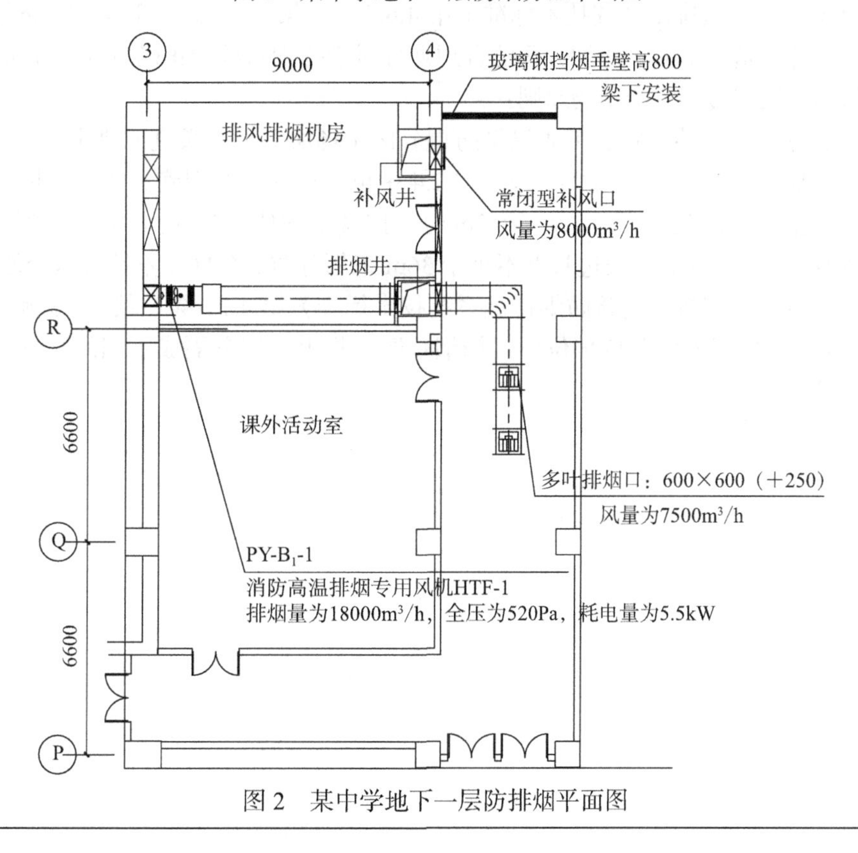

图 2　某中学地下一层防排烟平面图

相关标准

《建筑防烟排烟系统技术标准》

4.2.1　设置排烟系统的场所或部位应采用挡烟垂壁、结构梁及隔墙等划分防烟分区。防烟分区不应跨越防火分区。

4.2.4　公共建筑、工业建筑防烟分区的最大允许面积及其长边最大允许长度应符合表 4.2.4 的规定，当工业建筑采用自然排烟系统时，其防烟分区的长边长度尚不应大于建筑内空间净高的 8 倍。

表 4.2.4　公共建筑、工业建筑防烟分区的最大允许面积及其长边最大允许长度

空间净高 H（m）	最大允许面积（m^2）	长边最大允许长度（m）
$H \leqslant 3.0$	500	24
$3.0 < H \leqslant 6.0$	1000	36
$H > 6.0$	2000	60m；具有自然对流条件时，不应大于 75m

注：1 公共建筑、工业建筑中的走道宽度不大于 2.5m 时，其防烟分区的长边长度不应大于 60m。
2 当空间净高大于 9m 时，防烟分区之间可不设置挡烟设施。
3 汽车库防烟分区的划分及其排烟量应符合现行国家规范《汽车库、修车库、停车场设计防火规范》GB 50067 的相关规定。

问题解析

《建筑防烟排烟系统技术标准》第 4.2.1 条条文说明："采用隔墙等形成了独立的分隔空间，实际就是一个防烟分区和储烟仓，该空间应作为一个防烟分区设置排烟口，不能与其他相邻区域或房间叠加面积作为防烟分区的设计值。"，图 1 中需要设置排烟设施的场所包括建筑面积大于 50m^2 且无外窗的课外活动室、长度大于 20m 的疏散走道，由于课外活动室、疏散走道采用隔墙分隔，课外活动室、疏散走道自然形成 2 个独立的防烟分区，设计将二者合为一个防烟分区，造成图 2 中的 PY-B_1-1 系统设计不能满足《建筑防烟排烟系统技术标准》第 4.6.4 条、第 4.6.1 条、第 4.4.10 条等的规定。可见，作为排烟系统设计的基本单元，防烟分区的合理划分对于排烟系统的正确设计是非常关键的。

划分防烟分区需遵循 2 个主要原则：

（1）水平方向：公共建筑、工业建筑防烟分区（场所）长边长度原则上应按不超过空间净高的 8 倍确定，《建筑防烟排烟系统技术标准》表 4.2.4 中也是按这个原则确定的，只是取了空间净高 H 平均值的 8 倍，如空间净高是 $3.0\text{m} < H \leqslant 6.0\text{m}$ 时，按其平均值 4.5m 的 8 倍即为 36m。有些既有建筑改造工程，按空间净高 3.01m、长边长度不小于 36m 来划分防烟分区，不符合这个原则，是不对的。

（2）垂直方向：应按《建筑防烟排烟系统技术标准》第 4.1.3 条、第 4.2.3 规定（见本节问题 5 相关标准），在穿越楼板处的开口部位设置挡烟垂壁，将上下层分隔成不同的防烟分区，防止火灾烟气自下向上蔓延。

问题描述

问题 7　疏散走道自然排烟窗（口）设置

图 1 为某宿舍三层防排烟平面图，南北向疏散走道采用自然排烟，疏散走道两侧均是小于 100m² 的房间，强电间、网络接入机房、储物间没有自然排烟条件。图 2 为该层防烟分区统计计算表，表中标明该疏散走道自然排烟窗有效开启面积按疏散走道建筑面积 148m² 的 2% 确定（为 2.96m² < 4m²）。

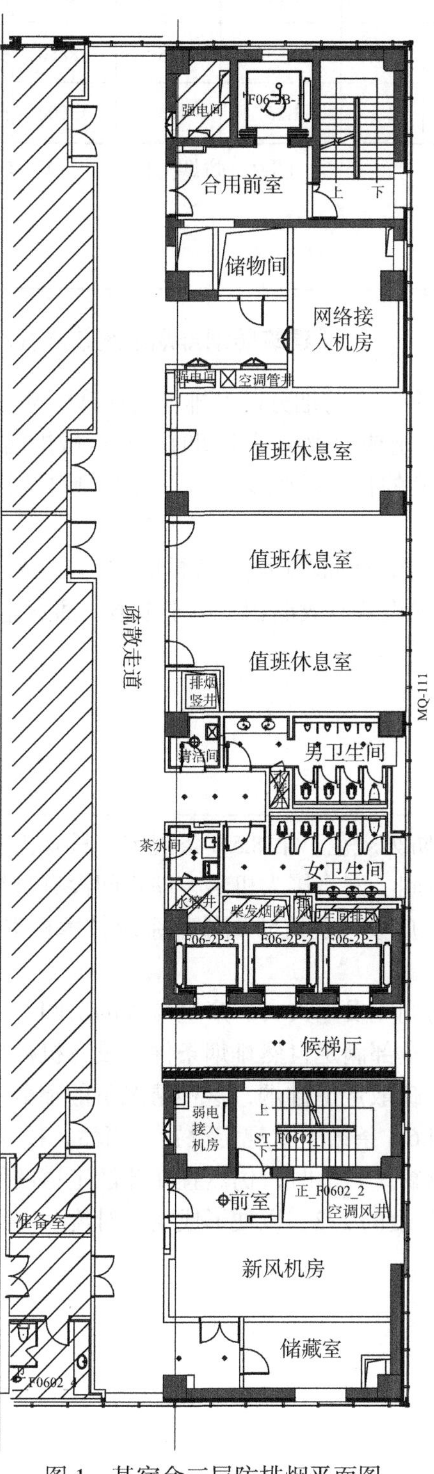

图 1　某宿舍三层防排烟平面图

问题描述

防烟分区	服务对象	面积（m^2）	层高（m）	空间净高（m）	最小清晰高度（m）	储烟仓厚度（mm）	计算排烟量（m^3/h）	排烟方式	系统排烟量（m^3/h）	排烟口形式及尺寸	
										排烟口形式	颈部尺寸或有效面积
3-1	会议室	229	4.2	2.5	1.25	1250	15000	机械排烟	51000	单层百叶	800mm×1100mm
3-2	办公区	314	4.2	2.5	1.25	1250	18850	机械排烟		单层百叶	800mm×1400mm
3-3	南北走道(54m)	148	4.2	2.5	1.25	1250	13000	自然排烟	—	排烟窗	2.96m^2

图 2　防烟分区统计计算表

相关标准

《建筑防烟排烟系统技术标准》

4.6.3　除中庭外下列场所一个防烟分区的排烟量计算应符合下列规定：

3　当公共建筑仅需在走道或回廊设置排烟时，其机械排烟量不应小于 13000m^3/h，或在走道两端（侧）均设置面积不小于 2m^2 的自然排烟窗（口）且两侧自然排烟窗（口）的距离不应小于走道长度的 2/3。

4　当公共建筑房间内与走道或回廊均需设置排烟时，其走道或回廊的机械排烟量可按 60$m^3/(h\cdot m^2)$ 计算且不小于 13000m^3/h，或设置有效面积不小于走道、回廊建筑面积 2% 的自然排烟窗（口）。

问题解析

图 1，依据《建筑设计防火规范》第 8.5.3 条规定，只有长度大于 20m 的疏散走道需要设置排烟设施，由于与走道连通的强电间、网络接入机房、储物间没有自然排烟条件，上述房间发生火灾时，需要通过疏散走道排出烟气，应按《建筑防烟排烟系统技术标准》第 4.6.3 条第 3 款规定设置自然排烟窗（口）。

只有当与走道连通的房间（发生火灾、产生烟气的房间，不一定是《建筑设计防火规范》中规定需要设置排烟设施的房间）全部满足自然排烟条件或设有机械排烟时，所有房间可以利用自身的排烟设施排除烟气，不需要通过疏散走道排烟，这种情况下的疏散走道自然排烟窗（口）可按照《建筑防烟排烟系统技术标准》第 4.6.3 条第 4 款规定设置。当然，按《建筑防烟排烟系统技术标准》第 4.6.3 条第 4 款规定设置自然排烟窗（口）时，仍然宜在疏散走道两侧设置自然排烟窗，且两侧自然排烟窗（口）的距离不应小于走道长度的 2/3，以便形成空气对流。

问题描述

问题 8　沿水平方向布置的机械排烟系统未按防火分区设置

1. 某商业综合楼地下二层防排烟平面图（图 1），两个防火分区排烟系统合用一个排烟竖井、一台排烟风机。

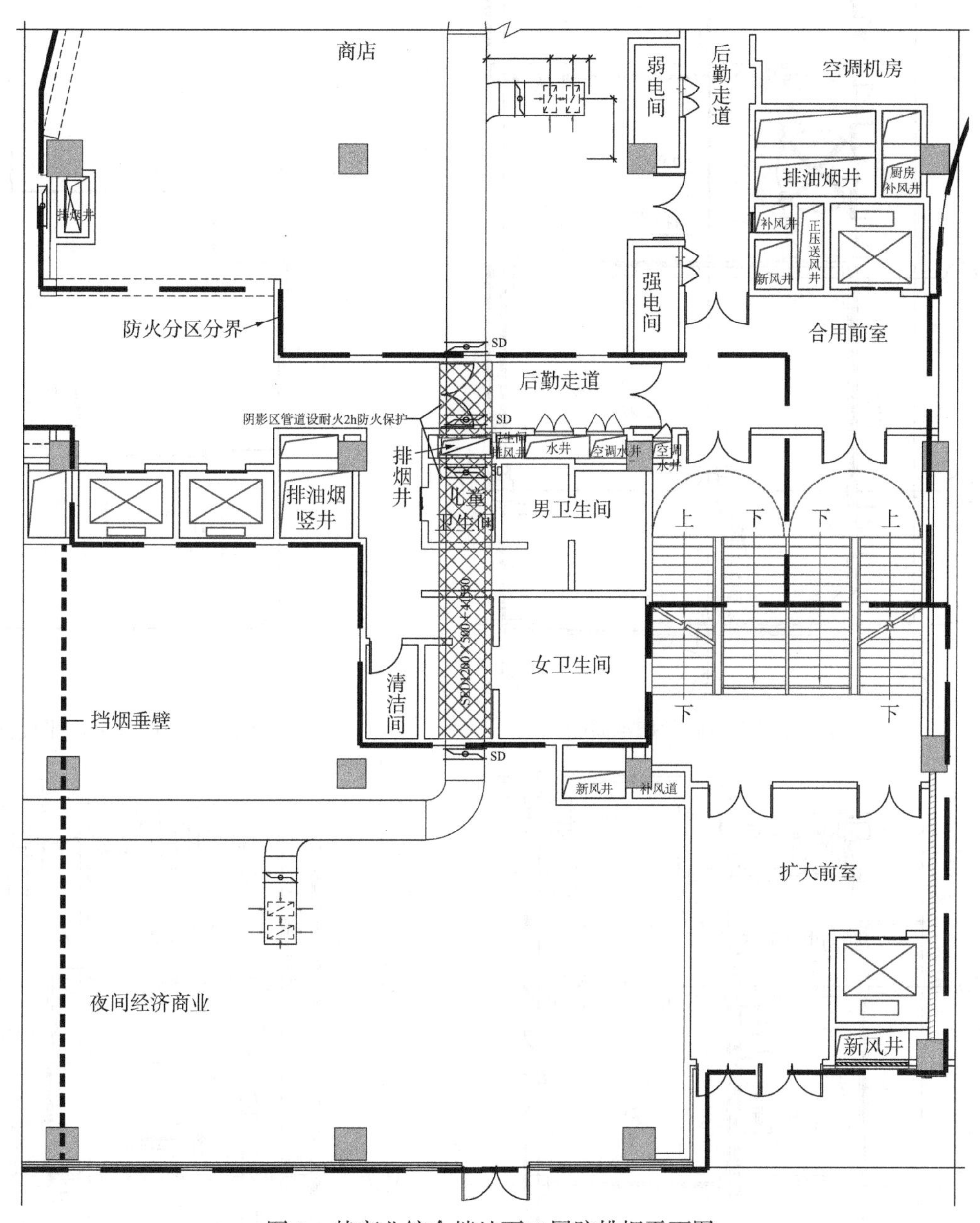

图 1　某商业综合楼地下二层防排烟平面图

2. 某购物中心，设有排烟设施 PY-11（图 2，无风机），图 3 中首层主力店为一个独立防火分区，首层主力店上方的入口门厅在二层夹层设有排烟设施 PY-17（图 4，无风机），在二层 PY-11、PY-17 合并且共用一台排烟风机（图 5）。

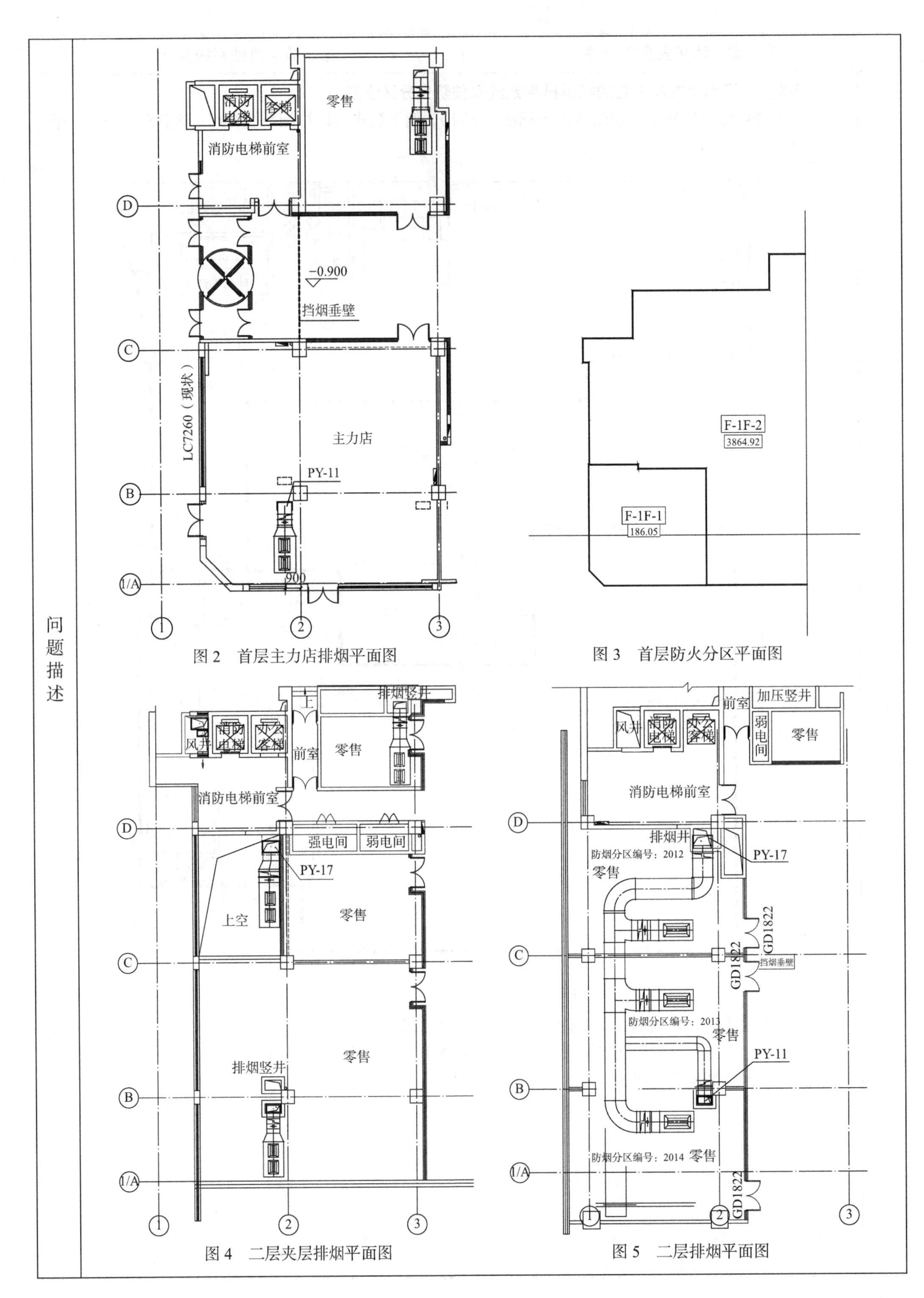

图2　首层主力店排烟平面图

图3　首层防火分区平面图

图4　二层夹层排烟平面图

图5　二层排烟平面图

问题描述	3. 在某体育场地下二层排烟平面图中，防火分区 F-S-B2-11 与 F-S-B2-26、F-S-B2-27 水平方向合设一个机械排烟系统，见图 6。 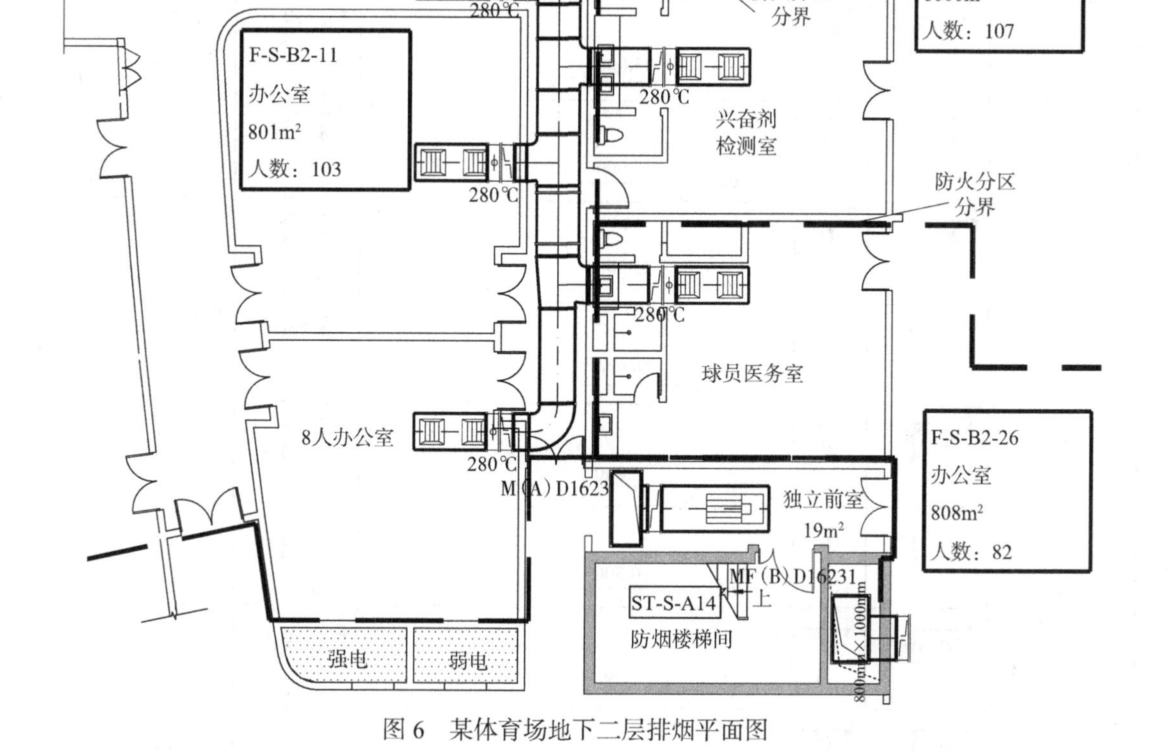 图 6　某体育场地下二层排烟平面图
相关标准	**《建筑防烟排烟系统技术标准》** 4.4.1　当建筑的机械排烟系统沿水平方向布置时，每个防火分区的机械排烟系统应独立设置。
问题解析	机械排烟系统横向按每个防火分区设置独立系统，是指风机、风口、风管都独立设置。图 1、图 6 机械排烟系统横向均未按防火分区设置（横向负担 2 个及 2 个以上防火分区的排烟）。图 2～图 5 中 PY-11、PY-17 负担首层两个防火分区的排烟，合用一台排烟风机、排烟干管。所有设置均应符合《建筑防烟排烟系统技术标准》第 4.4.1 条规定。机械补风系统与机械排烟系统通常对应设置，联动开启或关闭，因此，机械补风系统沿水平方向布置时也应按防火分区设置。

问题描述

问题 9　机械排烟系统服务高度超过 50m

1. 某项目建筑性质为酒店、办公、商业，项目中的 A 座和 C 座为建筑高度大于 50m 的办公建筑，设有机械排烟系统，A 座、C 座排烟系统图（图 1、图 2）中 A 座、C 座的竖向排烟系统服务区域高度超过 50m。

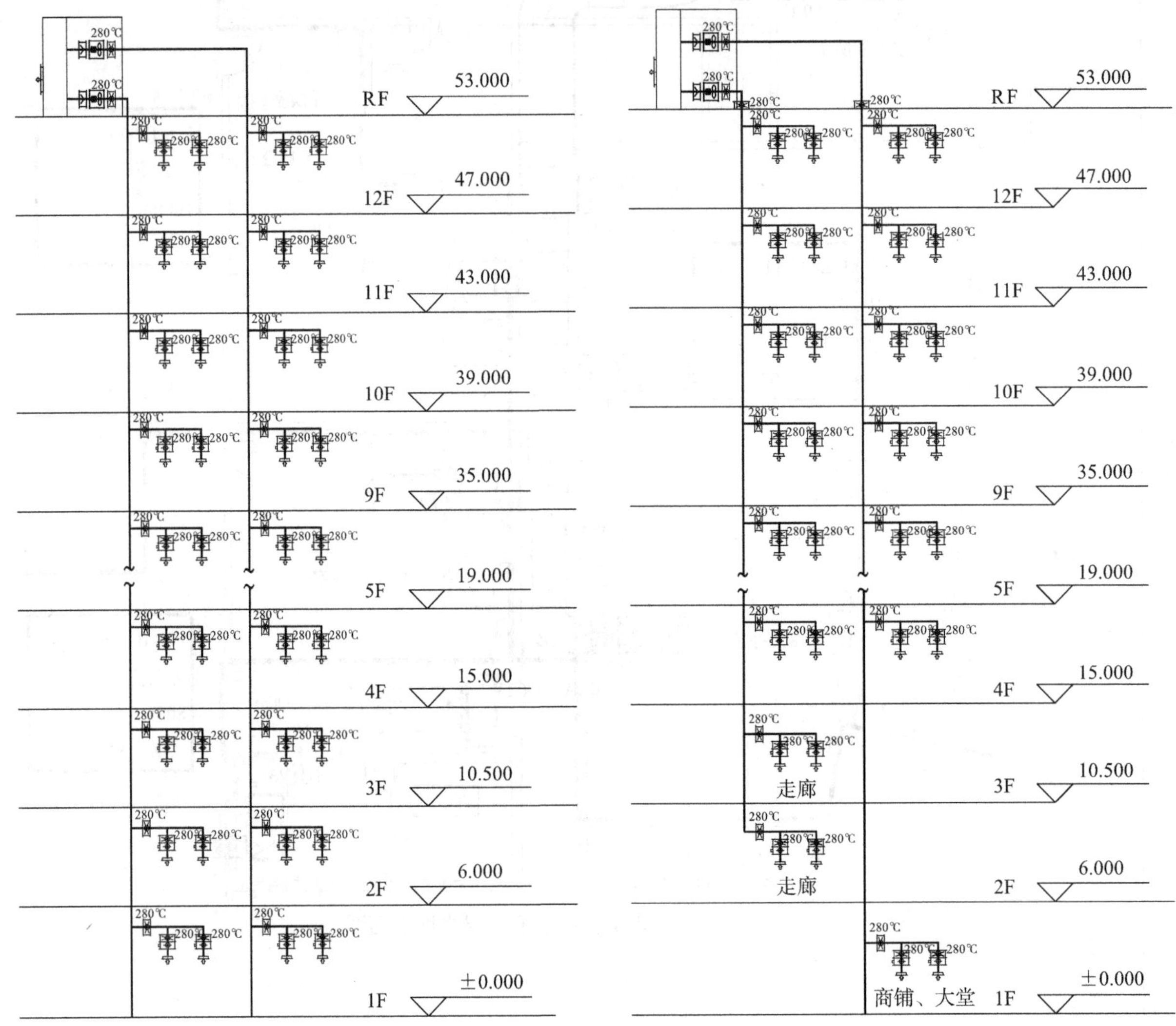

图 1　A 座排烟系统原理图　　图 2　C 座排烟系统原理图

2. 某办公建筑高度为 96m，机械排烟系统 PY（T1）-W-4 系统服务 T1 塔楼的服务区域高度大于 50m，如图 3 所示。

问题描述	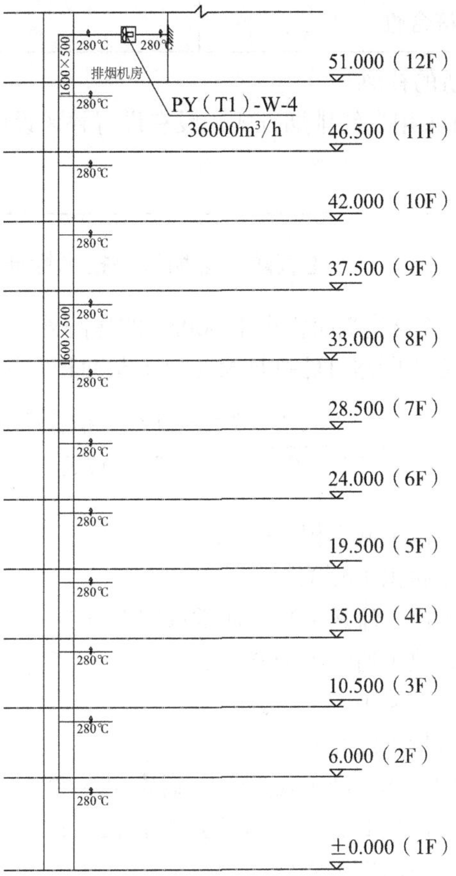 图 3　T1 办公楼排烟系统图
相关标准	**《建筑防烟排烟系统技术标准》** 4.4.2　建筑高度超过 50m 的公共建筑和建筑高度超过 100m 的住宅，其排烟系统应竖向分段独立设置，且公共建筑每段高度不应超过 50m，住宅建筑每段高度不应超过 100m。
问题解析	《建筑防烟排烟系统技术标准》第 4.4.2 条中的“建筑高度”应理解为机械排烟系统服务区域的高度。 图 1、图 2 中，A 座和 C 座的 2 个机械排烟系统竖向服务区域总高度超过 50m。 图 3 中的 T1 办公楼机械排烟系统 PY（T1）-W-4 系统服务区域高度大于 50m。 均不符合《建筑防烟排烟系统技术标准》第 4.4.2 条规定。

问题描述

问题 10 自然排烟场所的补风

某商业楼地下一层门厅采用自然排烟方式，没有设置补风设施。

相关标准

《建筑防烟排烟系统技术标准》

4.5.1 除地上建筑的走道或建筑面积小于 500m² 的房间外，设置排烟系统的场所应设置补风系统。

4.6.15 采用自然排烟方式所需自然排烟窗（口）截面积宜按下式计算：

$$A_vC_v=\frac{M_\rho}{\rho_0}\left[\frac{T^2+(A_vC_v/A_0C_0)^2TT_0}{2gd_b\Delta TT_0}\right]^{\frac{1}{2}} \quad (4.6.15)$$

式中：A_v——自然排烟窗（口）截面积（m²）；

A_0——所有进气口总面积（m²）；

C_v——自然排烟窗（口）流量系数（通常选定在 0.5～0.7 之间）；

C_0——进气口流量系数（通常约为 0.6）；

g——重力加速度（m/s²）；

M_ρ——烟羽流质量流量（kg/s）；

ρ_0——环境温度下的气体密度（kg/m³），通常 $T_0=293.15$K，$\rho_0=1.2$（kg/m³）；

d_b——排烟系统吸入口最低点之下烟气层厚度（m）；

T——烟层的平均绝对温度（K）；

T_0——环境的绝对温度（K）；

ΔT——烟层平均温度与环境温度的差（K）。

注：公式中 A_vC_v 在计算时应采用试算法。

问题解析

在国家建筑标准设计图集 15K606《建筑防烟排烟系统技术标准》图示第 77 页 1-1 剖面图中，防烟分区 1 采用高位排烟窗自然排烟时设置了自然补风口，在第 P124 页的 4.5.2 图示 a 补风采用自然进风方式的平面示意图中，防烟分区顶部利用排烟天窗自然排烟时，要求利用外门、外窗自然补风；而在国家建筑标准设计图集 20K607《防排烟及暖通防火设计审查与安装》第 52 中写明“除特例外，设置机械排烟系统的场所应设置补风系统。[特例 1] 地上建筑的走道；[特例 2] 地上建筑面积小于 500m² 的房间。”对自然排烟场所是否应设置补风，上述两本国家建筑标准设计图集要求不一致。

笔者查阅国内外自然排烟系统设计标准、指南后，认为除地上建筑的走道或建筑面积小于 500m² 的房间外，设置自然排烟系统的场所应设置补风系统。

1.《建筑防烟排烟系统技术标准》第 4.5.1 条条文说明和第 4.6.15 条规定

第 4.5.1 条条文说明规定，根据空气流动的原理，必须要有补风才能排出烟气。排烟系统排烟时，补风的主要目的是形成理想的气流组织，迅速排除烟气，有利于人员的安全疏散和消防人员的进入。对于建筑地上部分的设置机械排烟的走道、面积小于 500m² 的房间，由于这些场所的面积较小，排烟量也较少，可以利用建筑的各种缝隙，满足排烟系统所需的补风，为了方便系统管理和减少工程投入，可以不用专门为这些场所设置补风系统。

第 4.6.15 条采用自然排烟方式所需自然排烟窗（口）截面积计算公式涉及 2 个与进气口有关的参数 A_0、C_0，相同火灾工况下，进风面积与排风面积比值不同时，计算的自然排烟窗（口）截面面积也不同。

问题解析

2.《建筑防烟排烟系统技术标准》第 4.2.4 条条文说明的有关内容

具备对流条件的场所要符合下列条件：室内场所采用自然对流排烟的方式；两个排烟窗应设在防烟分区短边外墙面的同一高度位置上（图 1），窗的底边应在室内 2/3 高度以上，且应在储烟仓以内。

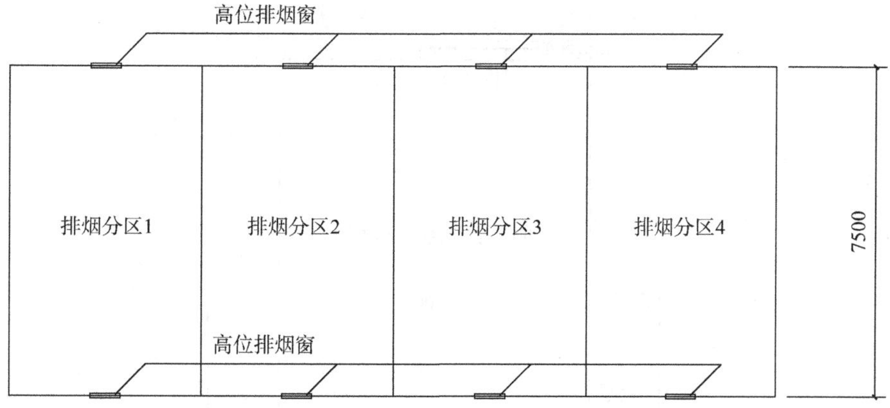

图 1　具备对流条件场所自然排烟窗的布置

房间补风口应设置在室内 1/2 高度以下，且不高于 10m；排烟窗与补风口的面积应满足《建筑防烟排烟系统技术标准》第 4.6.15 条的计算要求，且排烟窗应均匀布置。

3. 北京市地方标准《自然排烟系统设计、施工及验收规范》在第 3.1.2 条规定，中庭及建筑面积大于 $500m^2$ 且建筑净空高度大于 6m 的营业厅、展览厅、观众厅、剧场、舞台、体育馆、客运站、航站楼等公共大空间场所，当采用自然排烟时，应设置自动排烟窗或固定百叶窗作为自然排烟开口组件。第 3.2.8 条规定，设置自动排烟窗的场所应设置补风系统。

4. 上海市《建筑防排烟系统设计标准》第 4.4.5 条规定，自然排烟系统应采用自然通风方式补风。

5. 美国《排烟和热排放标准》NFPA204—2018 第 3.3.21 条通风系统规定，一种用于从火灾中排出烟气和热量的系统，该系统利用屋顶水平设置的手动或自动操作的热量和烟气通风口，从火灾场所周围的外墙、内墙或通风窗排出烟气，实现通过通风口的设计流量或烟气质量流，这包括可补充新鲜空气的部件。

问题描述

问题 11 补风系统未从室外引入空气

1. 某艺术中心演出大厅设置机械排烟系统，从候影大厅入口大门门斗自然补风，如图 1 所示。

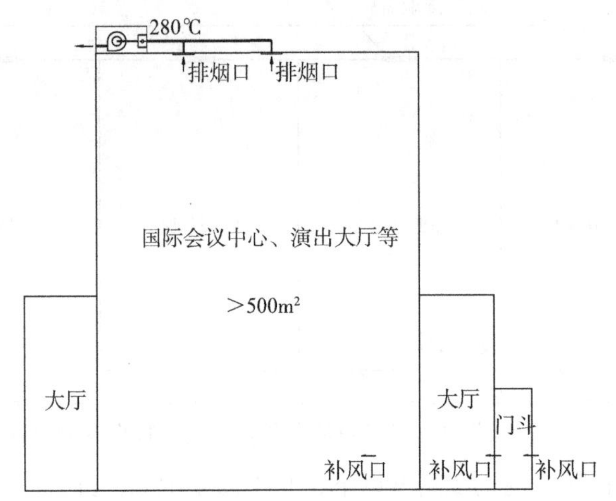

图 1 某演出大厅自然补风示意图

2. 某体育场地下二层某防火分区自有盖庭院自然补风，该有盖庭院设有机械排烟系统，不是室外空间，如图 2 所示（加压送风系统也自该庭院取风）。

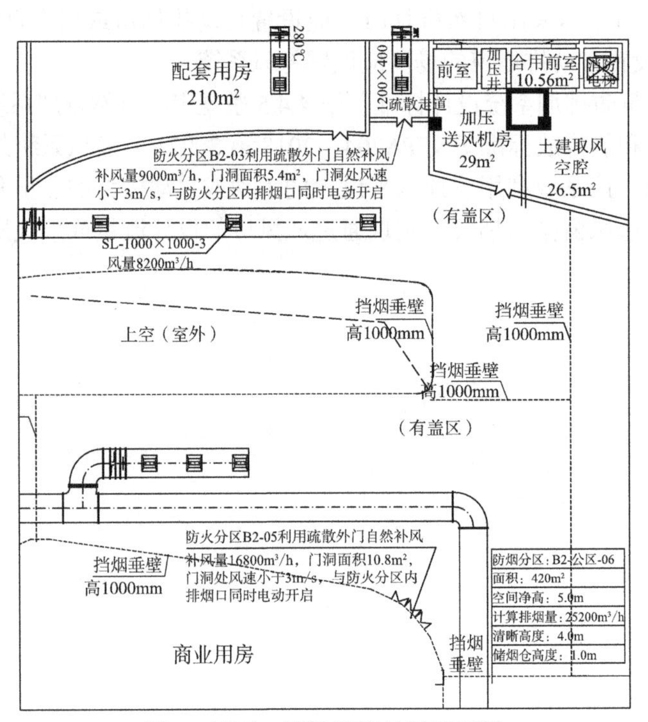

图 2 地下二层排烟及补风平面图

相关标准

《建筑防烟排烟系统技术标准》

4.5.2 补风系统应直接从室外引入空气，且补风量不应小于排烟量的 50%。

问题解析

图 1 演出大厅采用自然补风，室外空气需经门斗（两道门）、大厅才能被引进演出大厅，因此，图 1 中自然补风系统设计不能满足“直接从室外引入空气”的规定。

图 2 中的补风系统自有盖庭院自然进风，有盖庭院设置了机械排烟系统，不是室外，因此，图 2 中自然补风系统设计不能满足“直接从室外引入空气”的规定。

问题描述

问题 12　补风系统补风量小于排烟量的 50%

1. 某酒店二层宴会厅前厅设有 2 个防烟分区，机械排烟系统计算排烟量为 30000m³/h，对应补风系统补风量为 7500m³/h，小于前厅系统排烟量的 50%，但是能满足最大防烟分区计算排烟量的 50%，如图 1 所示。

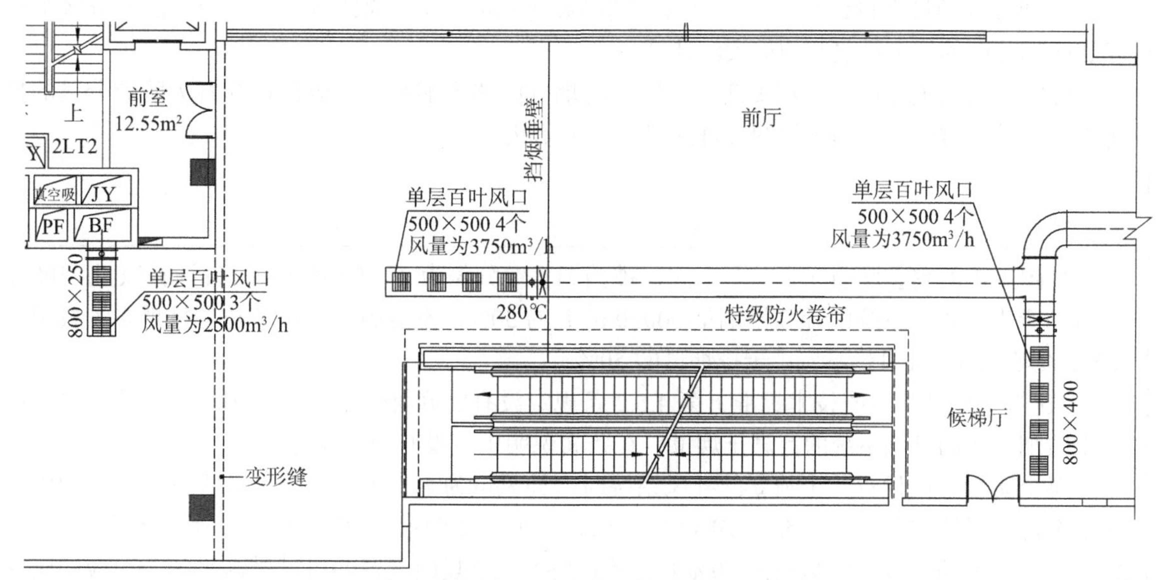

图 1　某酒店二层宴会厅前厅排烟平面图

2. 某办公建筑防排烟系统原理图（图 2）中，各层开敞办公建筑面积大于 500m²，设有竖向排烟系统，对应设置竖向补风系统，每层补风水平管路只设置 70℃防火阀，未设置电动风阀，末端为常开百叶风口。

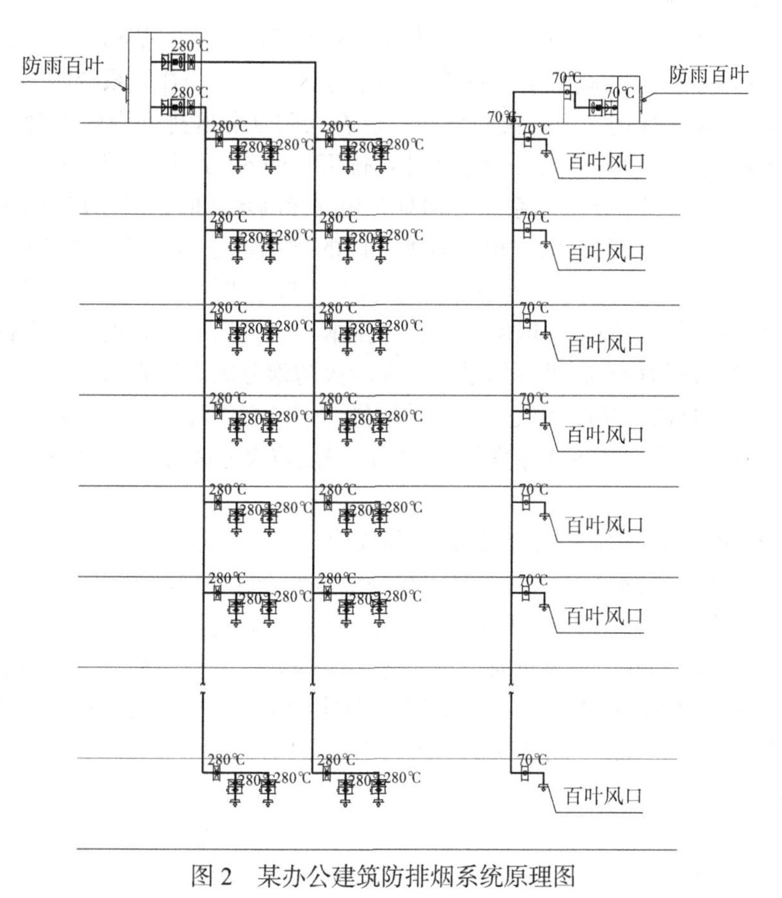

图 2　某办公建筑防排烟系统原理图

相关标准	**《建筑防烟排烟系统技术标准》** 4.5.2 补风系统应直接从室外引入空气，且补风量不应小于排烟量的 50%。 4.6.4 当一个排烟系统担负多个防烟分区排烟时，其系统排烟量的计算应符合下列规定： 1 当系统负担具有相同净高场所时，对于建筑空间净高大于 6m 的场所，应按排烟量最大的一个防烟分区的排烟量计算；对于建筑空间净高为 6m 及以下的场所，应按同一防火分区中任意两个相邻防烟分区的排烟量之和的最大值计算。 5.2.4 当火灾确认后，担负两个及以上防烟分区的排烟系统，应仅打开着火防烟分区的排烟阀或排烟口，其他防烟分区的排烟阀或排烟口应呈关闭状态。
问题分析	1. 图 1 中的宴会厅前厅是一个空间，被挡烟垂壁分隔为 2 个防烟分区，设计补风量 7500m^3/h，小于该场所机械排烟系统的计算排烟量 30000m^3/h 的 50%，不能满足《建筑防烟排烟系统技术标准》第 4.5.2 条规定的“补风量不应小于排烟量的 50%。”。 《建筑防烟排烟系统技术标准》第 4.5.2 条规定没有明确排烟量是只负担一个防烟分区，还是负担多个防烟分区的排烟系统的计算排烟量，在条文说明中也没有明确规定。 每个防烟分区设置一个独立的补风系统时，补风量为不小于防烟分区计算排烟量的 50%。在《建筑防烟排烟系统技术标准》图示 15K606 第 124 页的 4.5.2 图示 a、图示 b 中表示的补风量是一个防烟分区或一个最大防烟分区排烟量的 50%（图示 b 是指一个竖向设置的机械排烟系统及对应的竖向机械补风系统，每层为一个防烟分区，系统计算排烟量为其中最大一个防烟分区的计算排烟量，则补风系统补风量 $Q_{补}$不小于 50%$Q_{排}$，也为最大一个防烟分区排烟量的 50%）。 对于负担同一防火分区多个建筑空间净高为 6m 及以下防烟分区排烟量的排烟系统，其对应的补风系统补风量该如何确定呢？ 排烟系统技术标准都是建立在“单点火灾”基本设防原则的基础上，即建立在一个防火分区内单点有限火灾前提下的，同一防火分区的多个防烟分区合设一个补风系统时，依据《建筑防烟排烟系统技术标准》第 5.2.4 条规定，当火灾确认后，仅着火防烟分区排烟设施启动，补风系统只需满足该着火防烟分区的补风量，即满足该防烟分区计算排烟量的 50% 即可。但是，《建筑防烟排烟系统技术标准》第 4.6.4 条第 1 款又规定“当系统负担具有相同净高场所时，对于建筑空间净高为 6m 及以下的场所，应按同一防火分区中任意两个相邻防烟分区的排烟量之和的最大值计算”，每个防烟分区的排烟设施都是按其计算排烟量选择排烟管道、排烟口等，按《建筑防烟排烟系统技术标准》第 5.2.4 条规定，图 1 中的宴会厅前厅某一防烟分区着火时，在排烟风机开启后，着火防烟分区的排烟量可能会大于该防烟分区末端排烟口的最高临界排烟量，会在着火防烟分区烟层底部撕开一个洞，使新鲜的冷空气被卷吸进去，随烟气排出，从而降低了实际排烟量，烟气会因降温下沉侵入相邻的防烟分区，造成相邻防烟分区排烟口开启排烟。在这种情况下，应该按该防火分区机械排烟系统计算排烟量的 50% 确定补风量。 如果图 1 中前厅是用隔墙、密实吊顶分隔成的独立防烟分区，且每个防烟分区需设置机械补风时，由于不存在本标准第 5.2.4 条规定的情况，在每个防烟分区分别设置补风口且可自动控制开关时，则补风系统风量只需按其中较大防烟分区计算排烟量的 50% 确定。 2. 图 2 火灾时联动开启补风机时，由于每个防烟分区或每层补风干管或末端补风口均开启，不能满足《建筑防烟排烟系统技术标准》第 4.5.2 条规定中的着火防烟分区的补风量，应在各防烟分区补风支管或各层水平管路上增设电动开关型风阀或末端采用常闭送风口，火灾时能联动开启。

问题描述	**问题 13　防火门、窗用作补风设施** 某会议中心地下二层某防火分区设有机械排烟，管事部库房利用与疏散走道连通的防火门补风，如图 1 所示。 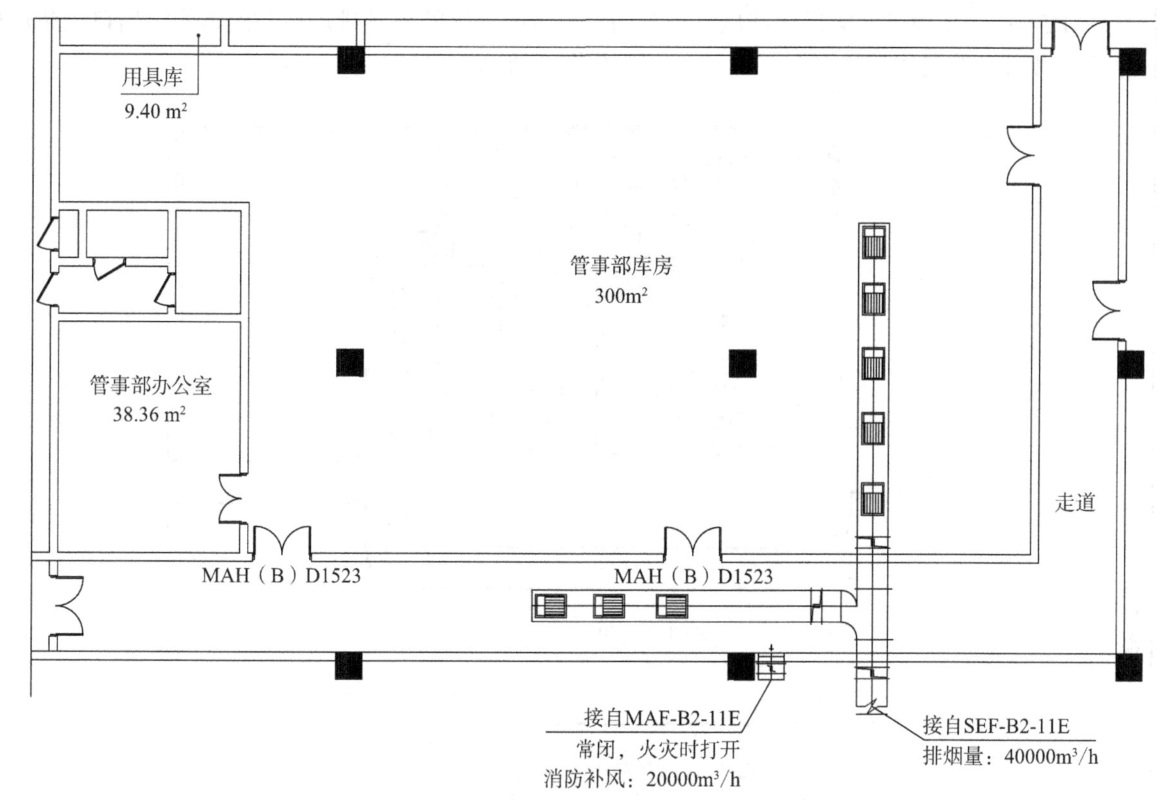 图 1　某会议中心地下二层某防火分区设有机械排烟
相关标准	**《建筑防烟排烟系统技术标准》** 4.5.3　补风系统可采用疏散外门、手动或自动可开启外窗等自然进风方式以及机械送风方式。防火门、窗不得用作补风设施。风机应设置在专用机房内。
问题分析	在图 1 中，补风口设置在疏散走道，设有防火门的管事部库房未设置补风口，管事部库房只能通过防火门补风，不能满足《建筑防烟排烟系统技术标准》第 4.5.3 条规定。

问题描述

问题 14　机械排烟系统排烟口布置

某医院二期项目，图 1 为医疗综合楼三层医疗主街（疏散走道）机械排烟口布置图，图中疏散走道机械排烟口与附近安全出口（合用前室）沿走道方向相邻边缘之间的水平距离小于 1.5m，纵向距离大于 1.5m；图 2 为患者电梯厅排烟口布置图，患者电梯厅的机械排烟口与附近安全出口（防烟楼梯间前室）相邻边缘之间的水平距离小于 1.5m，如图 2 所示。

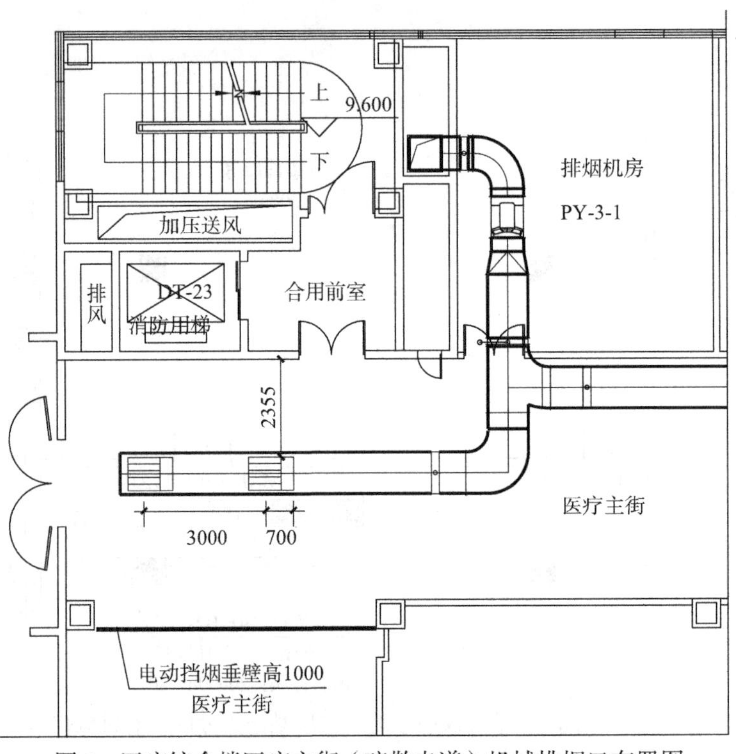

图 1　医疗综合楼医疗主街（疏散走道）机械排烟口布置图

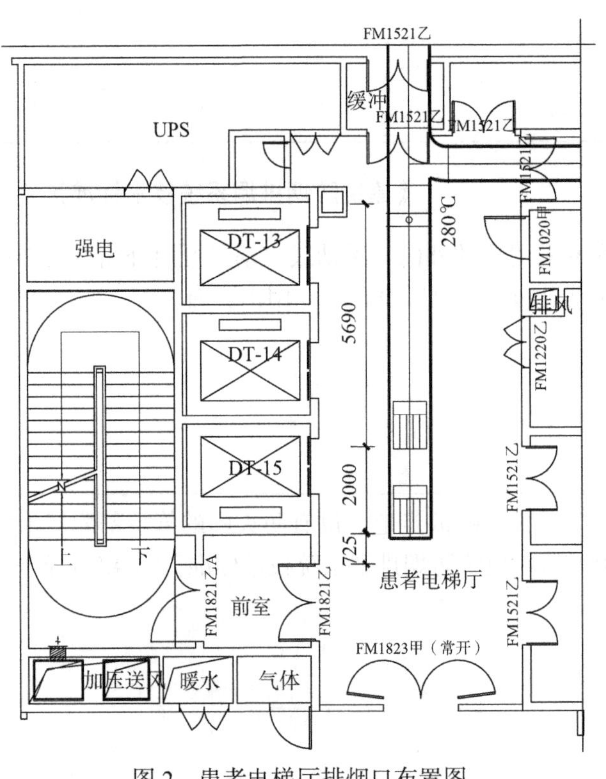

图 2　患者电梯厅排烟口布置图

<table>
<tr><td>相关标准</td><td>

《建筑防烟排烟系统技术标准》

4.4.12 排烟口的设置应按本标准第 4.6.3 条经计算确定，且防烟分区内任一点与最近的排烟口之间的水平距离不应大于 30m。除本标准第 4.4.13 条规定的情况以外，排烟口的设置尚应符合下列规定：

5 排烟口的设置宜使烟流方向与人员疏散方向相反，排烟口与附近安全出口相邻边缘之间的水平距离不应小于 1.5m。

</td></tr>
<tr><td>问题分析</td><td>

图 1、图 2 中机械排烟口与附近安全出口相邻边缘之间的水平距离小于 1.5m，不符合《建筑防烟排烟系统技术标准》第 4.4.12 条第 5 款规定。

目前，在施工图中，这种情况非常普遍，主要是如下原因造成的：

（1）走道、房间排烟口数量多。

设计人员按《建筑防烟排烟系统技术标准》第 4.6.14 条规定计算走道、房间单个排烟口的最大允许排烟量，造成疏散走道、房间机械排烟口数量多，特别是疏散走道机械排烟口与附近安全出口相邻边缘之间的水平距离小于 1.5m。对于走道、室内空间净高不大于 3m 的区域，可以不按照第 4.6.14 条规定确定排烟口数量。通常，当排烟口设在储烟仓内，则单个排烟口最大允许排烟量应满足《建筑防烟排烟系统技术标准》第 4.6.14 条的要求，而对于走道、室内空间净高不大于 3m 的区域，在第 4.4.12 条第 2 款的条文说明中已经解释了此类低矮空间的排烟窗（口）全部安装在储烟仓内会有困难，因此，按第 4.4.12 条第 2 款设置（特别是在侧墙上）的机械排烟口也就很难满足第 4.4.12 条第 6 款（指向第 4.6.14 条）的要求，在这种情况下，排烟口难以全部设在储烟仓内，则单个排烟口的最大允许排烟量计算，可不必遵照第 4.6.14 条的要求，只需满足第 4.4.12 条第 7 款规定的排烟口的风速不宜大于 10m/s 即可。

（2）很多暖通设计人员不清楚安全出口的定义。

在现行《建筑设计防火规范》第 2.1.14 条中定义安全出口为：供人员安全疏散用的楼梯间和室外楼梯的出入口或直通室内外安全区域的出口，条文说明中解释了室内安全区域包括符合规范规定的避难层、避难走道等，室外安全区域包括室外地面、符合疏散要求并具有直接到达地面设施的上人屋面、平台，以及符合本规范第 6.6.4 条要求的天桥、连廊等。注意：有些防火墙上的防火门（按现行《建筑设计防火规范》第 5.5.9 条规定）也是安全出口。

（3）未正确理解条文中的水平距离。

对于疏散走道而言，该水平距离是指排烟口与安全出口沿疏散方向相邻边缘之间的最小水平距离。对于图 1 中医疗主街这类宽走廊，排烟口与合用前室纵向距离虽然大于 1.5m，但是，沿走道疏散方向相邻边缘之间的距离不满足 1.5m，仍然不能满足本条文规定。

</td></tr>
</table>

问题描述

问题 15　排烟阀、排烟防火阀设置

1. 某办公楼地下一层职工餐厅被划分为多个防烟分区，设置一个机械排烟系统，每个防烟分区设置 2 个单层百叶排烟口，每个防烟分区排烟支管未设置排烟阀，如图 1 所示。

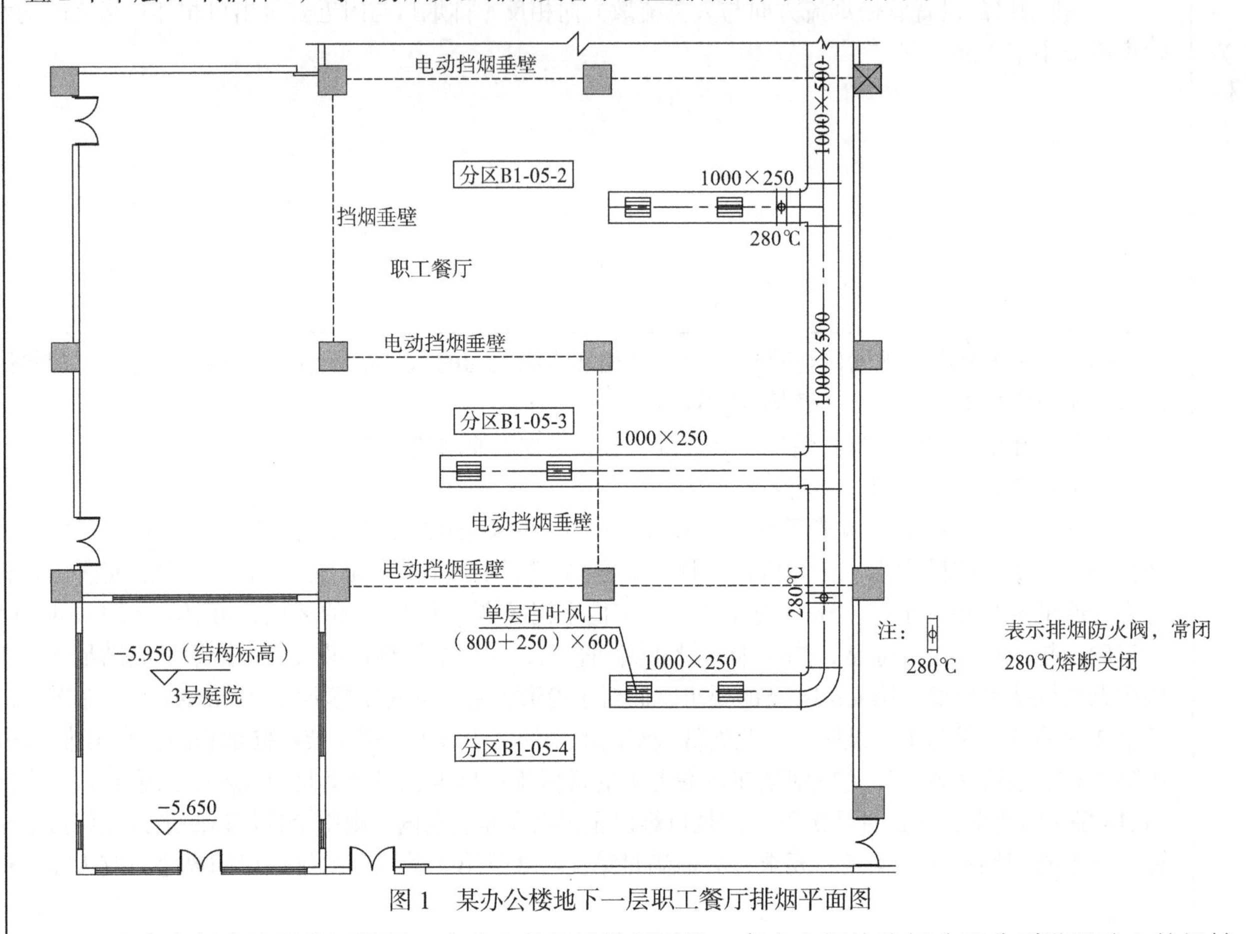

图 1　某办公楼地下一层职工餐厅排烟平面图

2. 汽车库每个防烟分区设置一个独立的机械排烟系统，高大空间按防烟分区分别设置独立的机械排烟系统，末端排烟风口为常开型风口，没有设置排烟阀或常闭排烟口。

相关标准

《建筑防烟排烟系统技术标准》

2.1.14　排烟防火阀　combination fire and smoke damper

安装在机械排烟系统的管道上，平时呈开启状态，火灾时当排烟管道内烟气温度达到 280℃时关闭，并在一定时间内能满足漏烟量和耐火完整性要求，起隔烟阻火作用的阀门。一般由阀体、叶片、执行机构和温感器等部件组成。

2.1.15　排烟阀　smoke damper

安装在机械排烟系统各支管端部（烟气吸入口）处，平时呈关闭状态并满足漏风量要求，火灾时可手动和电动启闭，起排烟作用的阀门。一般由阀体、叶片、执行机构等部件组成。

<table>
<tr><td>相关标准</td><td>4.4.10　排烟管道下列部位应设置排烟防火阀：
2　一个排烟系统负担多个防烟分区的排烟支管上；
4.4.12　排烟口的设置应按本标准第 4.6.3 条经计算确定，且防烟分区内任一点与最近的排烟口之间的水平距离不应大于 30m。除本标准第 4.4.13 条规定的情况以外，排烟口的设置尚应符合下列规定：
4　火灾时由火灾自动报警系统联动开启排烟区域的排烟阀或排烟口，应在现场设置手动开启装置。
5.2.2　排烟风机、补风机的控制方式应符合下列规定：
4　系统中任一排烟阀或排烟口开启时，排烟风机、补风机自动启动；</td></tr>
<tr><td>问题解析</td><td>1. 图 1 中存在以下两个问题：
1）地下一层职工餐厅被划分为多个防烟分区，每个排烟支管设置一个常闭、280℃自行关闭的排烟防火阀（排烟阀、排烟防火阀二合一），而不是一个排烟阀 + 排烟防火阀，与《建筑防烟排烟系统技术标准》第 2.1.14 条、第 2.1.15 条规定不符。在 2019 年 7 月 29 日国家市场监督管理总局、应急管理部发布的《关于取消部分消防产品强制性认证的公告》中已明确取消了消防防烟排烟设备产品的强制性产品认证委托，目前，市场上存在这种二合一阀门，能满足排烟阀 + 排烟防火阀的功能要求，且造价更低，安装更加简单，可以在工程中使用。
2）防烟分区 B1-05-3 排烟支管应按《建筑防烟排烟系统技术标准》第 4.4.12 条第 4 款、第 5.2.2 条第 4 款规定设置排烟阀，应按第 4.4.10 条第 2 款规定设置排烟防火阀。
2.《建筑防烟排烟系统技术标准》第 5.2.2 条中规定了排烟风机、补风机的 5 种控制方式，对于汽车库、高大空间等按防烟分区分别设置的机械排烟系统，在末端排烟口为常开风口、能满足现场手动开启排烟风机的情况下，没有必要再增设一个排烟阀或常闭排烟口来启动风机。</td></tr>
</table>

问题描述

问题 16 防烟分区排烟量计算

1. 某广电项目有多个净空高度超过 6m 的高大空间，其排烟量根据实际设置的储烟仓厚度计算取值，排烟参数表如图 1、图 2 所示。

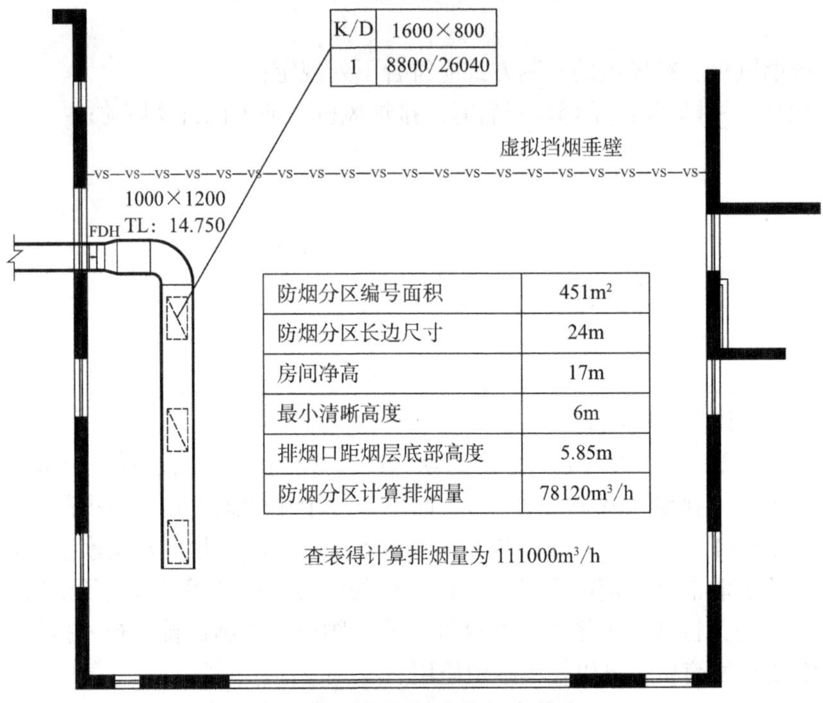

防烟分区编号面积	451m²
防烟分区长边尺寸	24m
房间净高	17m
最小清晰高度	6m
排烟口距烟层底部高度	5.85m
防烟分区计算排烟量	78120m³/h

图 1 大剧场侧舞台排烟参数表

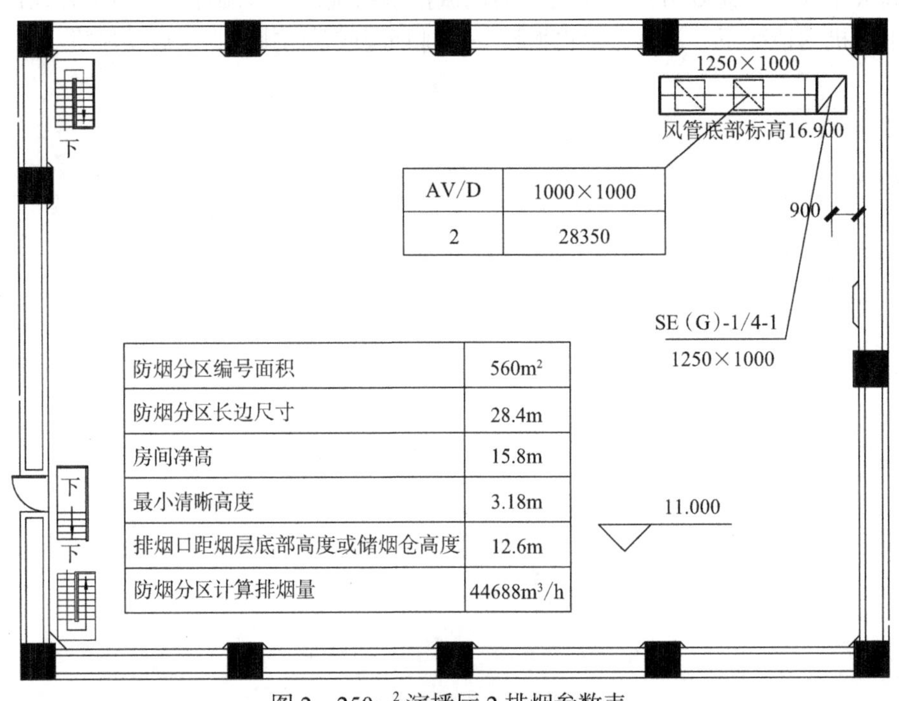

防烟分区编号面积	560m²
防烟分区长边尺寸	28.4m
房间净高	15.8m
最小清晰高度	3.18m
排烟口距烟层底部高度或储烟仓高度	12.6m
防烟分区计算排烟量	44688m³/h

图 2 250m² 演播厅 2 排烟参数表

问题描述

2. 某综合艺术中心有多个建筑净空高度大于 18m 的场所，均按有喷淋的热释放速率计算排烟量，见表 1。

某综合艺术中心排烟系统计算参数表　　表 1

A	B	C	D	E	F
系统编号	服务区域	排烟空间的建筑净高度（m）	烟羽流类型	清晰高度（m）	火灾热释放量（MW）
1	台仓	13.7	轴对称型	12.42	1.5
2	入口大厅	23.3	轴对称型	7.85	4.0
3	观众厅	18.15	轴对称型	12	2.5
4	下边厅	15.5	轴对称型	3.15	2.5
5	小剧院	17.3	轴对称型	8	2.5
6	主舞台	37	轴对称型	8	2.5
7	侧舞台	17	轴对称型	6	2.5
8	后舞台	20	轴对称型	6	2.5
9	交流中心	10	轴对称型	8	2.5

相关标准

《建筑防烟排烟系统技术标准》

4.6.3　除中庭外下列场所一个防烟分区的排烟量计算应符合下列规定：

1　建筑空间净高小于或等于 6m 的场所，其排烟量应按不小于 $60m^3/(h\cdot m^2)$ 计算，且取值不小于 $15000m^3/h$，或设置有效面积不小于该房间建筑面积 2% 的自然排烟窗（口）。

2　公共建筑、工业建筑中空间净高大于 6m 的场所，其每个防烟分区排烟量应根据场所内的热释放速率以及本标准第 4.6.6 条～第 4.6.13 条的规定计算确定，且不应小于表 4.6.3 中的数值，或设置自然排烟窗（口），其所需有效排烟面积应根据表 4.6.3 及自然排烟窗（口）处风速计算。

表 4.6.3　公共建筑、工业建筑中空间净高大于 6m 场所的计算排烟量及自然排烟侧窗（口）部风速

空间净高（m）	办公室、学校（$\times10^4m^3/h$）		商店、展览厅（$\times10^4m^3/h$）		厂房、其他公共建筑（$\times10^4m^3/h$）		仓库（$\times10^4m^3/h$）	
	无喷淋	有喷淋	无喷淋	有喷淋	无喷淋	有喷淋	无喷淋	有喷淋
6.0	12.2	5.2	17.6	7.8	15.0	7.0	30.1	9.3
7.0	13.9	6.3	19.6	9.1	16.8	8.2	32.8	10.8
8.0	15.8	7.4	21.8	10.6	18.9	9.6	35.4	12.4
9.0	17.8	8.7	24.2	12.2	21.1	11.1	38.5	14.2
自然排烟侧窗（口）部风速（m/s）	0.94	0.64	1.06	0.78	1.01	0.74	1.26	0.84

注：1　建筑空间净高大于 9.0m 的，按 9.0m 取值；建筑空间净高位于表中两个高度之间的，按线性插值法取值；表中建筑空间净高为 6m 处的各排烟量值为线性插值法的计算基准值。

2　当采用自然排烟方式时，储烟仓厚度应大于房间净高的 20%；自然排烟窗（口）面积＝计算排烟量／自然排烟窗（口）处风速；当采用顶开窗排烟时，其自然排烟窗（口）的风速可按侧窗口部风速的 1.4 倍计。

问题解析

1. 图 1、图 2 中未按《建筑防烟排烟系统技术标准》第 4.6.3 条第 2 款规定确定排烟量，该条款规定了公共建筑、工业建筑中大于 6m 的场所的排烟量，该排烟量是按 4.6.2 条中的最小储烟仓厚度计算的最大排烟量，条文中规定“且不应小于表 4.6.3 中的数值”，对于净高 6～9m 的这类高大空间目前只需要查表就可以确定排烟量，不需要通过计算确定；建筑空间净高位于表中两个高度之间的，按线性插值法取值。对于净高大于 9m 的高大空间，则应计算其排烟量，并取计算结果和表 4.6.2 中 9m 净高对应的排烟量两者中的较大值作为该防烟分区计算排烟量。

条文中的“且不应小于”，在《建筑防烟排烟系统技术标准》修编时应该会进行修正。目前，还是应该按本条文规定确定防烟分区的计算排烟量。

2. 表 1 中建筑空间净高大于 18m 的场所的热释放速率不能按有喷淋确定。按《建筑防烟排烟系统技术标准》第 4.6.7 条规定“设置自动喷水灭火系统（简称喷淋）的场所，其室内净高大于 8m 时，应按无喷淋场所对待”；第 4.6.7 条条文说明规定如果房间按照高大空间场所设计的湿式灭火系统，加大了喷水强度，调整了喷头间距要求，其允许最大净高可以加大到 12～18m；因此当室内空间净高大于 8m，且采用了符合《自动喷水灭火系统设计规范》GB 50084 的有效喷淋灭火措施时，该火灾热释放速率也可以按有喷淋取值。《自动喷水灭火系统设计规范》第 5.0.2 条规定民用建筑高大空间场所最大空间净高为 18m，厂房高大空间最大空间净高为 12m，综合艺术中心入口大厅、观众厅、主舞台、后舞台空间净高超过 18m，即使采用水炮等灭火设施，也应按无喷淋计算场所的排烟量。相关数据见表 2。

民用建筑高大空间场所采用湿式系统的设计基本参数 **表 2**

	适用场所	最大空间净高 h（m）	喷水强度 [L/（min·m^2）]	作用面积（m^2）
民用建筑	中庭、体育馆、航站楼等	$8 < h \leqslant 12$	12	160
		$12 < h \leqslant 18$	15	
	影剧院、音乐厅、会展中心等	$8 < h \leqslant 12$	15	
		$12 < h \leqslant 18$	20	

问题描述

问题 17　排烟系统计算排烟量、设计排烟量

某商务会展中心项目的竖向排烟 PY-WD-13 系统负担多层排烟，见图 1；三层 PY-WD-13 系统平面图（图 2）中相邻 2 个防烟分区计算排烟量之和为 31200 + 17280 = 48480（m^3/h），且是各层相邻 2 个防烟分区计算排烟量之和的最大值，为系统计算排烟量，排烟风机设置在屋面专用机房内（四层 PY-WD-13 系统平面图见图 3），设备表（表 1）中 PY-WD-13 系统排烟风机的风量为 54000＜1.2×48480 = 58176（m^3/h）。

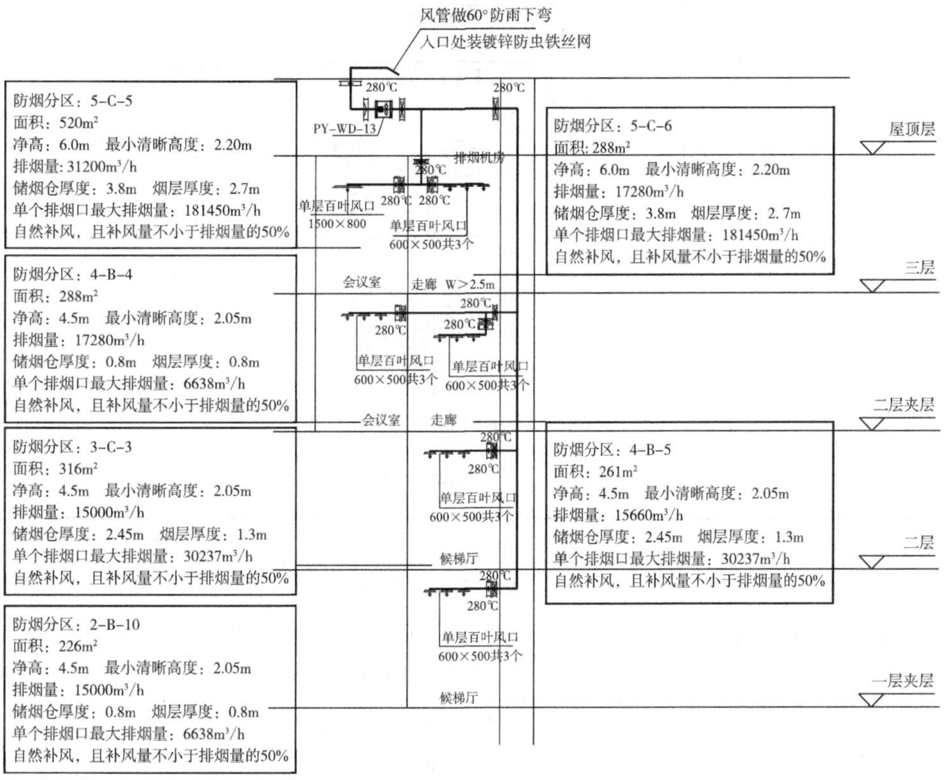

图 1　竖向排烟 PY-WD-13 系统原理图

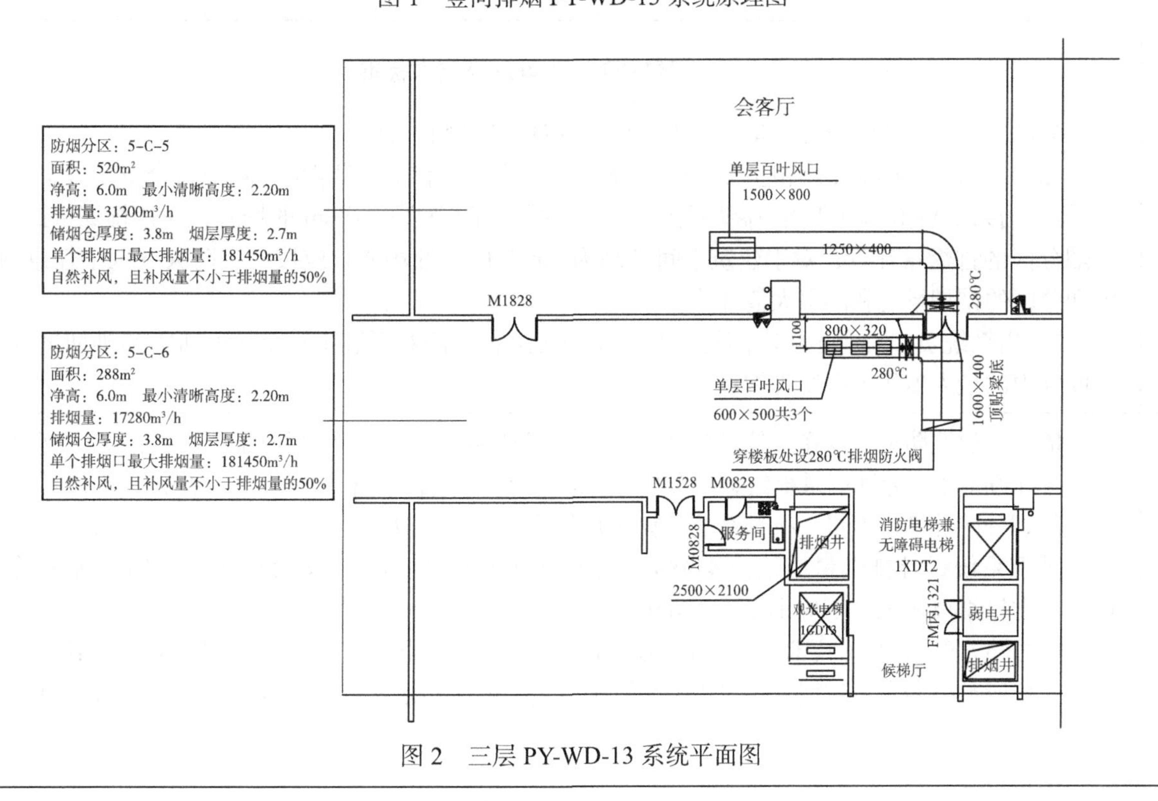

图 2　三层 PY-WD-13 系统平面图

问题描述	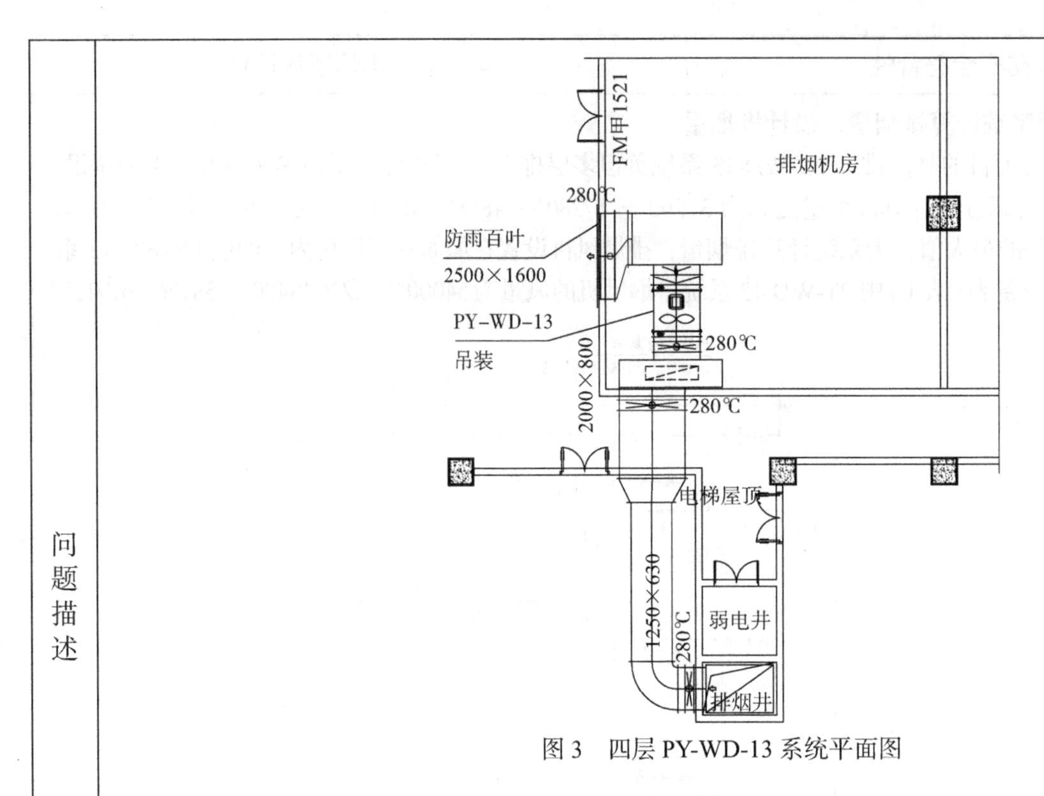 图 3　四层 PY-WD-13 系统平面图 **主要设备表**　**表 1**

名称	型号及规格
消防高温排烟轴流风机（1台） PY–WD–13	参考型号：FHL–1–1200
	风量：54000m³/h　全压：740Pa
	额定功率：18.5kW
	转速：960rpm　噪声：91dB（A）
	重量：175kg

相关标准

《建筑防烟排烟系统技术标准》

4.6.1　排烟系统的设计风量不应小于该系统计算风量的 1.2 倍。

4.6.4　当一个排烟系统担负多个防烟分区排烟时，其系统排烟量的计算应符合下列规定：

1　当系统负担具有相同净高场所时，对于建筑空间净高大于 6m 的场所，应按排烟量最大的一个防烟分区的排烟量计算；对于建筑空间净高为 6m 及以下的场所，应按同一防火分区中任意两个相邻防烟分区的排烟量之和的最大值计算。

2　当系统负担具有不同净高场所时，应采用上述方法对系统中每个场所所需的排烟量进行计算，并取其中的最大值作为系统排烟量。

问题解析

依据《建筑防烟排烟系统技术标准》第 4.6.4 条规定，图 1 排烟系统图中三层相邻 2 个防烟分区排烟量 48480m³/h，为排烟系统任意两个相邻防烟分区的排烟量之和的最大值，是排烟系统计算排烟量。应按防烟分区计算排烟量、排烟系统计算排烟量确定排烟管管径、风口。

排烟系统设计排烟量应该是 48480×1.2 = 58176（m³/h），应按设计排烟量确定排烟风机风量，设备表中排烟风机风量不应小于 58176m³/h。

《建筑防烟排烟系统技术标准》第 4.6.4 条第 2 款中的“当系统负担具有不同净高场所时”是指一个排烟系统所承担的多个防烟分区的建筑空间净高，其中，部分净高大于 6m，部分净高小于或等于 6m。

问题描述

问题 18 排烟口下烟层厚度 d_b 值

1. 某酒店首层各防烟分区均采用密闭吊顶，净高为 3.5m。其中，员工餐厅所在防烟分区建筑面积为 290m²，计算排烟量为 17400m³/h，储烟仓厚度为 0.5m，热释放速率为 2.5MW，设有一个机械排烟口。

2. 某制药厂（丙类厂房）首层设置机械排烟系统（图 1），防烟分区 01 排烟口数量计算表（表 1）中按平面图标注参数（d_b 为侧向排烟口中心点之下的烟气层厚度，为 1.5m）计算，计算风口数量为 5 个；如果按排烟口最低点下烟气层厚度 d_b 应是 1.1m（图 2），则计算排烟口数量为 10 个。

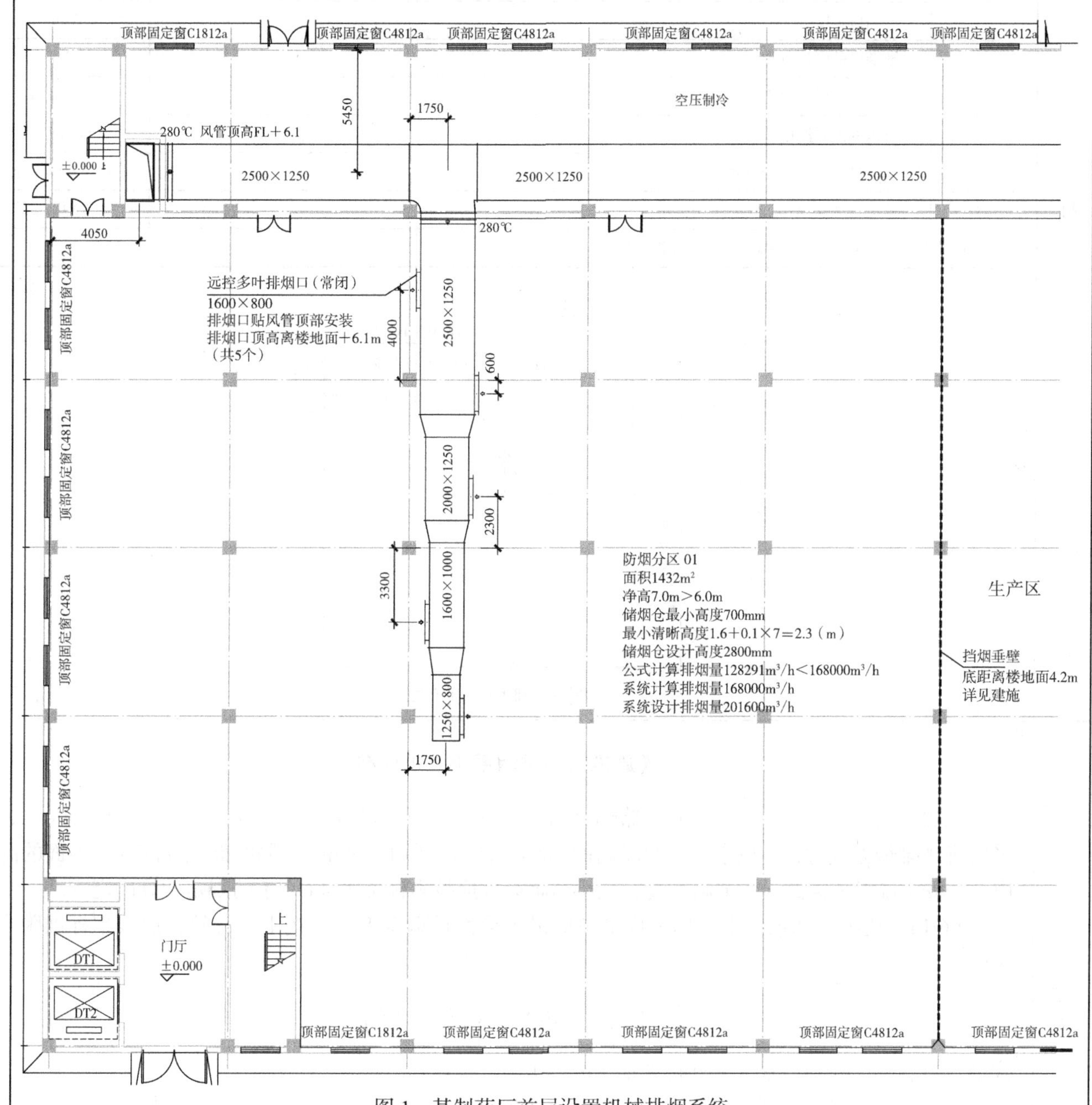

图 1 某制药厂首层设置机械排烟系统

问题描述

防烟分区 01 排烟口数量计算表　　　　表 1

序号	单个排烟口最大允许排烟量校核	结果
1	排烟口位置系数	1
2	计算排烟量	168000.00m^3/h
3	排烟口有效系数	1
4	排烟口数量	5 个
5	排烟口长度	1.6m
6	排烟口宽度	0.8m
7	排烟口的当量直径	1.07m
8	排烟口最低点之下的烟气层厚度 d_b	1.5m
9	环境的绝对温度	293℃
10	单个排烟口最大允许排烟量	36767.79m^3/h
11	排烟口外风速	7.29m/s

校核情况：没有超过单个排烟口最大允许排烟量

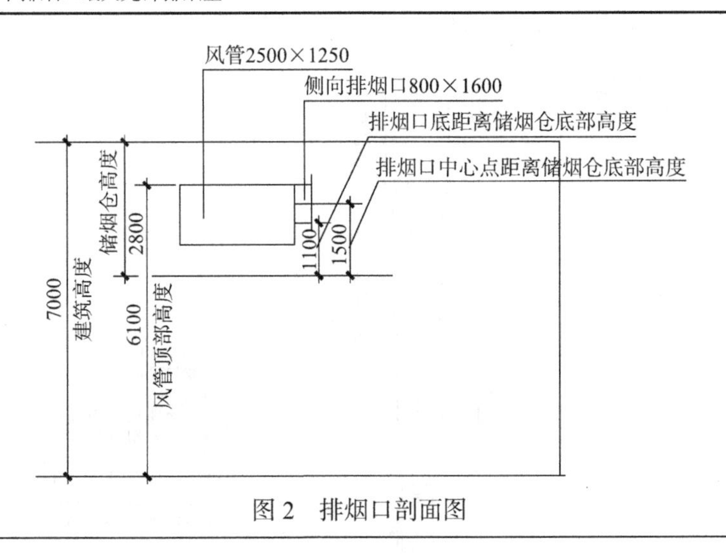

图 2　排烟口剖面图

相关标准

《建筑防烟排烟系统技术标准》

4.6.2　当采用自然排烟方式时，储烟仓的厚度不应小于空间净高的 20%，且不应小于 500mm；当采用机械排烟方式时，不应小于空间净高的 10%，且不应小于 500mm。同时储烟仓底部距地面的高度应大于安全疏散所需的最小清晰高度，最小清晰高度应按本标准第 4.6.9 条的规定计算确定。

4.6.14　机械排烟系统中，单个排烟口的最大允许排烟量 V_{max} 宜按下式计算，或按本标准附录 B 选取。

$$V_{max}=4.16\cdot\gamma\cdot d_b^{\frac{5}{2}}\left(\frac{T-T_0}{T_0}\right)^{\frac{1}{2}} \qquad (4.6.14)$$

式中：V_{max}——排烟口最大允许排烟量（m^3/s）；

γ——排烟位置系数；当风口中心点到最近墙体的距离≥2 倍的排烟口当量直径时：γ 取 1.0；当风口中心点到最近墙体的距离＜2 倍的排烟口当量直径时：γ 取 0.5；当吸入口位于墙体上时，γ 取 0.5。

d_b——排烟系统吸入口最低点之下烟气层厚度（m）；

T——烟层的平均绝对温度（K）；

T_0——环境的绝对温度（K）。

V_{max}是与d_b值的5/2次幂成正比的，合理确定d_b值，可以减少排烟口数量，对于高大空间，由于烟层加大，储烟量大，也可以减少高大空间的计算排烟量。

1. 首层员工餐厅按《建筑防烟排烟系统技术标准》第4.6.2条规定的最小储烟仓厚度500mm设计，即$d_b = 0.5$m，查《建筑防烟排烟系统技术标准》附录B表B可得：单个排烟口最大允许排烟量$V_{max} = 0.22 \times 10^4 m^3/h$，员工餐厅应设置多达8个排烟口，仅设置一个排烟口，不能满足《建筑防烟排烟系统技术标准》第4.6.14条规定。可按《建筑防烟排烟系统技术标准》第4.6.2条规定合理确定烟层厚度，通过加大烟层厚度，对于平吊顶而言就是加大d_b值，将d_b值改为1.0时（设计清晰高度大于安全疏散所需的最小清晰高度1.95m），查表可得$V_{max} = 1.37 \times 10^4 m^3/h$，则只需设置2个排烟口，可减少排烟口数量。

2. V_{max}与d_b值的5/2次幂成正比，从以上2种d_b取值得到的计算结果可以看出d_b值对V_{max}计算结果影响很大，对排烟口数量影响也很大。

按《建筑防烟排烟系统技术标准》第4.6.14条条文说的相关规定，当采用侧排烟口时，d_b值应该是排烟口中心点之下烟气层厚度，而不是排烟口最低点之下烟气层厚度。

问题解析

问题描述

问题 19　防烟、排烟系统平面图设计深度

1. 排烟平面图未表示出防烟分区

某办公楼三层需要设置排烟设施的场所包括长度超过 60m 的疏散走道、建筑面积大于 $100m^2$ 的开放办公室（图 1），在三层防烟分区示意图（图 2）只表示出设置机械排烟的疏散走道（被划分为 2 个防烟分区），开放办公室未被视为一个独立的防烟分区，图 1 中也没有表示出开放办公区自然排烟设施的相关参数。

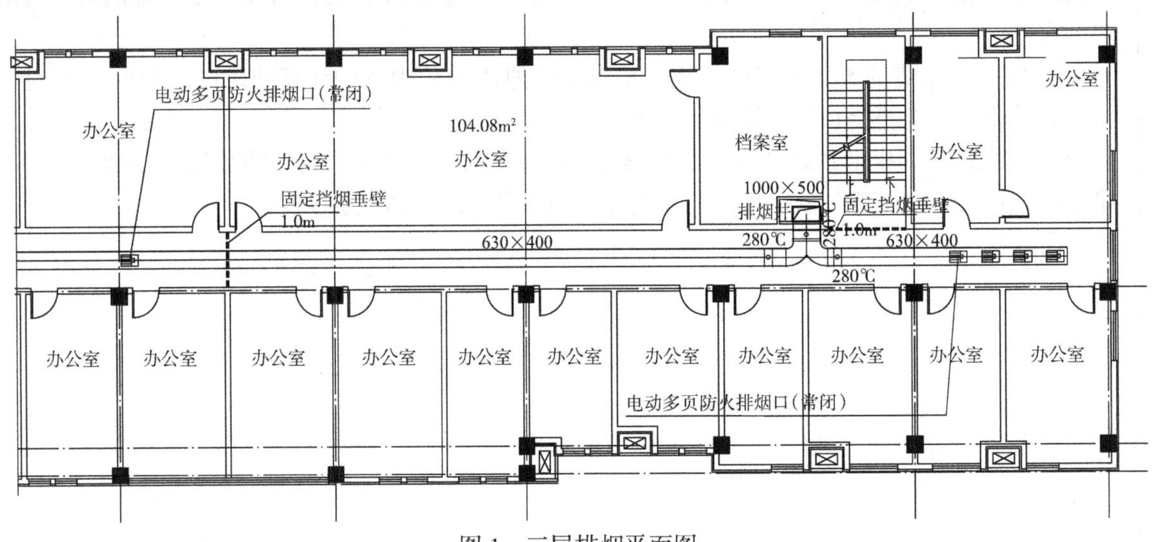

图 1　三层排烟平面图

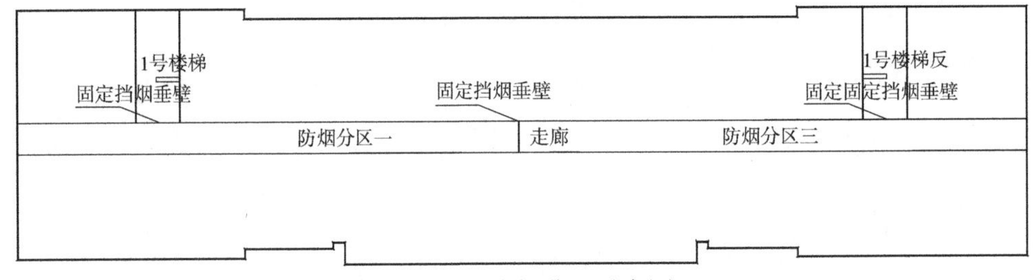

图 2　三层防烟分区示意图

2. 采用自然补风时，没有相关说明，相关平面图中也没有标明自然补风设施参数（如安装位置、高度、面积），建筑专业平面图也无相关内容。

3. 无防烟排烟机房详图，相关平面图中也未标注防烟、排烟风机的定位尺寸。

相关标准

《建筑工程设计文件编制深度规定》（2016 年版）

4.7.5　平面图。

4　风道平面应表示出防火分区，排烟风道平面还应表示出防烟分区。

《建筑防烟排烟系统技术标准》

4.4.5　排烟风机应设置在专用机房内，并应符合本标准第 3.3.5 条第 5 款的规定，且风机两侧应有 600mm 以上的空间。对于排烟系统与通风空气调节系统共用的系统，其排烟风机与排风风机合用机房应符合下列规定：

相关标准

1 机房内应设置自动喷水灭火系统；

2 机房内不得设置用于机械加压送风的风机与管道；

3 排烟风机与排烟管道的连接部件应能在280℃时连续30min保证其结构完整性。

4.5.3 补风系统可采用疏散外门、手动或自动可开启外窗等自然进风方式以及机械送风方式。防火门、窗不得用作补风设施。风机应设置在专用机房内。

4.5.4 补风口与排烟口设置在同一空间内相邻的防烟分区时，补风口位置不限；当补风口与排烟口设置在同一防烟分区时，补风口应设在储烟仓下沿以下；补风口与排烟口水平距离不应少于5m。

4.5.6 机械补风口的风速不宜大于10m/s，人员密集场所补风口的风速不宜大于5m/s；自然补风口的风速不宜大于3m/s。

6.5.2 风机外壳至墙壁或其他设备的距离不应小于600mm。

问题解析

1. 图1、图2中没有表示开放办公室是需要设置排烟设施的场所（未被视为一个防烟分区、未表示出自然排烟设施），严格意义上讲违反了《建筑设计防火规范》第8.5.3条第3款的规定，应在公共建筑内，建筑面积大于100m²，且经常有人停留的地上房间设置排烟设施。

建议：自然排烟系统平面图中应表示出防烟分区的下列排烟参数，如表1所示。

采用自然排烟方式的防烟分区应标注的参数　　表1

防烟分区编号	净高 H'（m）	储烟仓厚度（m）	挡烟垂壁底距本层地面高度（m）
1～5	4.5	1.5	3
防烟分区面积（m^2）	最小清晰高度 H_q（m）	自然排烟量（m^3/h）	自然排烟窗有效面积（m^2）
240	2.05	*	5.5

备注：活动式挡烟垂壁、自然排烟窗在1.3～1.5m处设置手动开启装置，自然排烟窗开启情况详建施图。

*净高小于6m的自然排烟场所，不需标注自然排烟量。

建议：机械排烟系统平面图中应表示出防烟分区的下列排烟参数，如表2所示。

采用机械排烟方式的防烟分区应标注的参数　　表2

防烟分区编号	净高 H'（m）	储烟仓厚度（m）	挡烟垂壁底距本层地面高度（m）	
1～5	4.5	1.5	3	
防烟分区面积（m^2）	最小清晰高度 H_q（m）	机械排烟量（m^3/h）	排烟口下烟层厚度 d_b（m）	单个排烟口最大允许排烟量 V_{max}（m^3/h）
260	2.05	15600	1.0	10200

2. 依据《建筑防烟排烟系统技术标准》第4.5.1条和第4.5.3条规定，需要设置补风系统的场所采用疏散外门、手动或自动可开启外窗等自然进风方式时，应在平面图中表示出相关自然进风设施及相关参数，并应符合《建筑防烟排烟系统技术标准》第4.5.4条、第4.5.6条的规定。

3. 应有防烟排烟风机房详图或在平面图中表示出风机的定位尺寸，应符合《建筑防烟排烟系统技术标准》第4.4.5条、第6.5.2条规定。

<table>
<tr><td>问题描述</td><td>

问题 20　防烟排烟系统设计说明、计算书

1. 防烟排烟系统设计说明常见问题：

（1）没有防烟排烟系统设计说明。

（2）未针对工程设计内容进行说明，大量抄写规范条文。

（3）未采用现行版本的规范、标准。

（4）防排烟系统设计专篇中，未体现如下内容：

① 建筑概况，写明建筑高度、使用性质等。

② 按《建筑设计防火规范》第 8.5.1 条规定写明本工程设置防烟设施的场所或部位，以及设计采用的防烟方式。

③ 按《建筑设计防火规范》第 8.5.2 条、第 8.5.4 条（工业建筑）或第 8.5.3 条、第 8.5.4 条（民用建筑）规定写明本工程设置排烟设施的场所或部位，以及设计采用的排烟方式；并应按《建筑防烟排烟系统技术标准》第 4.5.1 条、第 4.5.2 条规定写明需要设置补风系统的场所或部位及设计采用的补风方式。

④ 采用自然补风时，没有相关说明，平面图中也没有标明自然补风设施参数（如安装位置、高度、面积），建筑专业平面图也无相关内容。

⑤ 应明确交代系统控制方式（按《建筑防烟排烟系统技术标准》第 5 章简述系统控制方式，以及按《气体灭火系统设计规范》第 5.0.6 条规定简述气体灭火系统灭火后通风系统的控制要求）。

2. 没有防烟、排烟系统计算书。

</td></tr>
<tr><td>相关标准</td><td>

《建筑工程设计文件编制深度规定》（2016 年版）

4.7.3　设计说明和施工说明。

1　设计说明。

9）防排烟。

① 简述设置防排烟的区域及其方式；

② 防排烟系统风量确定；

③ 防排烟系统及其设施配置；

④ 控制方式简述；

⑤ 暖通空调系统的防火措施。

4.7.10　计算书。

3　以下内容应进行计算：

3）空调、通风、防排烟系统风量、系统阻力计算，通风、防排烟系统设备选型计算；

</td></tr>
<tr><td>问题解析</td><td>

1. 应按《建筑工程设计文件编制深度规定》（2016 年版）第 4.7.3 条规定编制防烟排烟系统设计施工说明，应有针对性地编制说明，不应大量抄写规范条文。

2. 在项目报审时，应提供防烟排烟系统计算书，或者在设计说明、平面图纸中表达清楚计算参数、计算结果。

</td></tr>
</table>

问题描述

问题 1 防烟、排烟系统的管道厚度

施工说明中写明钢制排烟风管的设计壁厚，见表 1

钢制排烟风管的设计壁厚 **表 1**

风管直径或长边尺寸 b（mm）	钢板材厚度（mm）
$630 < b \leqslant 1000$	1.0
$1000 < b \leqslant 1250$	1.0
$1250 < b \leqslant 2000$	1.2

相关标准

《建筑防烟排烟系统技术标准》

4.4.7 机械排烟系统应采用管道排烟，且不应采用土建风道。排烟管道应采用不燃材料制作且内壁应光滑。当排烟管道内壁为金属时，管道设计风速不应大于 20m/s；当排烟管道内壁为非金属时，管道设计风速不应大于 15m/s；排烟管道的厚度应按现行国家标准《通风与空调工程施工质量验收规范》GB 50243 的有关规定执行。

问题解析

表 1 中钢制排烟风管的壁厚未按《通风与空调工程施工质量验收规范》第 4.2.3 条第 1 款（表 2）设计，不符合《建筑防烟排烟系统技术标准》第 4.4.7 条规定。

钢制排烟风管的壁厚限值 **表 2**

风管直径或长边尺寸 b（mm）	钢板材厚度（mm）
$450 < b \leqslant 1000$	1.0
$1000 < b \leqslant 1500$	1.2
$1500 < b \leqslant 2000$	1.5

设计人员应注意新规范、新标准的颁布实施，及时更新设计内容。

问题描述

问题 2　加压送风风机的进风段和排烟风机的出风段采用土建竖井

某酒店地下室多台排烟风机的出风段采用土建竖井，如图 1 所示。

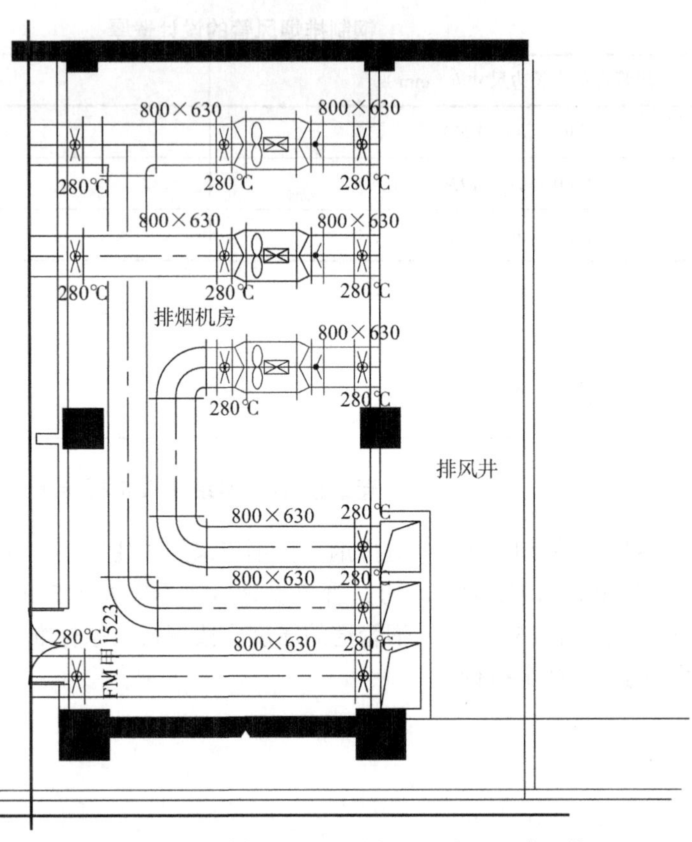

图 1　某酒店地下室多台排烟风机的出风段采用土建竖井

相关标准

《建筑防烟排烟系统技术标准》

3.3.7　机械加压送风系统应采用管道送风，且不应采用土建风道。送风管道应采用不燃材料制作且内壁应光滑。当送风管道内壁为金属时，设计风速不应大于 20m/s；当送风管道内壁为非金属时，设计风速不应大于15m/s；送风管道的厚度应符合现行国家标准《通风与空调工程施工质量验收规范》GB 50243 的规定。

4.4.7　机械排烟系统应采用管道排烟，且不应采用土建风道。排烟管道应采用不燃材料制作且内壁应光滑。当排烟管道内壁为金属时，管道设计风速不应大于 20m/s；当排烟管道内壁为非金属时，管道设计风速不应大于 15m/s；排烟管道的厚度应按现行国家标准《通风与空调工程施工质量验收规范》GB 50243 的有关规定执行。

问题解析

依据《建筑防烟排烟系统技术标准》第 3.3.7 条、第 4.4.7 条规定，加压送风风机的进风段和排烟风机的出风段亦应采用管道送风，且不应采用土建风道。

应急管理部四川消防研究所关于咨询《建筑防烟排烟系统技术标准》的复函（烟标〔2019〕3 号）适用于图 1。复函内容如下：

加压送风风机的进风段和排烟风机的出风段应采用管道形式与室外连通，当确有困难时，应通过增大风机压头、扩大风井截面、提升壁面光滑度等组合技术手段确保系统压力、风量不受影响，使其效果与采用管道形式时一致。

问题描述

问题 3 加压送风金属管道、排烟金属管道设计风速超过 20m/s

1. 防烟分区 5-C-5 和 5-C-6 的计算排烟量为 31200 + 17280 = 48480（m^3/h），排烟干管 1600mm×400mm 的风速大于 20m/s，机械排烟系统局部平面图如图 1 所示。

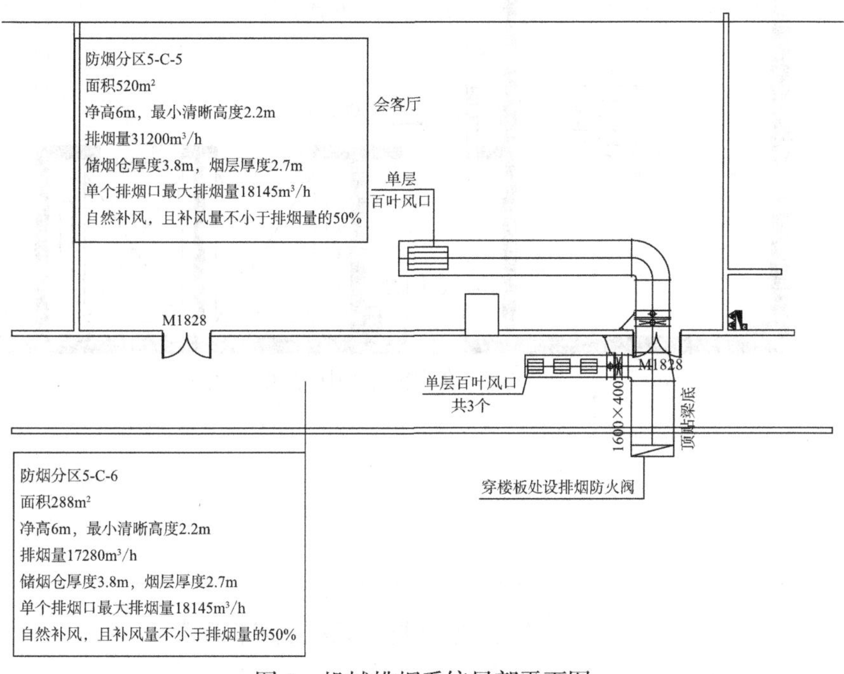

图 1 机械排烟系统局部平面图

2. 某商业大厦的合用前室加压送风系统 ZY-03-QS/WD 服务区间为地下四层（−15.25m）至屋顶（43.6m），高度超过 50m，防烟楼梯间设有正压送风，合用前室加压送风系统原理图见图 2，送风风机风量（系统设计风量）为 62300m^3/h，在合用前室加压送风平面图（图 3）中，合用前室设有 2 个双扇门，计算送风量为 62300÷1.2 ≈ 51917（m^3/h），竖向加压送风管设计尺寸为 1600mm×320mm，送风管风速超过 20m/s。

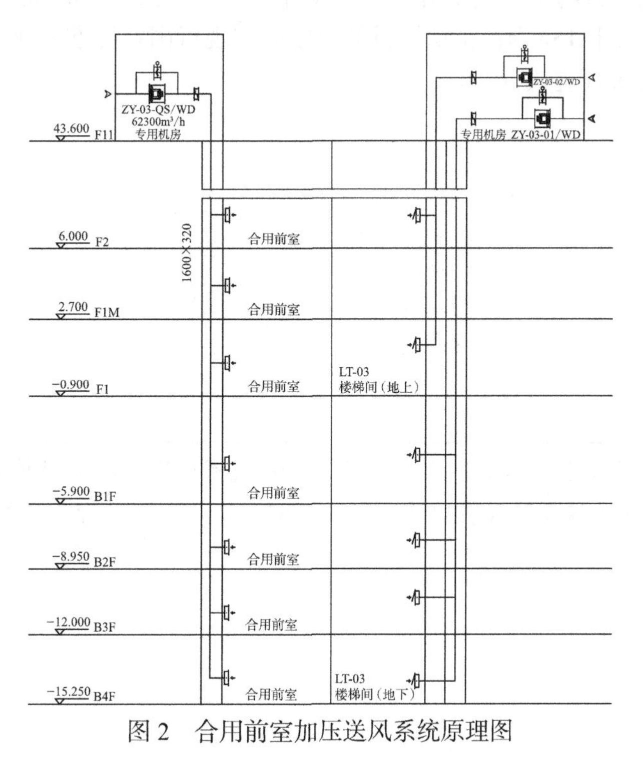

图 2 合用前室加压送风系统原理图

问题描述	加压送风口 1000×1250 风量 17305m³/h FM1521 合用前室 上 1600×320 MF（A）D1220 图 3　合用前室加压送风平面图
相关标准	**《建筑防烟排烟系统技术标准》** 3.3.7　机械加压送风系统应采用管道送风，且不应采用土建风道。送风管道应采用不燃材料制作且内壁应光滑。当送风管道内壁为金属时，设计风速不应大于 20m/s；当送风管道内壁为非金属时，设计风速不应大于 15m/s；送风管道的厚度应符合现行国家标准《通风与空调工程施工质量验收规范》GB 50243 的规定。 4.4.7　机械排烟系统应采用管道排烟，且不应采用土建风道。排烟管道应采用不燃材料制作且内壁应光滑。当排烟管道内壁为金属时，管道设计风速不应大于 20m/s；当排烟管道内壁为非金属时，管道设计风速不应大于 15m/s；排烟管道的厚度应按现行国家标准《通风与空调工程施工质量验收规范》GB 50243 的有关规定执行。
问题解析	应按每个防烟分区或排烟系统的计算排烟量和机械加压系统的计算送风量确定排烟管道、加压送风管道的尺寸，并应确保金属风管风速不超过 20m/s，非金属风管风速不超过 15m/s。

问题描述

问题4 加压送风风机、补风风机的进风口与排烟风机的出风口布置

1. 屋顶平面图中机械加压送风系统进风口与排烟风机的出风口水平距离小于20m，屋顶防排烟系统平面图如图1所示。

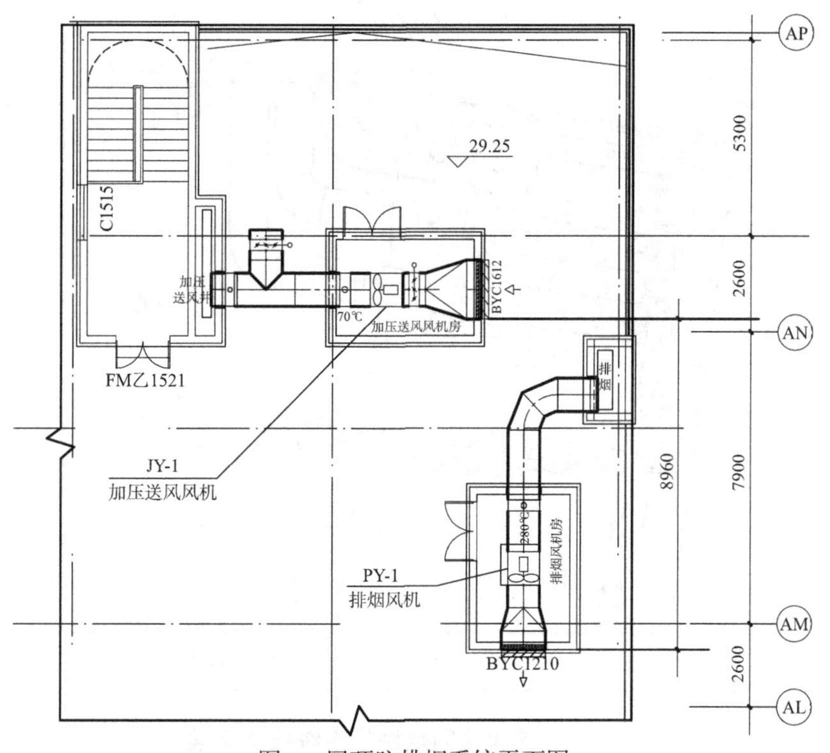

图1 屋顶防排烟系统平面图

2. 在一层(3-9)轴/(1-S)轴外墙上设有PY-1F-2-1、PY-1F-2-2系统风机的出风口，首层排烟风机布置图如图2所示。在四层(3-9)轴/(1-S)轴设有12号楼梯间、合用前室的加压送风风机进风口，如图3所示，位于同一立面，且送风风机的进风口设置在排烟出口的上方。

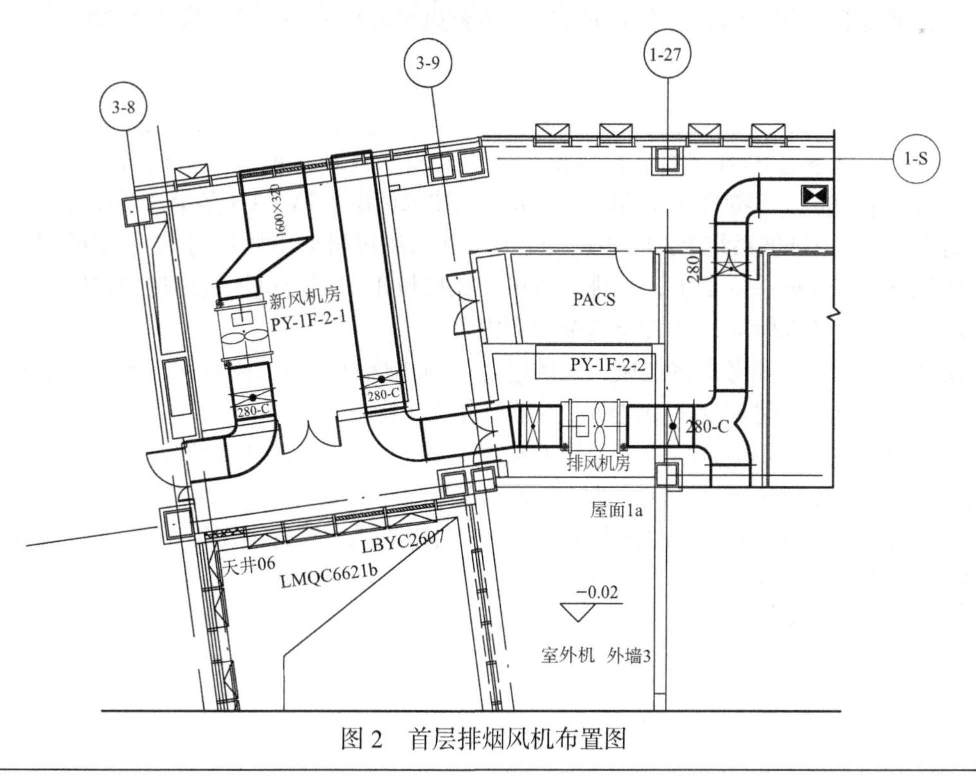

图2 首层排烟风机布置图

问题描述	图 3　四层加压送风风机布置图
相关标准	**《建筑防烟排烟系统技术标准》** 3.3.5　机械加压送风风机宜采用轴流风机或中、低压离心风机，其设置应符合下列规定： 3　送风机的进风口不应与排烟风机的出风口设在同一面上。当确有困难时，送风机的进风口与排烟风机的出风口应分开布置，且竖向布置时，送风机的进风口应设置在排烟出口的下方，其两者边缘最小垂直距离不应小于 6.0m；水平布置时，两者边缘最小水平距离不应小于 20.0m。
问题解析	图 1 中排烟系统 PY-1 风机的出风口与加压送风风机 JY-1 的进风口在同一平面上，两者边缘最小水平距离小于 20m，不符合《建筑防烟排烟系统技术标准》第 3.3.5 条第 3 款规定。 图 2、图 3 中排烟系统 PY-1F-2-1、PY-1F-2-2 系统风机的出风口与 12 号楼梯间、合用前室的加压送风风机进风口在同一立面上，且排烟风机出风口位于加压送风风机的进风口的下方，也不符合《建筑防烟排烟系统技术标准》第 3.3.5 条第 3 款规定。 在开始设计时，要考虑将送风风机的进风口与排烟风机的出风口在建筑立面上异面布置、下进上排，要实现这点需要建筑专业和建设方给予配合和支持。 当不能满足在建筑立面位置上的异面布置、下进上排时，就应控制进风口与排烟口的竖向或水平方向的间距。在屋顶布置时，宜将进风口布置在当地年最多风向的相对上风侧。 进风口与排烟口在同一面的标准布置形式，可以参照国家标准图集《建筑防烟排烟系统技术标准》15K606 第 41 页图示内容。

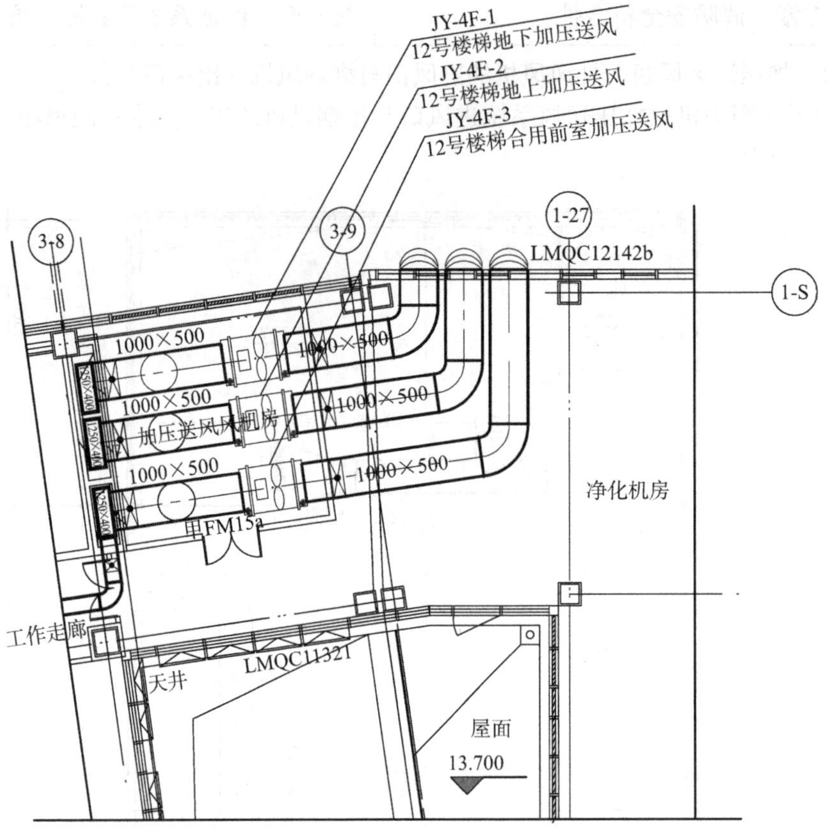

问题描述	**问题 5　机械加压送风管道、排烟管道的设置和耐火极限** 1. 涉及机械加压送风、机械排烟、机械补风系统设计时，在防烟排烟系统设计说明或防排烟平面图中： （1）未按《建筑防烟排烟系统技术标准》第 3.3.8 条规定说明或表示机械加压送风系统管道设置和耐火极限。 （2）未按《建筑防烟排烟系统技术标准》第 4.4.8 条规定说明或表示机械排烟系统管道设置和耐火极限。 （3）未按《建筑防烟排烟系统技术标准》第 4.5.7 条规定说明或表示补风系统管道设置和耐火极限。 2. 涉及机械排烟系统设计，排烟管道布置在吊顶内，当吊顶内有可燃物时，在防烟排烟系统设计说明中： （1）没有按《建筑防烟排烟系统技术标准》第 4.4.9 条规定要求采取隔热措施。 （2）说明中的排烟管道的隔热层厚度不符合《建筑防烟排烟系统技术标准》第 6.3.1 条第 5 款规定。 （3）常见说明“安装在吊顶内的排烟管道应采用不燃材料进行隔热或与可燃物保持不小于 150mm 的距离”，将《建筑防烟排烟系统技术标准》第 4.4.9 条规定中的“并”错写为“或”。
相关标准	**《建筑防烟排烟系统技术标准》** 3.3.8　机械加压送风管道的设置和耐火极限应符合下列规定： 1 竖向设置的送风管道应独立设置在管道井内，当确有困难时，未设置在管道井内或与其他管道合用管道井的送风管道，其耐火极限不应低于 1.00h； 2 水平设置的送风管道，当设置在吊顶内时，其耐火极限不应低于 0.50h；当未设置在吊顶内时，其耐火极限不应低于 1.00h。 4.4.8　排烟管道的设置和耐火极限应符合下列规定： 1　排烟管道及其连接部件应能在 280℃时连续 30min 保证其结构完整性。 2　竖向设置的排烟管道应设置在独立的管道井内，排烟管道的耐火极限不应低于 0.50h。 3　水平设置的排烟管道应设置在吊顶内，其耐火极限不应低于 0.50h；当确有困难时，可直接设置在室内，但管道的耐火极限不应小于 1.00h。 4　设置在走道部位吊顶内的排烟管道，以及穿越防火分区的排烟管道，其管道的耐火极限不应小于 1.00h，但设备用房和汽车库的排烟管道耐火极限可不低于 0.50h。 4.4.9　当吊顶内有可燃物时，吊顶内的排烟管道应采用不燃材料进行隔热，并应与可燃物保持不小于 150mm 的距离。 4.5.7　补风管道耐火极限不应低于 0.50h，当补风管道跨越防火分区时，管道的耐火极限不应小于 1.50h。 6.3.1　金属风管的制作和连接应符合下列规定： 5　排烟风管的隔热层应采用厚度不小于 40mm 的不燃绝热材料，绝热材料的施工及风管加固、导流片的设置应按现行国家标准《通风与空调工程施工质量验收规范》GB 50243 的有关规定执行。

问题解析	1. 设计施工说明中应按《建筑防烟排烟系统技术标准》第 3.3.8 条、第 4.4.8 条、第 4.5.7 条规定说明加压送风管道、机械排烟管道、补风管道的设置和耐火极限要求，并应提供相关做法。很多建设方或施工单位为满足工程招投标的需要，要求设计院提供满足风管耐火极限要求的做法，目前市场上能够提供检测报告的产品有很多，按照《建筑防烟排烟系统技术标准》第 3.3.8 条和第 4.4.8 条的要求，各单位在加压送风、排烟管道施工前，应有国家防火建筑材料质量监督检测中心出具的耐火极限检测报告，且现场实际做法应与报告中描述的一致。但是，由于目前检测单位少、检测时间长、工期紧张，施工单位无法在短时间内获得相关检测报告，影响工程进展。希望在本标准修编时能对风管耐火极限做法进行明确。 2. 应按《建筑防烟排烟系统技术标准》第 4.4.9 条规定进行说明，并按本标准第 6.3.1 条第 5 款规定写明隔热层材质、厚度。

问题描述

问题 1　通风、空调风管穿越防火隔墙处未设置防火阀

首层急诊 ICU 与其他功能区采用 2h 防火隔墙分隔，在首层急诊 ICU 通风空调平面图图 1 中急诊 ICU 新风系统、排风系统风管穿越图中的 2h 防火隔墙处，均未设置公称动作温度为 70℃的防火阀。

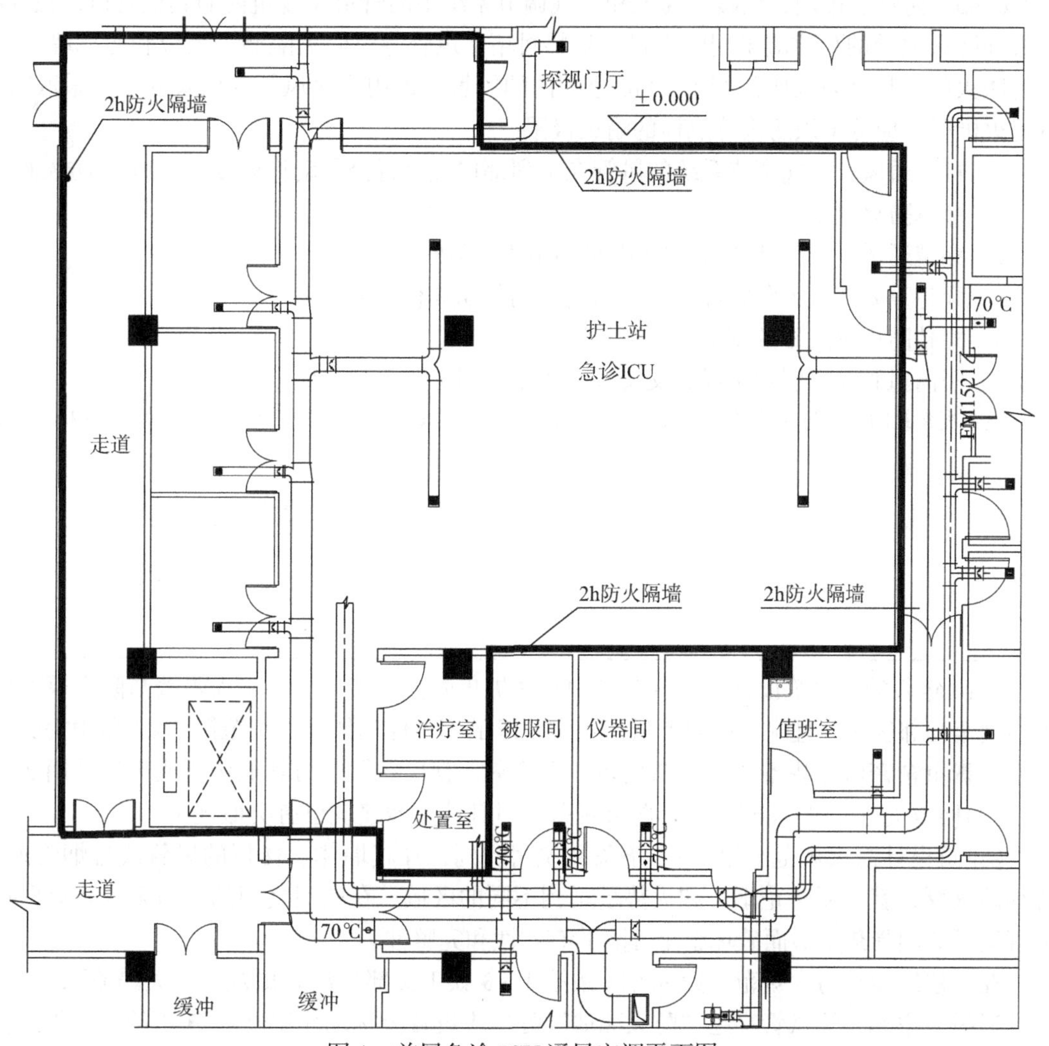

图 1　首层急诊 ICU 通风空调平面图

相关标准

《建筑设计防火规范》

1.0.4　同一建筑内设置多种使用功能场所时，不同使用功能场所之间应进行防火分隔，该建筑及其各功能场所的防火设计应根据本规范的相关规定确定。

2.1.11　防火隔墙 fire partition wall

建筑内防止火灾蔓延至相邻区域且耐火极限不低于规定要求的不燃性墙体。

<table>
<tr><td>相关标准</td><td>
6.2.2 医疗建筑内的手术室或手术部、产房、重症监护室、贵重精密医疗装备用房、储藏间、实验室、胶片室等，附设在建筑内的托儿所、幼儿园的儿童用房和儿童游乐厅等儿童活动场所、老年人照料设施，应采用耐火极限不低于 2.00h 的防火隔墙和 1.00h 的楼板与其他场所或部位分隔，墙上必须设置的门、窗应采用乙级防火门、窗。
6.3.5 防烟、排烟、供暖、通风和空气调节系统中的管道及建筑内的其他管道，在穿越防火隔墙、楼板和防火墙处的孔隙应采用防火封堵材料封堵。风管穿过防火隔墙、楼板和防火墙时，穿越处风管上的防火阀、排烟防火阀两侧各 2.0m 范围内的风管应采用耐火风管或风管外壁应采取防火保护措施，且耐火极限不应低于该防火分隔体的耐火极限。
9.3.11 通风、空气调节系统的风管在下列部位应设置公称动作温度为 70℃的防火阀：
1 穿越防火分区处；
2 穿越通风、空气调节机房的房间隔墙和楼板处；
3 穿越重要或火灾危险性大的场所的房间隔墙和楼板处；
4 穿越防火分隔处的变形缝两侧；
5 竖向风管与每层水平风管交接处的水平管段上。
注：当建筑内每个防火分区的通风、空气调节系统均独立设置时，水平风管与竖向总管的交接处可不设置防火阀。
</td></tr>
<tr><td>问题解析</td><td>
2014 年版的《建筑设计防火规范》中首次提出防火隔墙概念，防火隔墙与防火墙类似，是防止火灾蔓延至相邻区域，且耐火极限不低于规定要求的不燃性墙体，该规范第 6.2.2 条中提到医疗建筑关键科室、贵重精密医疗装备用房、储藏间、实验室、胶片室等应与其他场所或部位采用 2h 的防火隔墙、1.00h 的楼板进行分隔。《建筑设计防火规范》对其他类型建筑也有类似规定。
《建筑设计防火规范》第 6.3.5 条条文说明提到，穿越墙体、楼板的风管或排烟管道设置防火阀、排烟防火阀，就是要防止烟气和火势蔓延到不同的区域。在阀门之间的管道采取防火保护措施，可保证管道不会因受热变形而破坏整个分隔的有效性和完整性。
在《建筑设计防火规范》第 9.3.11 条第 1～3 款正文部分没有提及“防火隔墙”，但在条文说明中提到通风、空调系统风管穿越“防火隔墙”处也应设置公称动作温度为 70℃的防火阀，设计时，应遵照执行。
依据《建筑设计防火规范》第 6.2.2 条规定，图 1 中急诊 ICU 采用耐火极限不低于 2h 的防火隔墙和 1.00h 的楼板与其他场所或部位分隔，通风、空气调节系统的风管在穿越急诊 ICU 防火隔墙处应设置公称动作温度为 70℃的防火阀。
</td></tr>
</table>

问题描述

问题 2　燃气锅炉房事故排风机设置在地下或半地下建筑（室）内

1. 某健康城项目地下一层设有燃气锅炉房，锅炉房独立设置一套平时排风兼事故排风系统，排风机布置在地下建筑内，如图 1 所示。

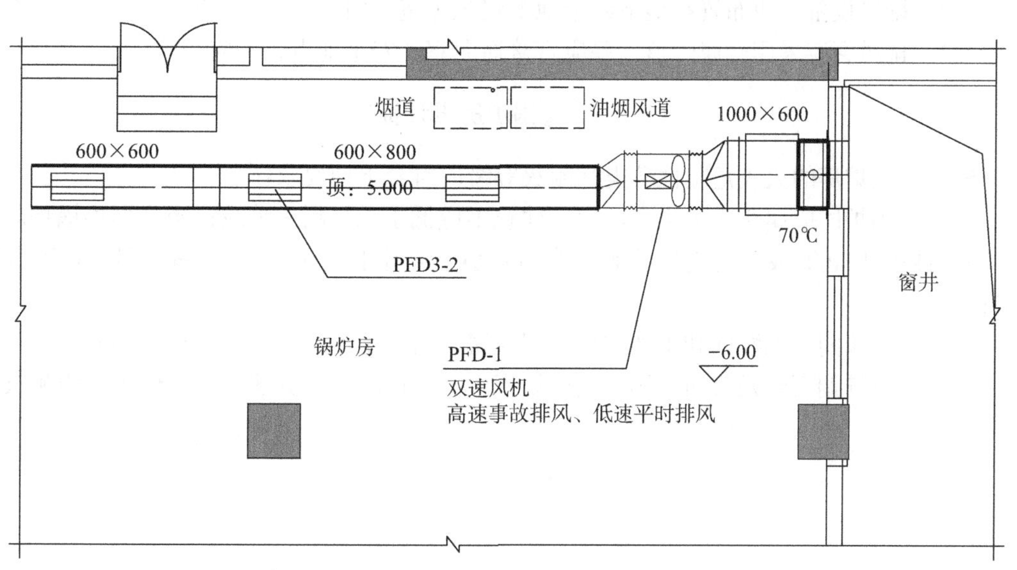

图 1　某健康城项目地下一层锅炉房排风平面图

2. 某老年人照料设施建筑，在地下 −10.8m 层设有燃气锅炉房，事故排风机 P-B1-1、P-B1-2 布置在地下锅炉房内，如图 2 所示。

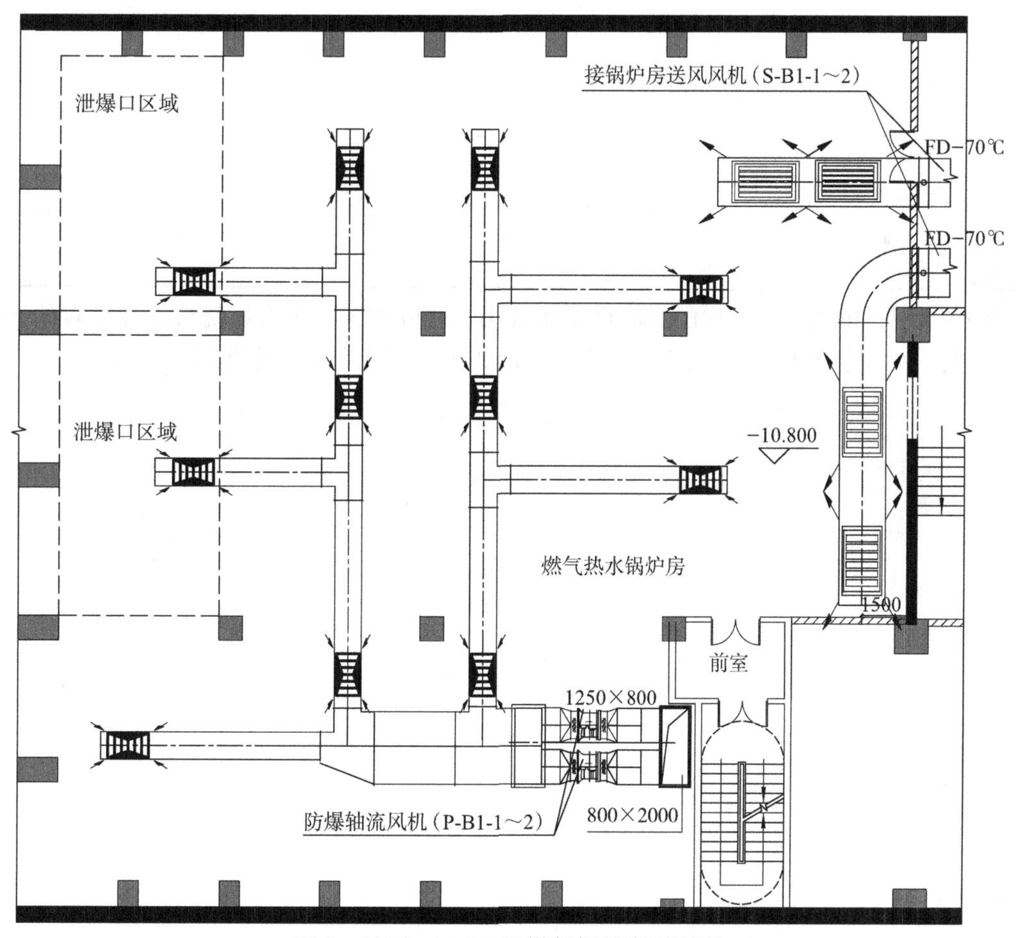

图 2　地下 −10.8m 层燃气锅炉房平面图

<table>
<tr><td>相关标准</td><td>

《建筑设计防火规范》

9.3.9　排除有燃烧或爆炸危险气体、蒸气和粉尘的排风系统，应符合下列规定：

1　排风系统应设置导除静电的接地装置；

2　排风设备不应布置在地下或半地下建筑（室）内；

3　排风管应采用金属管道，并应直接通向室外安全地点，不应暗设。

《锅炉房设计标准》

15.1.1　锅炉房的火灾危险性分类和耐火等级应符合下列要求：

1　锅炉间应属于丁类生产厂房，建筑不应低于二级耐火等级；当为燃煤锅炉间且锅炉的总蒸发量小于或等于 4t/h 或热水锅炉总额定热功率小于或等于 2.8MW 时，锅炉间建筑不应低于三级耐火等级；

2　油箱间、油泵间和重油加热器间应属于丙类生产厂房，其建筑均不应低于二级耐火等级；

3　燃气调压间及气瓶专用房间应属于甲类生产厂房，其建筑不应低于二级耐火等级。

</td></tr>
<tr><td>问题解析</td><td>

图 1、图 2 中燃气锅炉房的事故排风系统用于排除锅炉房中有燃烧或爆炸危险的燃气，依据《建筑设计防火规范》第 9.3.9 条第 2 款规定，事故排风机不能布置在地下锅炉房内。

</td></tr>
</table>

问题描述

问题 3　民用建筑内燃气、燃油管道穿越防火墙

1. 某改造项目地下一层设有 2 个燃气厨房，它们位于不同的防火分区，仅设置一个燃气表间，燃气管道需穿越防火墙才能到达高级员工的厨房，如图 1 所示。

本工程还在地下一层布置柴油发电机房、燃油燃气两用锅炉房，它们也位于不同的防火分区内，合用一个日用油箱间，燃油管道也需要穿越防火墙才能到达这两个房间。

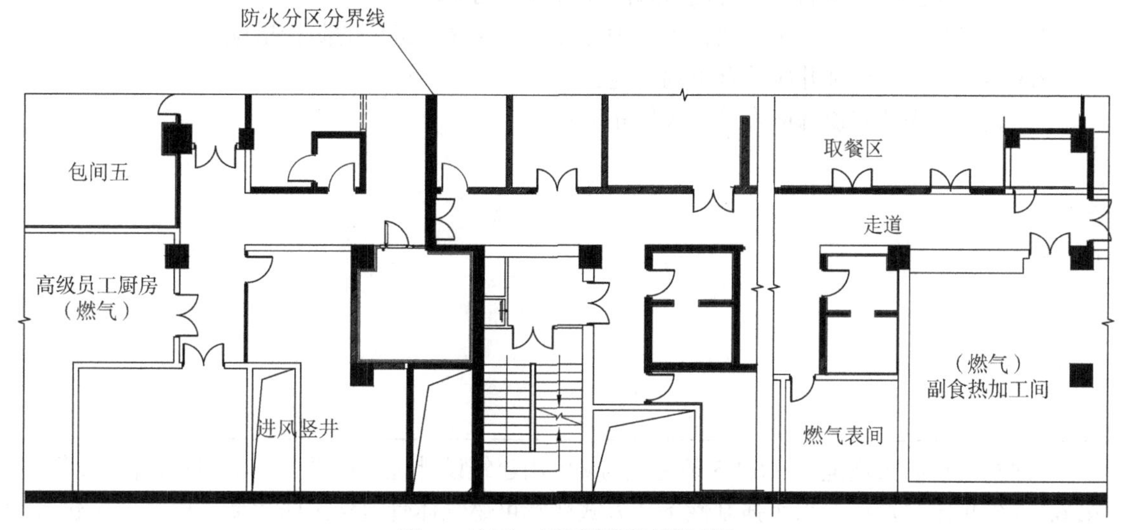

图 1　地下一层厨房通风平面图

2. 某新建医院地下一层设有厨房，1 号厨房、2 号厨房使用燃气，在靠近下沉庭院处设有燃气表间，燃气表间和 1 号厨房、2 号厨房不在同一个防火分区内，需要穿越防火分区 A-B1F-22 才能将燃气引至 1 号厨房、2 号厨房。

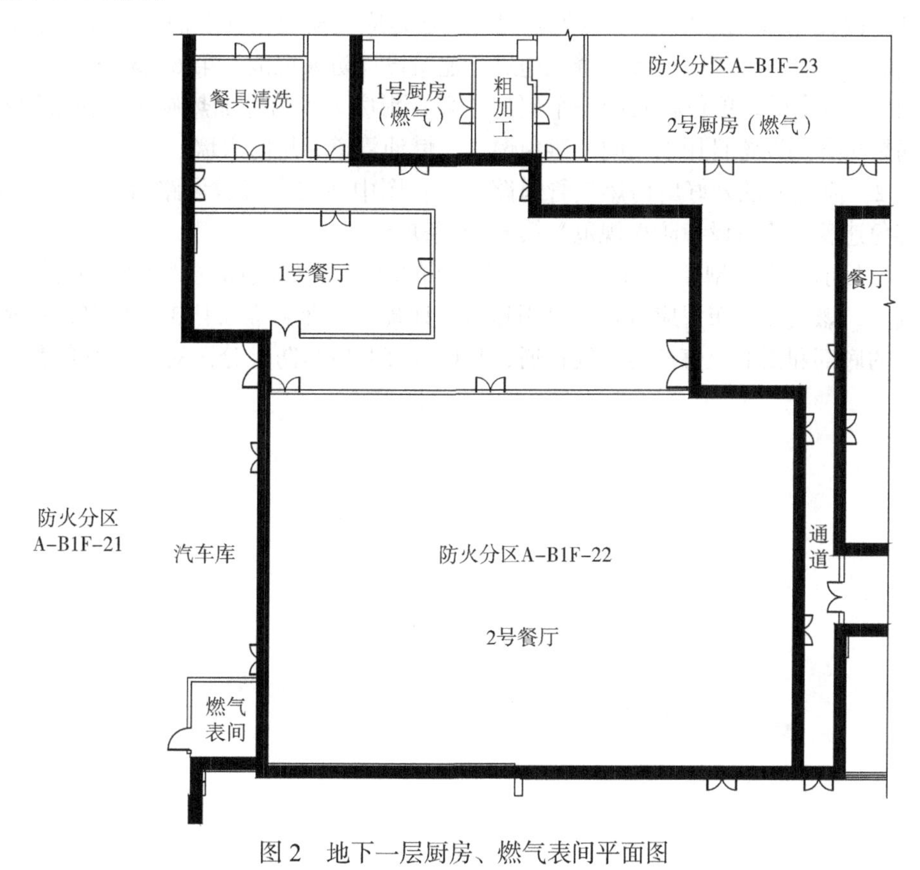

图 2　地下一层厨房、燃气表间平面图

<table>
<tr><td>相关标准</td><td>
《建筑设计防火规范》
6.1.5　防火墙上不应开设门、窗、洞口，确需开设时，应设置不可开启或火灾时能自动关闭的甲级防火门、窗。可燃气体和甲、乙、丙类液体的管道严禁穿过防火墙。防火墙内不应设置排气道。
《民用建筑设计统一标准》
8.4.11　在室内设置的燃气管道和阀门应符合下列规定：
2　燃气管道不得穿过防火墙；当必须穿过时，应采取必要的防护措施。
8.4.13　燃气管道竖井应符合下列规定：
1　竖井的底部和顶部应直接与大气相通；
</td></tr>
<tr><td>问题解析</td><td>
《建筑设计防火规范》第6.1.5条规定与《民用建筑设计统一标准》第8.4.11条第2款规定有所不同。第6.1.5条规定更严格，采用强制性条文方式严禁可燃气体管道穿过防火墙。而《民用建筑设计统一标准》第8.4.11条第2款规定则放宽了标准，只是没有相应的条文说明，未明确必要的防护措施是什么措施，不好执行。目前审查要求设计人员应严格按《建筑设计防火规范》第6.1.5条严禁燃气管道穿过防火墙的规定执行。
目前，报审项目均在设计范围中明确燃气系统由甲方另行委托设计，设计范围一般也不包括燃油系统设计，因此，遇到图1、图2这类情况时，还是应提前规划好燃油、燃气管道路由，在图中注明，避免燃油、燃气管道穿越防火墙，避免违反《建筑设计防火规范》第6.1.5条规定。
1. 图1：后来设计单位将其中一个厨房（高管厨房）改为电加热厨房，在柴油发电机房、燃油燃气两用锅炉房分别设置日用油箱间，避免燃气、燃油管道穿越防火墙。
2. 图2：应提前规划好厨房燃气管道路由，在图中注明燃气敷设路由，并应避免燃气管道穿越防火墙，避免违反《建筑设计防火规范》第6.1.5条规定。
另外，目前不少大型商业综合体在裙房最高的两层设置大量商业餐饮，通过燃气竖井将燃气引至各个用气点，燃气竖井布置应符合《民用建筑设计统一标准》第8.4.13条规定，宜靠建筑物外墙布置，并在竖井的底部和顶部应直接与大气相通，且燃气竖井应与防火分区对应，避免燃气管道穿越防火墙。
</td></tr>
</table>

问题描述

问题 4　民用建筑地下室中的电池间未设置独立机械通风设施

某医院地下一层电池间设置气体灭火后排风系统，该排风系统平时不运行，也未采用防爆型风机，如图 1 所示。

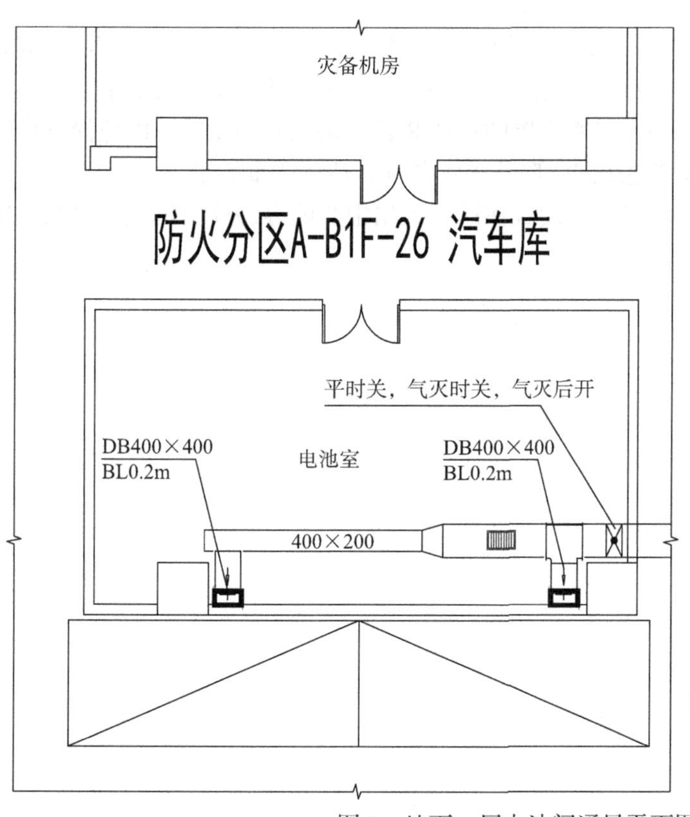

图 1　地下一层电池间通风平面图

相关标准

《建筑设计防火规范》

9.1.4　民用建筑内空气中含有容易起火或爆炸危险物质的房间，应设置自然通风或独立的机械通风设施，且其空气不应循环使用。

《工业建筑供暖通风与空气调节设计规范》

6.9.3　在下列任一情况下，通风系统均应单独设置：

1　甲、乙类厂房、仓库中不同的防火分区；

2　不同的有害物质混合后能引起燃烧或爆炸时；

3　建筑物内的甲、乙类火灾危险性的单独房间或其他有防火防爆要求的单独房间。

问题解析	《建筑设计防火规范》第9.1.4条条文说明规定了，本条要求民用建筑内存放容易着火或爆炸物质（例如，容易放出氢气的蓄电池、使用甲类液体的小型零配件等）的房间所设置的排风设备要采用独立的排风系统，主要为避免将这些容易着火或爆炸的物质通过通风系统送入该建筑内的其他房间。此外，在有爆炸危险场所使用的通风设备，要根据该场所的防爆等级和国家有关标准要求选用相应防爆性能的防爆设备。 图1中设置在民用建筑地下一层的蓄电池间，应设置独立的机械通风系统，并采用防爆型风机。 《工业建筑供暖通风与空气调节设计规范》第6.9.3条第3款条文说明规定了，工业建筑内存在容易引起火灾或具有爆炸危险物质的房间所设置的排风装置应是独立的系统，以免使其中容易引起火灾或爆炸的物质通过排风管道窜入其他房间，防止火灾蔓延，造成严重后果。 有些数据中心建筑是丙类工业建筑，设置在这些数据中心的容易放出氢气的铅酸蓄电池间也应设置独立的排风系统。

问题描述

问题5　医药工业洁净厂房排风管穿越防爆隔墙处应设置止回阀

某医药工业洁净厂房（丙类厂房）二层包衣间、溶媒间，在生产过程中使用乙醇，属于甲类火灾危险性房间，净化空调系统送风管道穿越包衣间、溶媒间防爆隔墙处和二层排风平面图中的排风系统风管穿越包衣间、溶媒间防爆隔墙处未设置止回阀，如图1、图2所示。

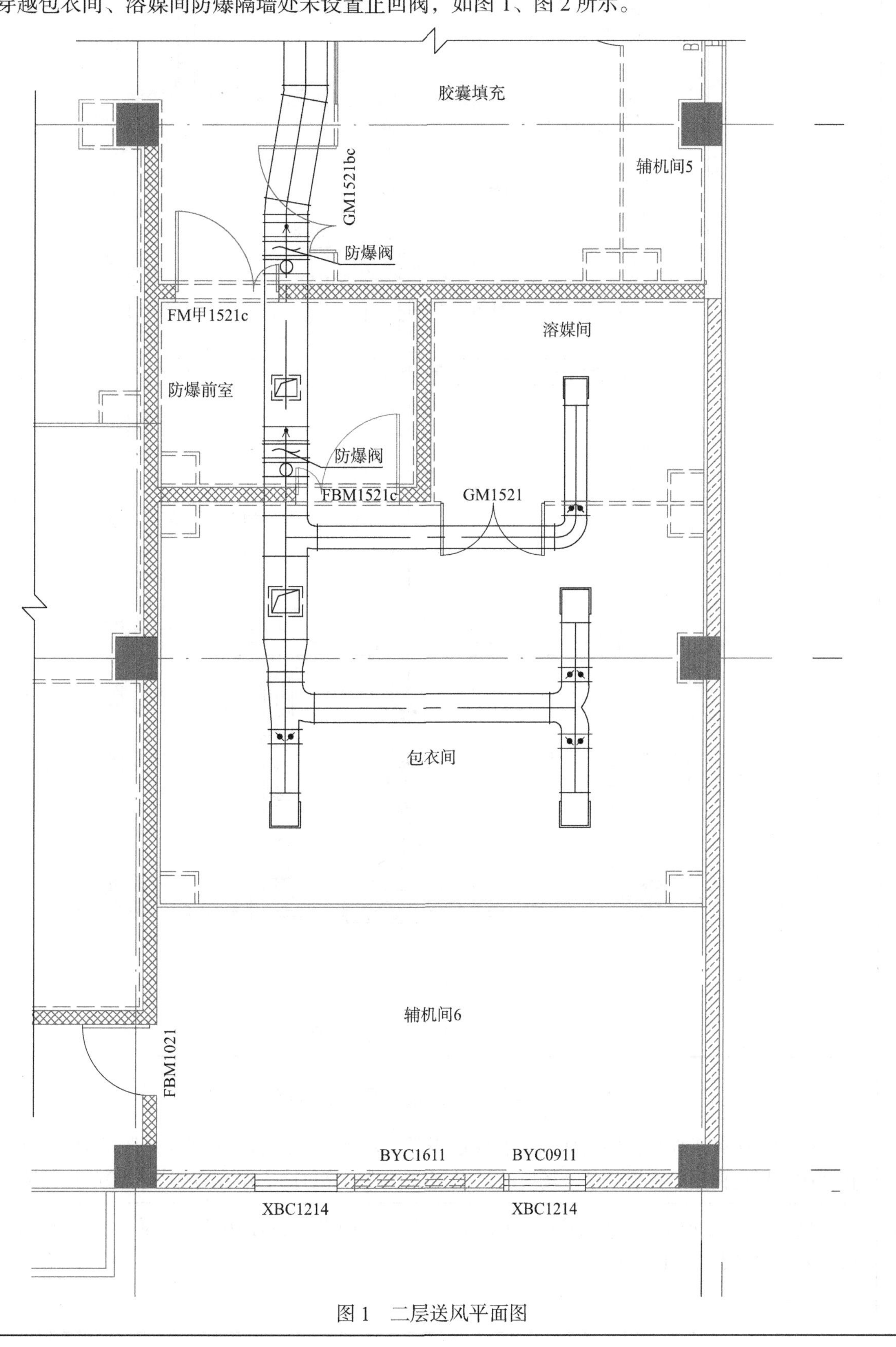

图1　二层送风平面图

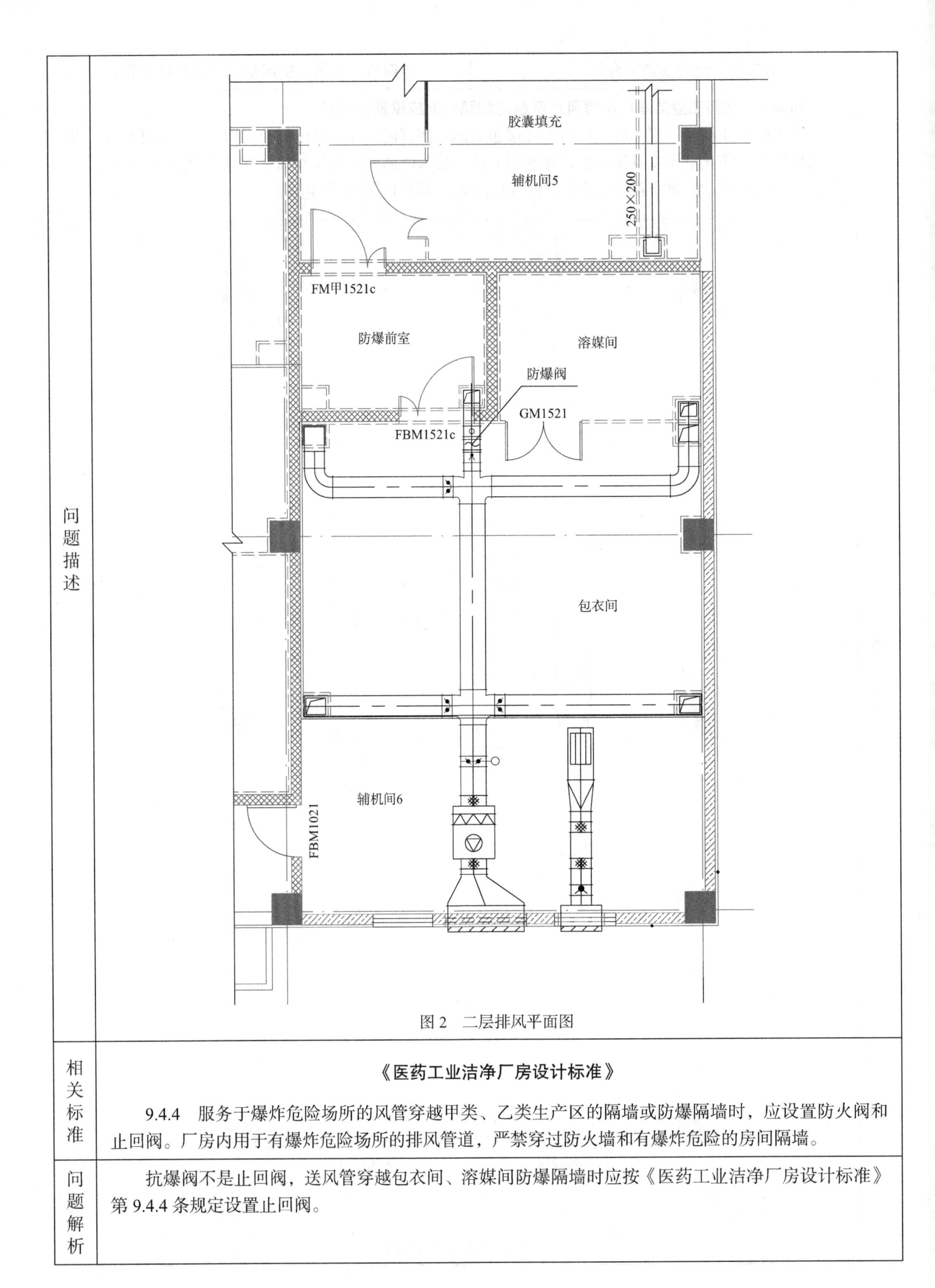

问题描述	图2　二层排风平面图
相关标准	**《医药工业洁净厂房设计标准》** 9.4.4　服务于爆炸危险场所的风管穿越甲类、乙类生产区的隔墙或防爆隔墙时，应设置防火阀和止回阀。厂房内用于有爆炸危险场所的排风管道，严禁穿过防火墙和有爆炸危险的房间隔墙。
问题解析	抗爆阀不是止回阀，送风管穿越包衣间、溶媒间防爆隔墙时应按《医药工业洁净厂房设计标准》第9.4.4条规定设置止回阀。

问题描述

问题6　医药工业洁净厂房使用乙醇、乙炔房间的空调系统设置回风

某医药工业洁净厂房（丙类厂房）三层制粒、辅机间和有机溶剂、胶囊清洗生产过程中使用乙醇，属于甲类火灾危险性房间，服务于制粒、辅机间的全空气空调系统A11307设有回风（空气循环使用），如图1所示。

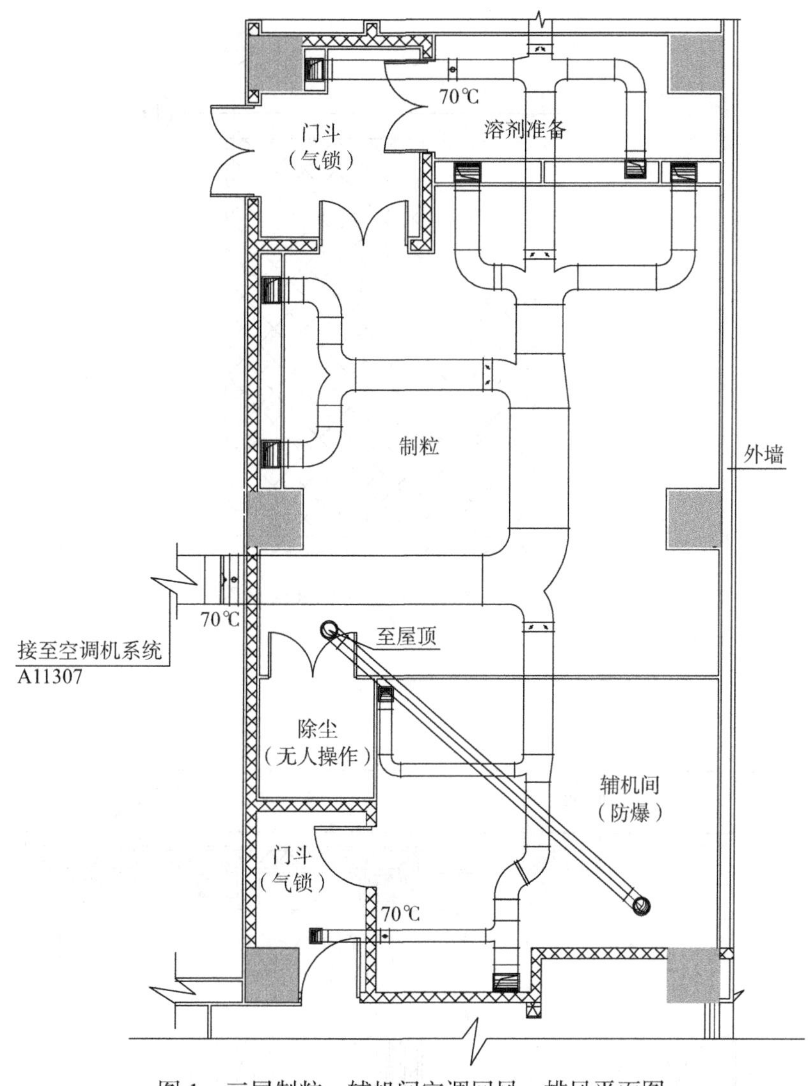

图1　三层制粒、辅机间空调回风、排风平面图

相关标准

《工业建筑供暖通风与空气调节设计规范》

6.9.2　下列场所均不得采用循环空气：

1　甲、乙类厂房或仓库；

2　空气中含有的爆炸危险粉尘、纤维，且含尘浓度大于或等于其爆炸下限值的25%的丙类厂房或仓库；

3　空气中含有的易燃易爆气体，且气体浓度大于或等于其爆炸下限值的10%的其他厂房或仓库；

4　建筑物内的甲、乙类火灾危险性的房间。

问题解析

依据《工业建筑供暖通风与空气调节设计规范》第6.9.2条第4款规定，服务于制粒、辅机间等甲类火灾危险性房间的空调系统不应设置回风（空气循环使用）。

问题描述

问题 7　医药工业洁净厂房使用乙醇、乙炔的房间未独立设置排风系统

某医药工业洁净厂房（丙类厂房）三层平面图中的有机溶剂、胶囊清洗和制粒、辅机房生产过程中使用乙醇，属于甲类爆炸危险场所，图 1 标明该房间为防爆区域，图 2 中有机溶剂、胶囊清洗排风系统管道穿越了防爆隔墙，与其他房间的排风合用一个机械排风系统。

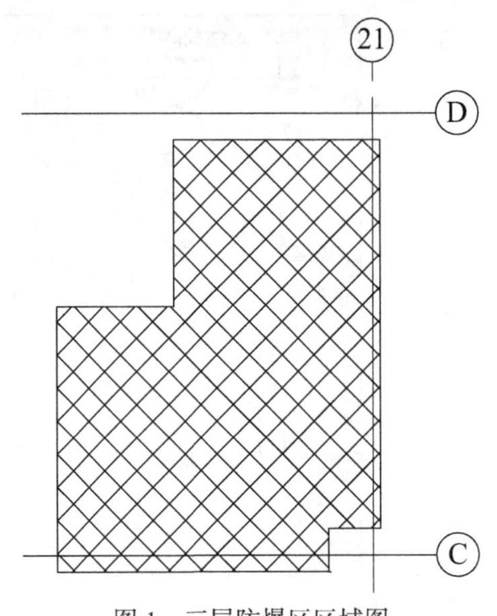

图 1　三层防爆区区域图

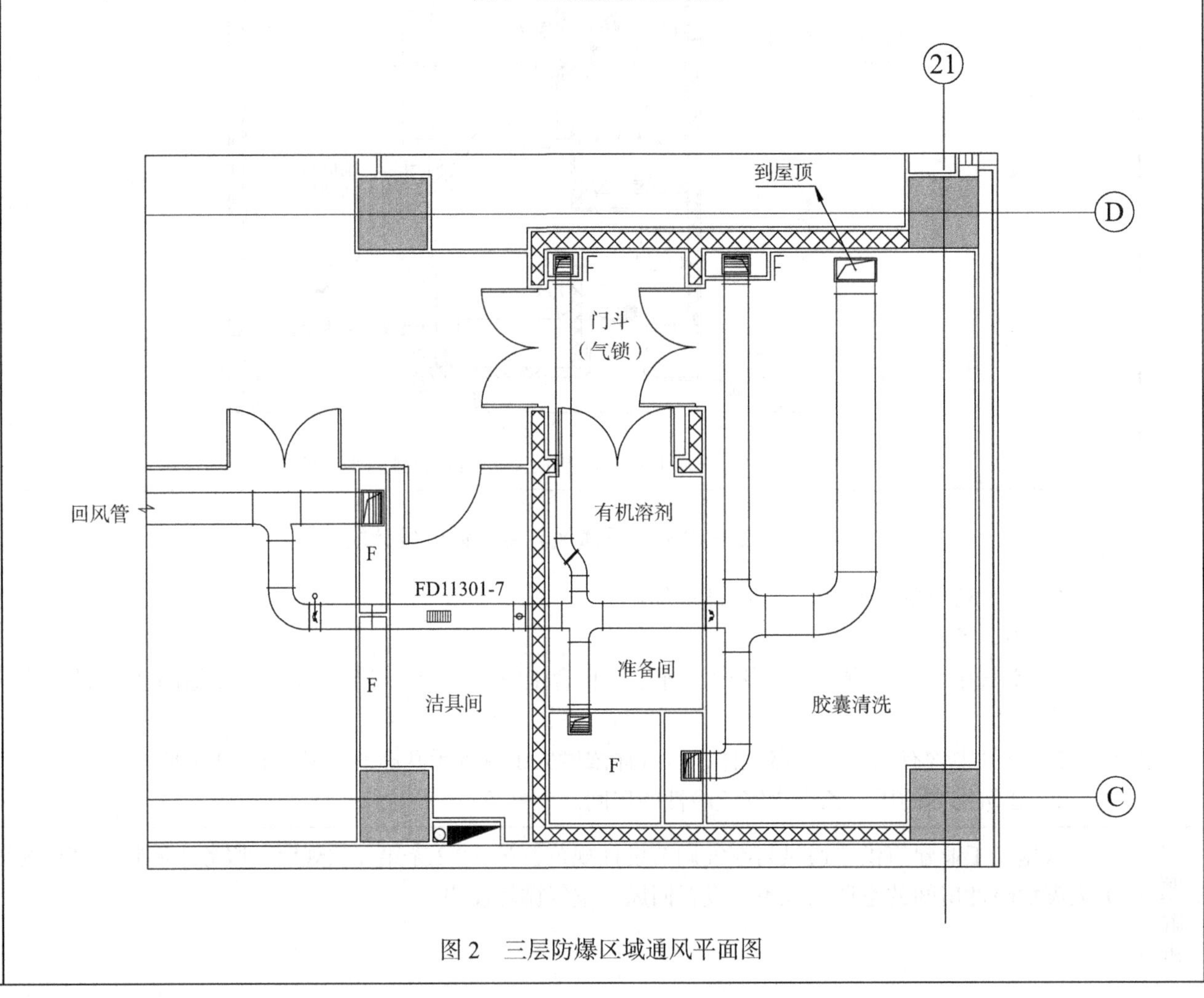

图 2　三层防爆区域通风平面图

<table>
<tr><td>相关标准</td><td>

《建筑设计防火规范》

9.3.2　厂房内有爆炸危险场所的排风管道，严禁穿过防火墙和有爆炸危险的房间隔墙。

《工业建筑供暖通风与空气调节设计规范》

6.9.3　在下列任一情况下，通风系统均应单独设置：
1　甲、乙类厂房或仓库；
2　空气中含有的爆炸危险粉尘、纤维，且含尘浓度大于或等于其爆炸下限值的25%的丙类厂房或仓库；
3　建筑物内的甲、乙类火灾危险性的单独房间或其他有防火防爆要求的单独房间。
</td></tr>
<tr><td>问题解析</td><td>

爆炸危险场所的排风系统管道穿越其防爆隔墙，不符合《建筑设计防火规范》第9.3.2条规定。
爆炸危险场所的排风系统未独立设置，与其他区域合用，不符合《工业建筑供暖通风与空气调节设计规范》第6.9.3条第3款规定。
</td></tr>
</table>

问题描述

问题8　为甲、乙类厂房或危险品库服务的送风、排风风机未设置在专用机房或室外

1. 某甲类厂房为单层建筑，生产的火灾危险性类别为甲类，地上一层，层高为8m，甲类厂房的送、排风机均吊装在厂房内，如图1所示。

2. 某仓储类建筑单层危险品库储藏甲类物品，火灾危险性分类为甲类1项，SP1和SP2排风机均吊装在危险品库内，如图2所示。

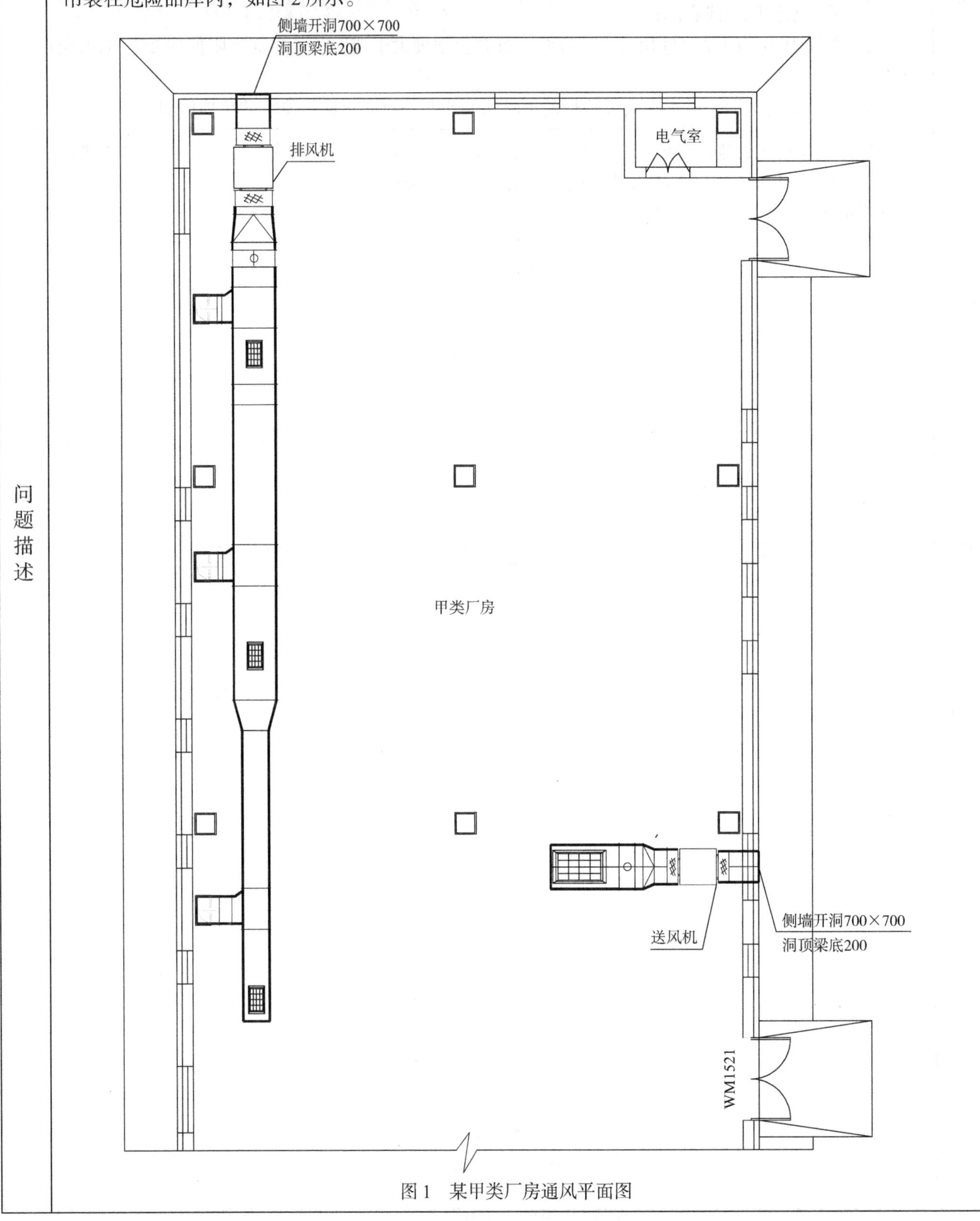

图1　某甲类厂房通风平面图

问题描述	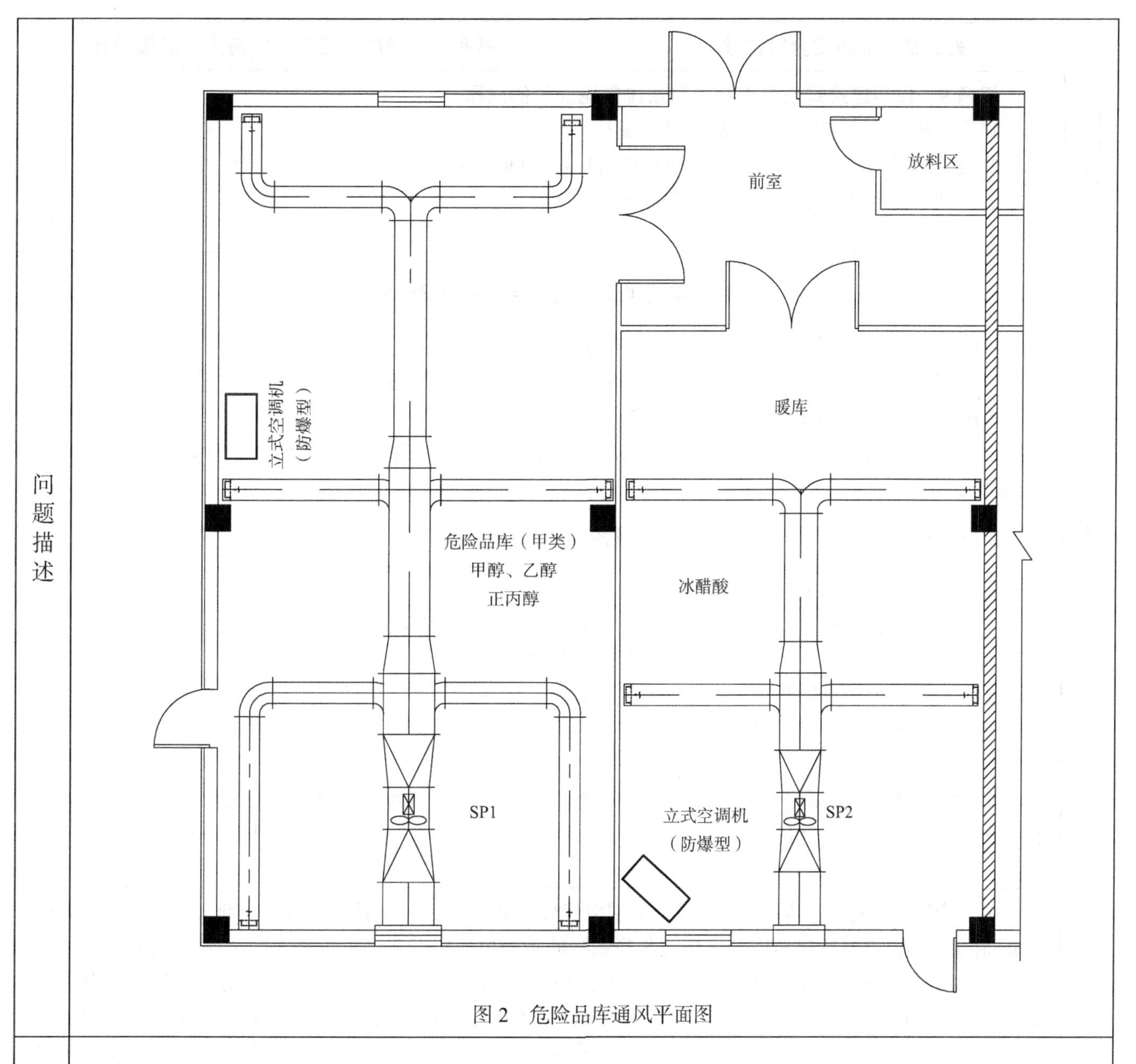 图 2　危险品库通风平面图
相关标准	**《建筑设计防火规范》** 9.1.3　为甲、乙类厂房服务的送风设备与排风设备应分别布置在不同通风机房内，且排风设备不应和其他房间的送、排风设备布置在同一通风机房内。 **《工业建筑供暖通风与空气调节设计规范》** 6.9.16　用于甲、乙类厂房、仓库及其他厂房中有爆炸危险区域的通风设备的布置应符合下列规定： 1　排风设备不应布置在建筑物的地下室、半地下室内，宜设置在生产厂房外或单独的通风机房中； 2　送、排风设备不应布置在同一通风机房内； 3　排风设备不应与其他房间的送、排风设备布置在同一机房内； 4　送风设备的出口处设有止回阀时，可与其他房间的送风设备布置在同一个送风机房内。
问题解析	1. 图 1：甲类厂房（生产车间）的送风机、排风机应分别布置在不同的通风机房内，见《建筑设计防火规范》第 9.1.3 条规定。 2. 图 2：甲类危险品库应按《工业建筑供暖通风与空气调节设计规范》第 6.9.16 条第 1 款规定，宜将排风设备设置在生产厂房外或单独的通风机房内，且送、排风设备不应布置在同一通风机房内。

问题描述

问题 9　民用建筑需设置事故通风系统常见部位的问题

1. 冷冻机房是否需要设置事故通风系统？

2. 设置在民用建筑内的柴油发电机房的日用油箱间是否需要设置事故通风系统？

3. 防酸式蓄电池室是否需要设置事故通风系统？

相关标准

《民用建筑供暖通风与空气调节设计规范》

8.10.1　制冷机房设计时，应符合下列规定：

3　机房内应有良好的通风设施；地下机房应设置机械通风，必要时设置事故通风；

8.10.3　氨制冷机房设计应符合下列规定：

3　机房应由良好的通风条件，同时应设置事故排风装置，换气次数每小时不小于 12 次，排风机应选用防爆型；

《冷库设计标准》

9.3.1　制冷机房的通风设计应符合下列规定：

2　采用卤代烃及其混合物、二氧化碳为制冷剂，二氧化碳为载冷剂的制冷机房应设置事故排风装置，排风换气次数并小于 12 次 /h，排风机数量不应少于 2 台。

3　氨制冷机房应设置事故排风装置，事故排风量应按每平方米建筑面积每小时不小于 $183m^3$ 进行计算，且最小排风量不应小于 $34000m^3/h$。氨制冷机房的事故排风机应选用防爆型，排风机数量不应少于 2 台。

4　当采用复叠式制冷系统时，制冷机房应根据本条第 2 款和第 3 款的要求，设置可以同时排除泄漏的制冷剂和载冷剂气体的事故排风装置，制冷剂采用氨时，制冷机房的排风机均应选用防爆型。

问题解析

1.《冷库设计标准》第 9.3.1 条规定采用卤代烃及其混合物、二氧化碳为制冷剂，二氧化碳为载冷剂的制冷机房、氨制冷机房以及复叠式制冷系统的制冷机房应设置事故排风装置。《民用建筑供暖通风与空气调节设计规范》第 8.10.3 条第 3 款规定氨制冷机房应设置事故排风装置，对于采用非氨制冷剂的制冷机房，《民用建筑供暖通风与空气调节设计规范》第 8.10.1 条第 3 款规定地下机房应设置机械通风，必要时设置事故通风，《民用建筑供暖通风与空气调节设计规范》第 6.3.7 条第 2 款中规定了氟制冷机房设置机械通风和事故通风时室内通风量确定方法，均未明确要求设置事故通风系统。

因此，民用建筑内的制冷机房采用非氨制冷剂时，不一定要设置事故通风系统，除非工艺有特别要求时才设置。当然，制冷机房亦应采取一定的安全措施，如应按《民用建筑供暖通风与空气调节设计规范》第 8.10.1 条第 5 款规定机组制冷剂安全阀泄压管应接至室外安全区，地下制冷机房内宜设置与安装和所使用制冷剂相对应的泄漏检测传感器和报警装置，并与通风机连锁。

2. 在《建筑设计防火规范》第 5.4.13 条条文说明写明：需要设置在（民用）建筑内的柴油设备或柴油油罐，柴油的闪点不应低于 60℃。在《民用建筑电气设计标准》表 6.1.11 中也写明柴油发电机房储油间的火灾危险性类别为丙类，即使用的柴油的闪点不小于 60℃，挥发量极小，不属于《民用建筑供暖通风与空气调节设计规范》第 6.3.9 条第 1 款规定的可能突然放散大量有害气体、有爆炸危险气体或粉尘的场所，因此，设置在民用建筑内的柴油发电机房的日用油箱间无须设置事故排风系统。

3. 防酸式蓄电池室会缓慢散发氢气，也不属于可能突然散发大量有害气体或有爆炸危险气体的场所，不必设置事故通风系统。

4. 与民用建筑内设置事故通风场所相关的标准、规范条文有：

问题解析

《燃气工程项目规范》

5.3.7　燃气相对密度小于 0.75 的用户燃气管道当敷设在地下室、半地下室或通风不良场所时，应设置燃气泄漏报警装置和事故通风设施。

《供热工程项目规范》

3.1.5　设在其他建筑物内的燃油或燃气锅炉间、冷热电联供的燃烧设备间等，应设置独立的送排风系统，其通风装置应防爆，通风量应符合下列规定：

1　当设置在首层时，对采用燃油作燃料的，其正常换气次数不应小于 3 次 /h，事故换气次数不应小于 6 次 /h；对采用燃气作燃料的，其正常换气次数不应小于 6 次 /h，事故换气次数不应小于 12 次 /h。

2　当设置在半地下或半地下室时，其正常换气次数不应小于 6 次 /h，事故换气次数不应小于 12 次 /h。

3　当设置在地下或地下室时，其换气次数不应小于 12 次 /h。

4　送入锅炉间、燃烧设备间的新风总量，应大于 3 次 /h 的换气量。

5　送入控制室的新风量，应按最大班操作人员数量计算。

《建筑设计防火规范》

9.3.16　燃油或燃气锅炉房应设置自然通风或机械通风设施。燃气锅炉房应选用防爆型的事故排风机。当采用机械通风时，机械通风设施应设置导除静电的接地装置，通风量应符合下列规定：

1　燃油锅炉房的正常通风量应按换气次数不少于 3 次 /h 确定，事故排风量应按换气次数不少于 6 次 /h 确定；

2　燃气锅炉房的正常通风量应按换气次数不少于 6 次 /h 确定，事故排风量应按换气次数不少于 12 次 /h 确定。

《建筑中水设计标准》

8.1.7　采用电解法现场制备二氧化氯，或处理工艺可能产生有害气体的中水处理站，应设置事故通风系统。事故通风系统应根据放散物的种类、安全及卫生浓度要求，按全面排风计算确定，且每小时换气次数不应小于 12 次。

《民用建筑电气设计标准》

4.11.8　装有六氟化硫（SF_6）设备的配电装置的房间，低位区应配备 SF_6 泄漏报警仪及事故排风装置。

问题描述

问题 10　事故通风系统的手动控制装置设置问题

1. 某公共建筑包括五栋办公楼、一栋养老院，在办公区地下室设有燃气锅炉房、燃气计量间，在养老院地下一层设有采用燃气作为燃料的厨房，暖通施工图中上述商业用气设备设置场所，燃气计量间等燃气管道敷设区域均设有燃气事故通风系统；办公室、养老院的 3 个地下制冷机房、柴油发电机房的日用油箱间也设有事故通风系统。

暖通专业设计施工说明中已经说明事故通风应根据放散物的种类，设置相应的检测报警及控制系统，事故通风的手动控制装置应在室内外便于操作的地点分别设置。

但是与电气专业核对后发现电气专业施工图在办公区地下燃气锅炉房、燃气计量间、养老院地下一层厨房燃气操作区及燃气管道敷设区域设有燃气浓度检测报警及控制系统，而在办公区地下燃气锅炉房的燃气计量间、养老院地下一层厨房用气设备布置区、3 个制冷机房的事故通风系统的手动控制装置，均未在室内外分别设置；柴油发电机房的日用油箱间未见设置放散物浓度报警监测及室内外两地开关。

2. 某医药工业洁净厂房（丙类厂房）在三层制粒、辅机间生产过程中使用乙醇，属于甲类火灾危险性房间，因此，设有事故通风系统，事故通风机的电气开关分别设置在门斗（气锁）与制粒间的隔墙以及门斗与三层室内走廊之间隔墙上，平面图见第二章第四节问题 6 的图 1。

相关标准

《民用建筑供暖通风与空气调节设计规范》

6.3.9　事故通风应符合下列规定：

2　事故通风应根据放散物的种类，设置相应的检测报警及控制系统。

事故通风的手动控制装置应在室内外便于操作的地点分别设置；

《工业建筑供暖通风与空气调节设计规范》

6.4.7　事故通风的通风机应分别在室内及靠近外门的外墙上设置电气开关。

《建筑设计防火规范》

8.4.3　建筑内可能散发可燃气体、可燃蒸气的场所应设置可燃气体报警装置。

问题解析

事故通风系统设计需要暖通专业、电气专业以及工艺专业配合完成。

1. 电气专业对于民用建筑中可能散发可燃蒸气或气体，并存在爆炸危险的燃气燃油锅炉房、使用燃气的厨房、燃气计量间等，一般都会设置燃气浓度报警装置，因为这是在《建筑设计防火规范》第 8.4.3 条有明确规定的，属于电气专业本身的强制性条文规定，但是，对于事故通风系统的室内外开关，电气专业目前尚未重视，往往未在图纸中表示清楚。

当地下制冷机房设置事故通风时，应根据所选用的不同制冷剂，与电气专业配合采用不同的检漏报警装置，与机房内的通风系统连锁，并在冷冻机房两个出口门外侧设置紧急手动启动事故通风的按钮。

在柴油发电机房的日用油箱间设置了事故排风系统，则应与电气专业配合落实《民用建筑供暖通风与空气调节设计规范》第 6.3.9 条第 2 款的规定内容。

2.《工业建筑供暖通风与空气调节设计规范》第 6.4.7 条规定：事故通风的通风机应分别在室内及靠近外门的外墙上设置电气开关。除了个别单层厂房、仓库可按本条文规定在靠近外门的外墙上设置事故通风机的电气开关外，目前大部分多层或高层工业建筑中设置事故通风的场所均未在靠近外门的外墙上设置电气开关，都是在事故通风场所的室、内外设置电气开关，要求多层或高层工业建筑在靠近外门的外墙上设置事故通风机的电气开关，较难实现。因此，本书第二章第四节问题 6 图 1 中的事故通风机，未在靠近外门的外墙上设置电气开关，只在室内外设置了事故通风机的电气开关，也可满足规定。

问题描述

问题 11　设在其他建筑内的地下燃气锅炉房通风设计的问题

1. 设在其他建筑内的地下或半地下燃气锅炉房，平时室内设计换气次数为 6 次 /h；机械送风机未采用防爆型风机，也未要求设置导除静电的接地装置。

2. 某公共建筑地下设置燃气锅炉，其燃气锅炉房与卫生间、燃气计量间合用一个通风系统，如图 1、图 2 所示。

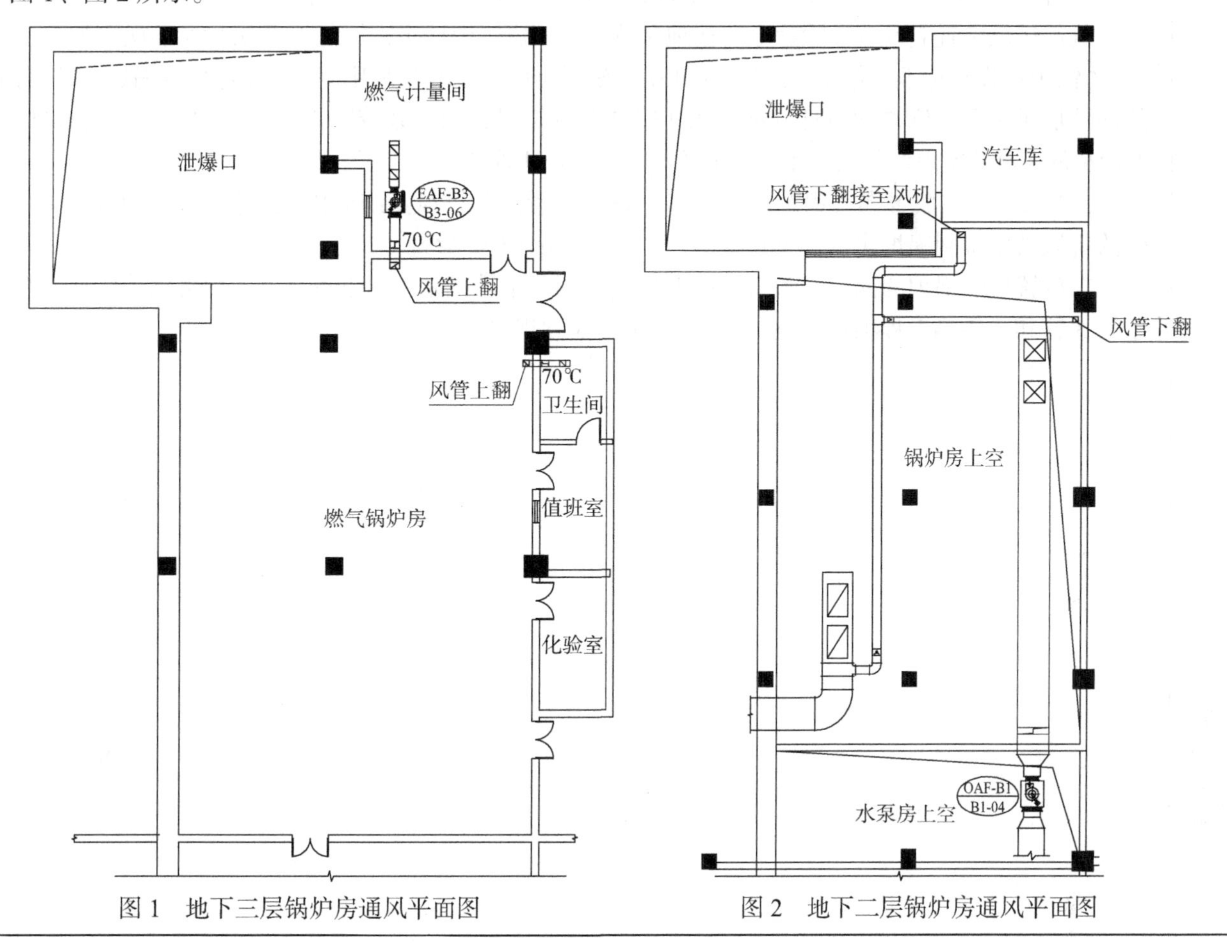

图 1　地下三层锅炉房通风平面图　　图 2　地下二层锅炉房通风平面图

相关标准

《锅炉房设计标准》

15.3.7　设在其他建筑物内的燃油、燃气锅炉房的锅炉间，应设置独立的送排风系统，其通风装置应防爆，通风量必须符合下列规定：

1　锅炉房设置在首层时，对采用燃油作燃料的，其正常换气次数每小时不应少于 3 次，事故换气次数每小时不应少于 6 次；对采用燃气作燃料的，其正常换气次数每小时不应少于 6 次，事故换气次数每小时不应少于 12 次；

2　锅炉房设置在半地下或半地下室时，其正常换气次数每小时不应少于 6 次，事故换气次数每小时不应少于 12 次；

3　锅炉房设置在地下或地下室时，其换气次数每小时不应少于 12 次；

4　送入锅炉房的新风总量必须大于锅炉房每小时 3 次的换气量；

5　送入控制室的新风量应按最大班操作人员计算。

《建筑设计防火规范》

9.3.16　燃油或燃气锅炉房应设置自然通风或机械通风设施。燃气锅炉房应选用防爆型的事故排风机。当采取机械通风时，机械通风设施应设置导除静电的接地装置，通风量应符合下列规定：

相关标准	1　燃油锅炉房的正常通风量应按换气次数不少于 3 次 /h 确定，事故排风量应按换气次数不少于 6 次 /h 确定； 2　燃气锅炉房的正常通风量应按换气次数不少于 6 次 /h 确定，事故排风量应按换气次数不少于 12 次 /h 确定。
问题解析	1. 设置在地下或半地下室的燃气锅炉房，换气次数不应小于 12 次 /h，机械送风装置应防爆 (见《供热工程项目规范》第 3.1.5 条、《锅炉房设计标准》第 15.3.7 条规定)。 机械送风装置应设置导除静电的接地装置 (见《建筑设计防火规范》第 9.3.16 条规定)。 《锅炉房设计标准》第 1.0.2 条、第 1.0.3 条规定了该标准的适用范围，放置真空锅炉、常压锅炉等的锅炉房可参照《锅炉房设计标准》第 15.3.7 条规定设计通风系统，也可按《建筑设计防火规范》第 9.3.16 条规定的室内换气次数不小于 6 次 /h 确定平时通风量。 2. 见图 1，在放置燃气锅炉的锅炉房、燃气计量间的排风系统分别设有排风机，但是，燃气计量间的排风被串接到锅炉房的排风系统中，不是独立的排风系统。 在放置燃气锅炉的锅炉房和值班室卫生间合用一个排风系统，不符合《锅炉房设计标准》第 15.3.7 条第 3 款和《供热工程项目规范》第 3.1.5 条第 3 款规定。

问题描述

问题 12　建筑物全面排风系统吸风口布置

1. 某广电中心项目电池室全面排风室内排风口设置在房间下部，如图 1 所示。

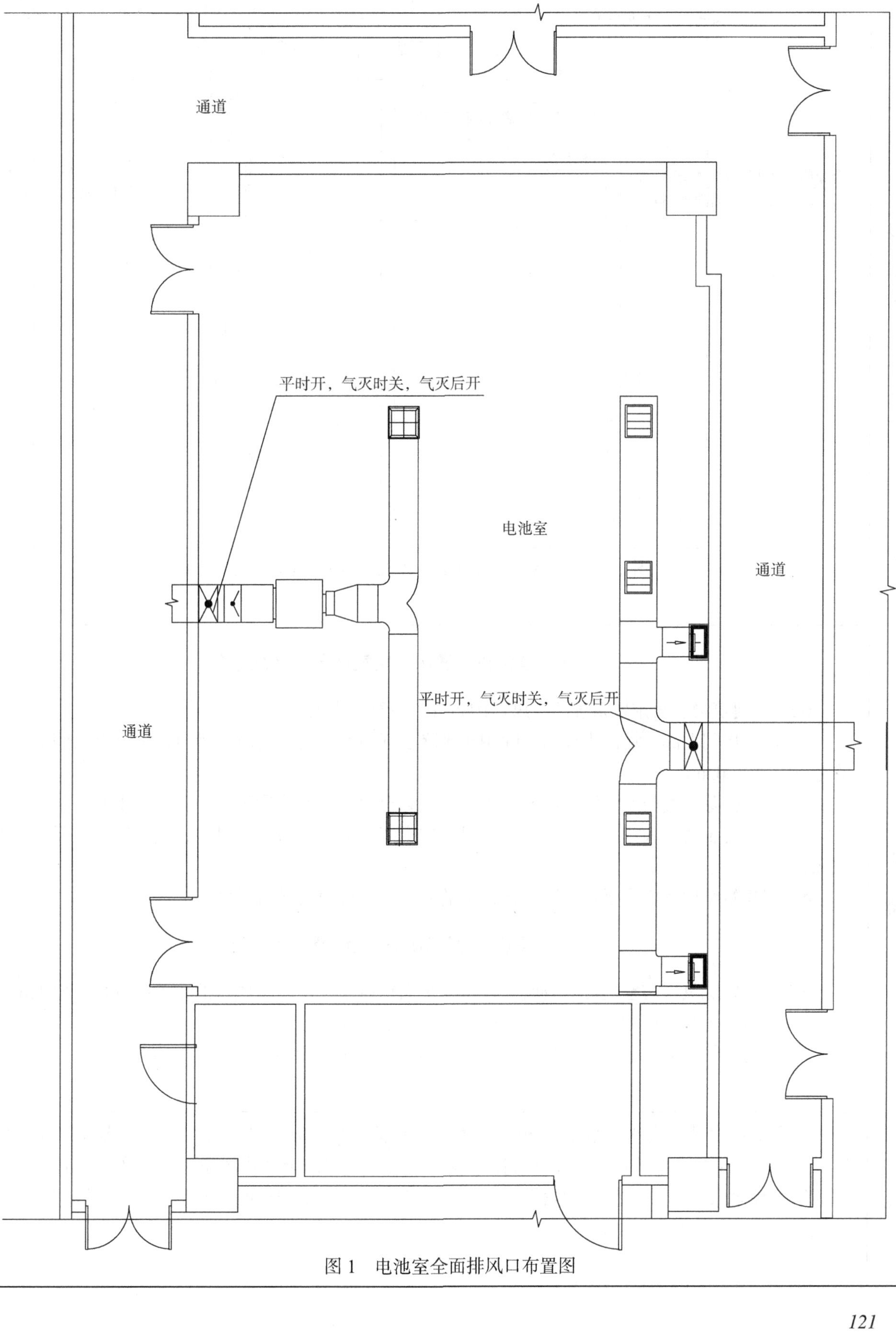

通道

平时开，气灭时关，气灭后开

电池室

通道

通道

平时开，气灭时关，气灭后开

图 1　电池室全面排风口布置图

问题描述	2. 某 110kV 输变电工程（丙类厂房）蓄电池室通风平面图（图 2）中未表示出室内吸风口上缘至顶棚平面或屋顶的距离。 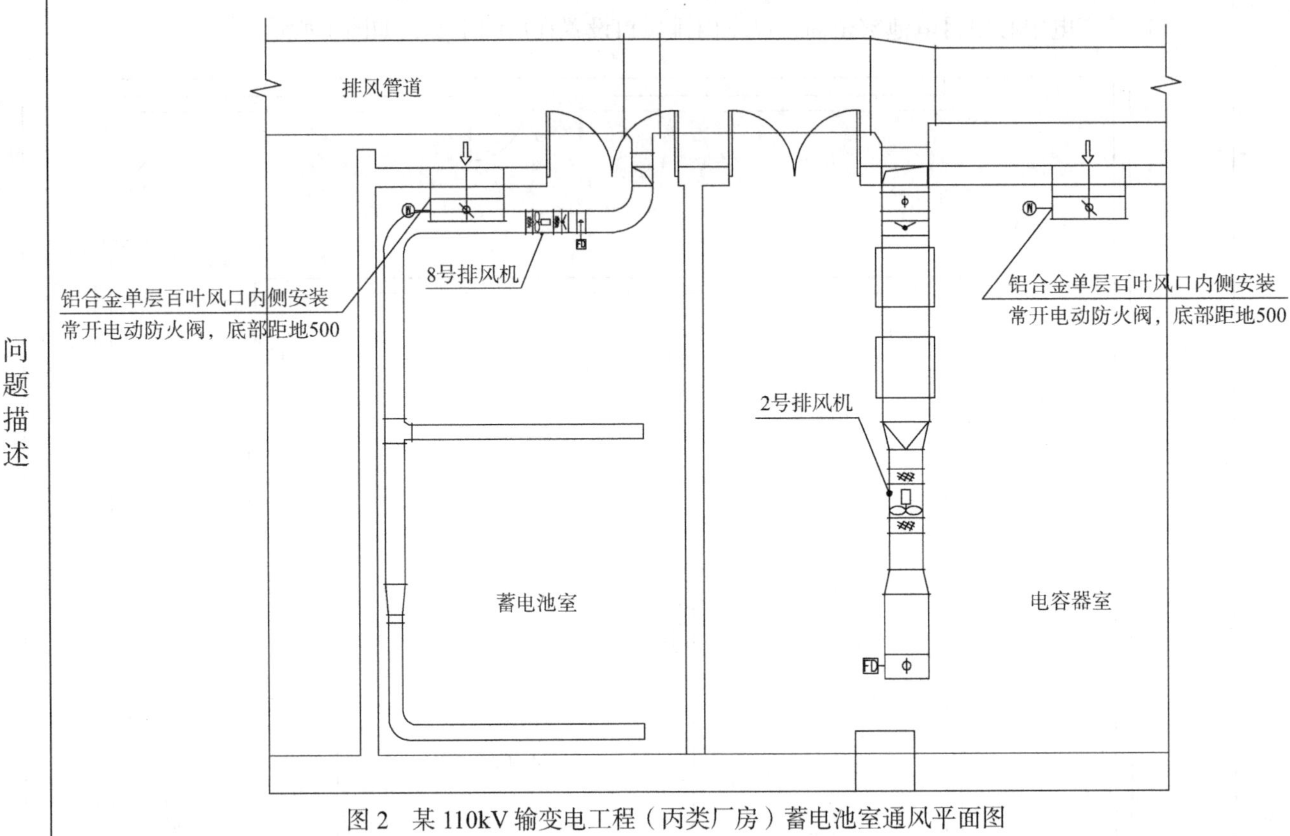 图 2　某 110kV 输变电工程（丙类厂房）蓄电池室通风平面图
相关标准	**《民用建筑供暖通风与空气调节设计规范》** 6.3.2　建筑物全面排风系统的吸风口的布置，应符合下列规定： 1　位于房间上部区域的吸风口，除用于排除氢气与空气混合物时，吸风口上缘至顶棚平面或屋顶的距离不大于 0.4m； 2　用于排除氢气与空气混合物时，吸风口上缘至顶棚平面或屋顶的距离不大于 0.1m； 3　用于排出密度大于空气的有害气体时，位于房间下部区域的排风口，其下缘至地板距离不大于 0.3m； 4　因建筑结构造成有爆炸危险气体排出的死角处，应设置导流设施。 **《工业建筑供暖通风与空气调节设计规范》** 6.3.10　排除氢气与空气混合物时，建筑物全面排风系统室内吸风口的布置应符合下列规定： 1　吸风口上缘至顶棚平面或屋顶的距离不应大于 0.1m； 2　因建筑构造形成的有爆炸危险气体排出的死角处应设置导流设施。
问题解析	防酸式蓄电池室会缓慢散发氢气，不属于“可能突然放散大量有害气体或有爆炸危险气体的场所”，不必设置事故通风系统。设置机械通风系统时，其室内全面排风系统的吸风口布置应符合《民用建筑供暖通风与空气调节设计规范》第 6.3.2 条或《工业建筑供暖通风与空气调节设计规范》第 6.3.10 条规定。

问题描述	**问题 13　防火与防爆设计施工说明** 1. 某医药工业洁净厂房（丙类厂房）二层包衣间、溶媒间、辅机间在生产过程中使用乙醇，属于甲类火灾危险性房间，设有事故通风系统，设计施工说明有以下内容： （1）未要求选用本质安全型传感器及执行器，电气专业图纸也未表示出相关内容。 （2）未要求排风系统的水平排风管应“全长顺气流方向上坡度敷设”，平面图中也未标明坡向。 2. 燃气锅炉房的机械通风设施（通风应包括送风、排风）应符合什么规定？民用建筑中的厨房燃气设备间、燃气管道经过的区域设置机械排风系统（兼作为事故排风系统）未按要求设置导除静电的接地装置，电气专业图纸也未表示出相关内容。
相关标准	**《工业建筑供暖通风与空气调节设计规范》** 11.2.11　在易燃易爆环境中使用的传感器及执行器，应采用本质安全型。 **《建筑设计防火规范》** 9.1.5　当空气中含有比空气轻的可燃气体时，水平排风管全长应顺气流方向向上坡度敷设。 9.3.9　排除有燃烧或爆炸危险气体、蒸气和粉尘的排风系统，应符合下列规定： 1　排风系统应设置导除静电的接地装置； 2　排风设备不应布置在地下或半地下建筑（室）内； 3　排风管应采用金属管道，并应直接通向室外安全地点，不应暗设。 9.3.16　燃油或燃气锅炉房应设置自然通风或机械通风设施。燃气锅炉房应选用防爆型的事故排风机。当采取机械通风时，机械通风设施应设置导除静电的接地装置，通风量应符合下列规定： 1　燃油锅炉房的正常通风量应按换气次数不少于 3 次 /h 确定，事故排风量应按换气次数不少于 6 次 /h 确定； 2　燃气锅炉房的正常通风量应按换气次数不少于 6 次 /h 确定，事故排风量应按换气次数不少于 12 次 /h 确定。
问题解析	1. 甲、乙类火灾危险性房间设有事故通风系统时： （1）应按《工业建筑供暖通风与空气调节设计规范》第 11.2.11 条规定执行，并与电气专业配合落实。 （2）应按《建筑设计防火规范》第 9.1.5 条规定执行或在平面图中表示出排风水平管道的坡向。 2. 当设计项目中有涉及燃气锅炉房的机械通风系统时，燃气锅炉房的机械通风系统设计应符合《建筑设计防火规范》第 9.3.16 条规定，并应与电气专业配合落实设置导除静电的接地装置。 民用建筑内的民用建筑内的燃气厨房、燃气计量间等设有事故排风系统时，其事故通风系统设计应符合《建筑设计防火规范》第 9.3.9 条规定，并应与电气专业配合落实设置导除静电的接地装置。

问题描述

问题 1　人员掩蔽所战时进风口部详图设计深度问题

图 1 为一个典型的二等人员掩蔽所战时进风口部大样图，图中存在如下问题：

1. 未表示染毒区进、排风管道的坡度、坡向。
2. 未标注双连杆密闭阀门距密闭墙之间的尺寸。
3. 未表示人防工程空气质量监测取样管。
4. 穿过防护密闭墙的管道，未注明防护密闭做法。
5. 未标注风机房 F270-2 型人防两用风机安装定位尺寸，没有滤毒室、风机房剖面图。

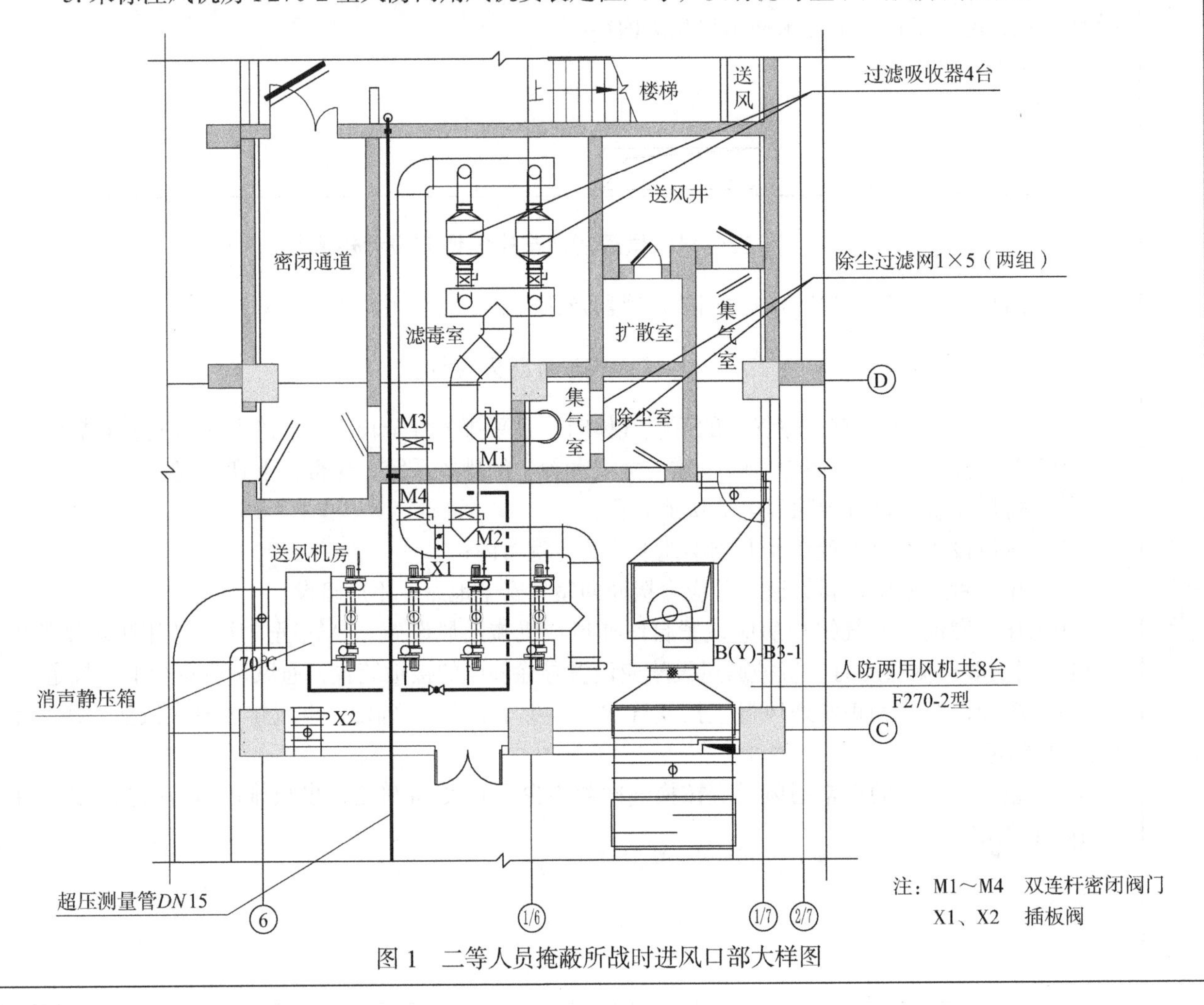

图 1　二等人员掩蔽所战时进风口部大样图

相关标准

《人防工程施工图设计文件深度要求》

4.5　进、排风口部通风平、剖面详图

4.5.2　对设置了三种通风方式的防空地下室，进风口部一般由进风竖井、扩散室、滤毒室、密闭通道和通风机房组成。

进风口部大样图中应绘出进风管道、密闭阀门的位置以及油网滤尘器、过滤吸收器、进风机等主要设备的轮廓位置及编号，标注风管管径、标高、坡度、坡向及定位尺寸；标注设备及基础距墙或轴线的尺寸。排风口部应绘出排风管道、密闭阀门、自动排气活门、通风短管、排风机的位置，标注风管管径、标高、坡度、坡向及定位尺寸、设备安装尺寸等，注明设备和管道附件的编号。

4.5.4　绘出超压测量管、放射性监测取样管、尾气监测取样管、压差测量管、气密测量管的位置，注明管径和阀门设置要求。当清洁式和滤毒式通风共用风机时应绘出增压管和球阀位置，并注明管径。

4.5.5　穿过防护密闭墙的管道，应注明防护密闭做法。

问题解析	1. 应按《人民防空地下室设计规范》第 5.2.12 条规定（设置在染毒区的进、排风管，应有 0.5% 的坡度坡向室外），在图中表示出染毒区进、排风管的坡度、坡向。 2. 应在口部详图中标注双连杆密闭阀门（SMF、DMF 型）距密闭墙的尺寸。 注意：物资库送、排风口部串联设置 2 个双连杆密闭阀门（SMF、DMF 型），应确保其间距不小于双连杆密闭阀门距密闭墙尺寸的 2 倍，方能满足 2 个双连杆密闭阀门阀板开启 90° 所需空间。 3. 设有滤毒通风的人防工程，应按《人民防空地下室设计规范》第 5.2.18 条规定，在进风口详图中表示出空气放射性监测取样管、尾气监测取样管、压差测量管；按第 5.2.8 条规定，在清洁式和滤毒式通风共用风机时，应绘出增压管和球阀位置。 4. 应按《人民防空地下室设计规范》第 5.2.13 条规定，穿过防护密闭墙的通风管应采取可靠的防护密闭措施，并应在土建施工时一次预埋到位。第 5.3.8 条规定，战时的防护通风设计，必须有完整的施工设计图纸，标注相关的预埋件、预留孔位置，表示出人防通风预埋件、预留孔位置。 常见暖通专业施工图中没有标注人防通风管穿越密闭墙上预埋件、预留孔位置，而结构专业施工图也写明：需预埋处见暖通专业图纸。 有些暖通专业施工图虽有标注，但是，在通风管道穿越防护密闭墙处标明预埋套管，也不符合本条规定。 5. 设有滤毒通风的人防工程，一般应绘制风机房、滤毒室平、剖面图，进风口部大样图中应标注人防风机之间以及风机距墙或轴线的尺寸，F270-2 型人防两用风机之间的距离不应小于 1400mm；平、剖面图中应绘出过滤吸收器接管中的双连杆密闭阀门、换气堵头位置。

问题描述

问题 1　通过过滤吸收器的风量大于过滤吸收器额定风量

1. 某二等人员掩蔽所的主要设备表（表 1）中写明防护单元有 7 台 F270-2 型手摇电动风机、3 台 RFP-1000 型过滤吸收器，二等人员掩蔽所进风口原理图（见图 1，图中数字标注内容见表 1）、设计说明、设备材料表等未写明滤毒通风方式和开启风机的台数，且清洁通风与滤毒通风合用通风机时，滤毒送风管路也未设置风量调节阀。

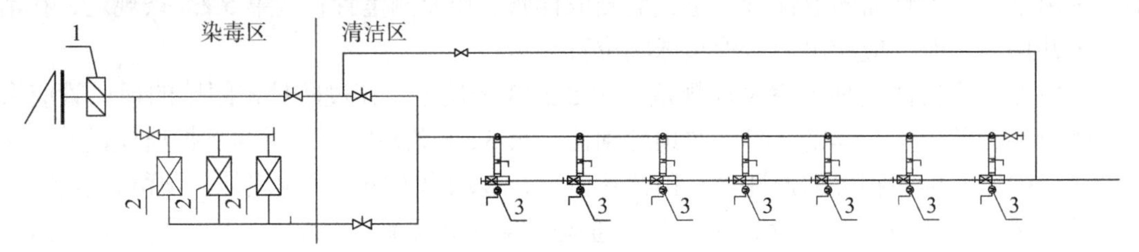

图 1　二等人员掩蔽所进风口原理图一

主要设备表一　　　　**表 1**

序号	名称与规格	单位	数量
1	滤尘器 LWP-D，风量为 1600m³/h，阻力 86.2Pa	个	5
2	过滤吸收器 RFP-1000，风量为 1000m³/h	个	3
3	电动、手摇两用风机	台	7
	设备型号 F270-2		
	风量为 500～1100m³/h，全压 1225～568Pa		
	功率 0.75kW，风机转数 2800r/min		
	电压 380V		

2. 在某二等人员掩蔽所战时进风机房详图（见图 2，图中数字标注内容见表 2）中，有 5 台 F270-2 型手摇电动风机、4 台 RFP-500 型过滤吸收器，人防进风口原理图（见图 3，图中数字标注内容见表 2）、材料表（表 2）、控制说明（图 4）等均未标明滤毒通风方式开启风机台数，滤毒通风管路亦未设置风量调节阀。

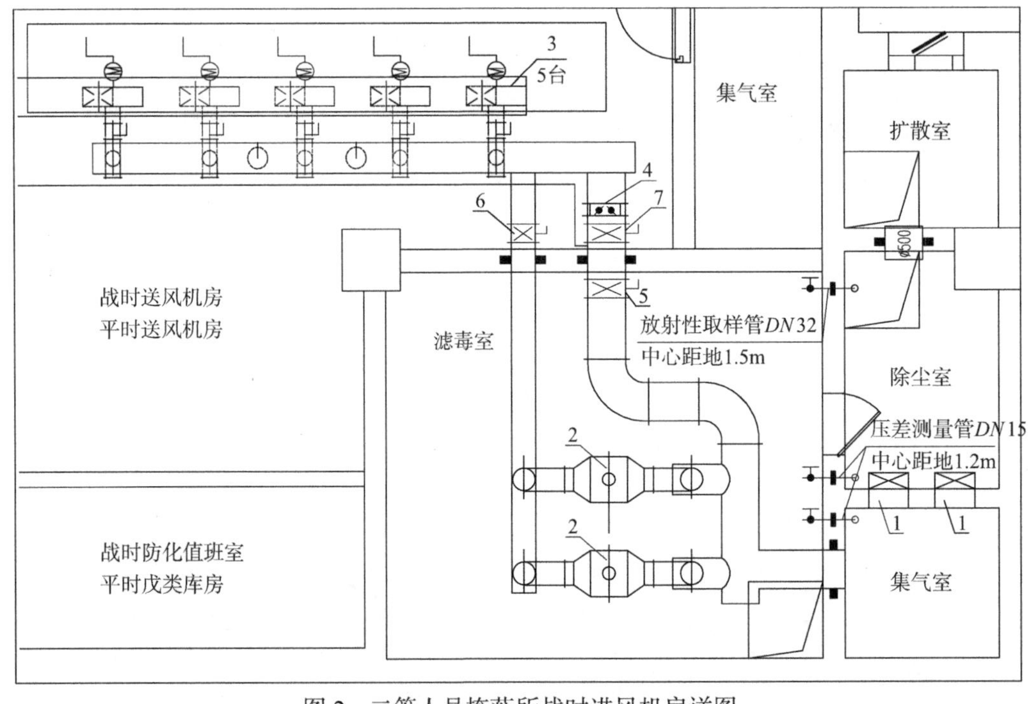

图 2　二等人员掩蔽所战时进风机房详图

问题描述

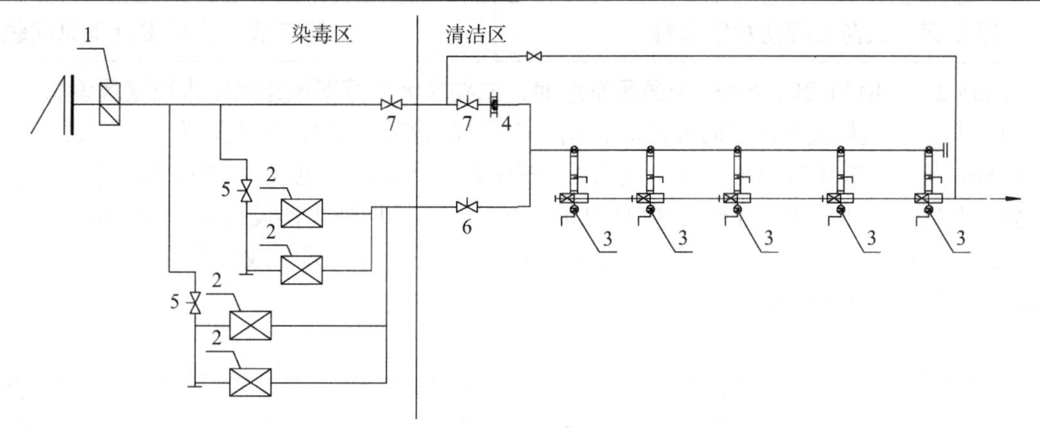

图 3　二等人员掩蔽所进风口部原理图二

主要设备表二　　**表 2**

序号	名称与规格		单位	数量
1	滤尘器 LWP-D，风量为 1000m³/h		个	6
2	过滤吸收器 RFP-500，风量为 500m³/h		个	4
3	电动、手摇两用风机 设备型号 F270-2 风量为 500～1100m³/h，全压 1225～568Pa 功率 0.75kW，风机转数 2800r/min，电压 380V		台	5
4	风量调节阀	*DN*400	个	1
5	手动双连杆密闭阀门	SMF30	个	2
6	手动双连杆密闭阀门	SMF40	个	1
7	手动双连杆密闭阀门	SMF60	个	2

1. 清洁通风：送风　开启7，关闭5、6。
　　　　　　　　　风机3，运行送风。
2. 滤毒通风：送风　开启5、6，关闭7。
　　　　　　　　　风机3，运行送风。

图 4　二等人员掩蔽所战时通风系统控制说明

相关标准

《人民防空地下室设计规范》

5.2.16　设计选用的过滤吸收器，其额定风量严禁小于通过该过滤吸收器的风量。

问题解析

F270-2 型手摇电动风机在滤毒通风工况时的送风量为 500m³/h（手摇工况）。

1. 图 1：未写明滤毒通风方式下的风机运行台数，也没有设置风量调节阀进行调节，在滤毒通风工况下开启 7 台 F270-2 型手摇电动风机，通过过滤吸收器的风量为 500 m³/h×7 = 3500m³/h，大于 3 台 RFP-1000 型过滤吸收器的额定风量（3000m³/h）。

2. 图 2～图 4：滤毒通风工况开启 5 台 F270-2 型手摇电动风机，通过过滤吸收器的风量为 500m³/h×5 = 2500m³/h，大于 4 台 RFP-500 型过滤吸收器的额定风量（2000m³/h），滤毒通风管路未设置风量调节阀，通风系统战时控制说明等也未写明滤毒通风时风机运行台数。

当风机滤毒工况总风量大于过滤吸收器额定风量时，可减少运行风机数量，满足《人民防空地下室设计规范》第 5.2.16 条规定。

问题描述

问题 2　平时和战时合用一个通风系统时，未按最大计算新风量确定人防通风设备

1．某二等人员掩蔽所平时和战时合用一个进风口部，战时掩蔽人数为 1300 人，计算清洁送风量为 6500m³/h。在进风口部平面图（见图 1，图中数字标注内容见表 1）中，该人防工程按战时最大计算送风量 6500m³/h，选用 6 台 LWP-D 型油网滤尘器，油网滤尘器设计风量为 1200m³/h，在通风设备表（表 1）中写明火灾补风系统 SF-3 系统风量为 12594m³/h，是平战合用系统的最大计算送风量，大于油网滤尘器允许通过风量。

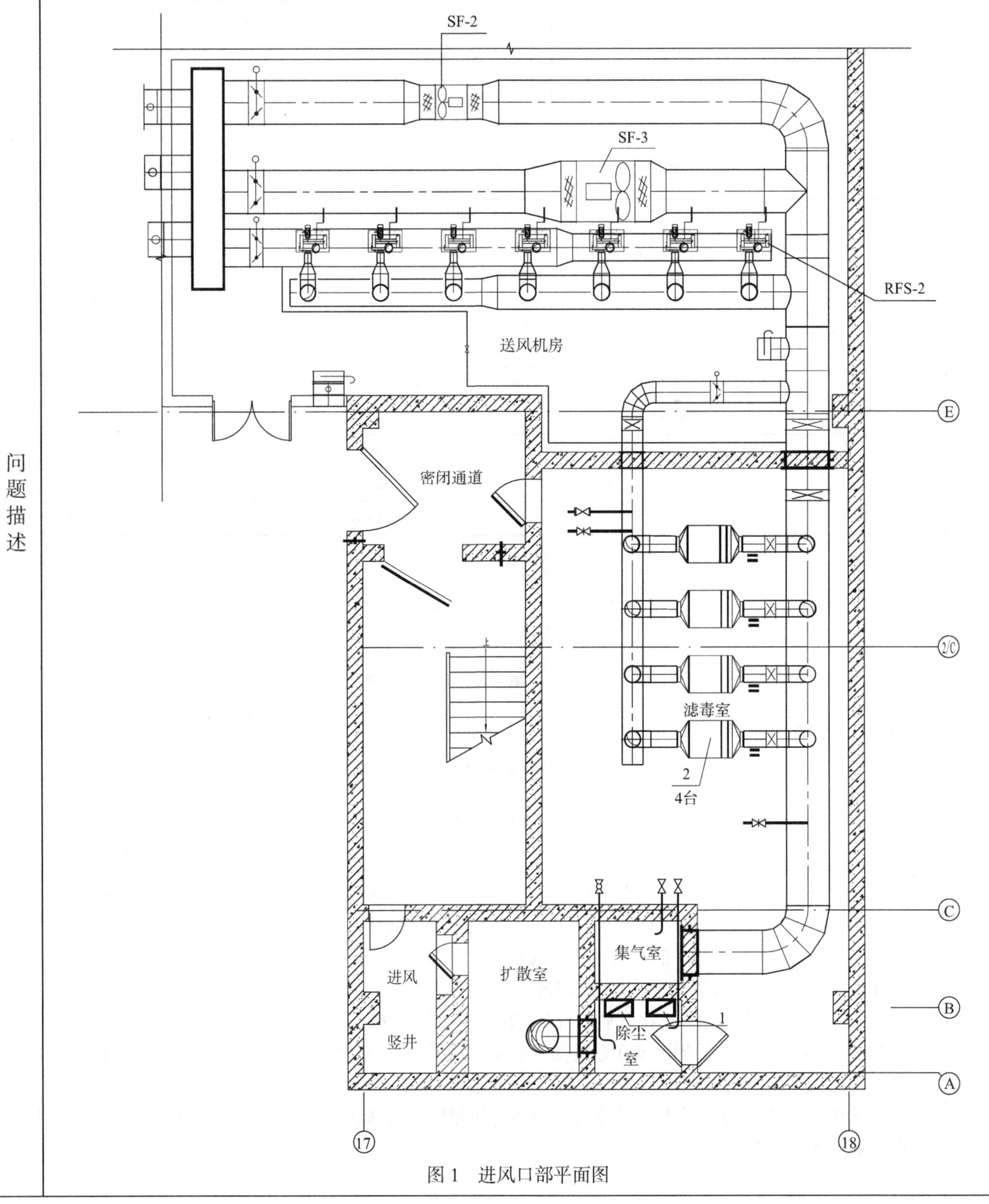

图 1　进风口部平面图

问题描述

通风设备表 **表 1**

编号	主要设备	设备型号	数量	单位	参数规格	备注
RFS-2	电动手摇两用风机	F270-2	7	台	2800r/min 风量 1100m^3/h 时全压为 568Pa 风量 500m^3/h 时全压为 1225Pa 配套电机：Q7-S2 0.75kW 380V	项目建设时采购油网滤尘器，但平时不安装，仅战时安装
1	油网滤尘器	LWP-D	6	块	容尘量：450g 风量：1200m^3/h 终阻力：122.5Pa 重量：15.56kg	
ZPF-1	战时排风机	GXF-5-A	1	台	1450r/min 6179m^3/h 全压：309Pa 功率：0.75kW	
2	过滤吸收器	RFP-1000	4	台	额定滤毒通风量：1000m^3/h 阻力≤ 850Pa	
SF-3	排烟补风兼平时送风双速风机	GXF-6-S	1	台	风量：12594m^3/h 全压 406Pa 功率：2.5kW 风量：7518m^3/h 全压：235Pa 功率：0.9kW 噪声：75dB(A)	
SF-2	排烟补风兼平时送风风机	GXF-4.5-A	1	台	1450r/min 5416m^3/h 全压：168Pa 功率：0.6kW	

2. 某人防物资库平战时送风机房平面图见图 2（图 2 中数字标注内容见表 2）。平时汽车库补风兼作物资库战时送风，合用一套送风系统 OAF/MAF-B3-04，选用 10 台 LWP-D 型油网滤尘器，战时计算送风量不超过 15360m^3/h，OAF/MAF-B3-04 送风量为 20000/30000m^3/h（表 2），大于油网滤尘器允许风量。

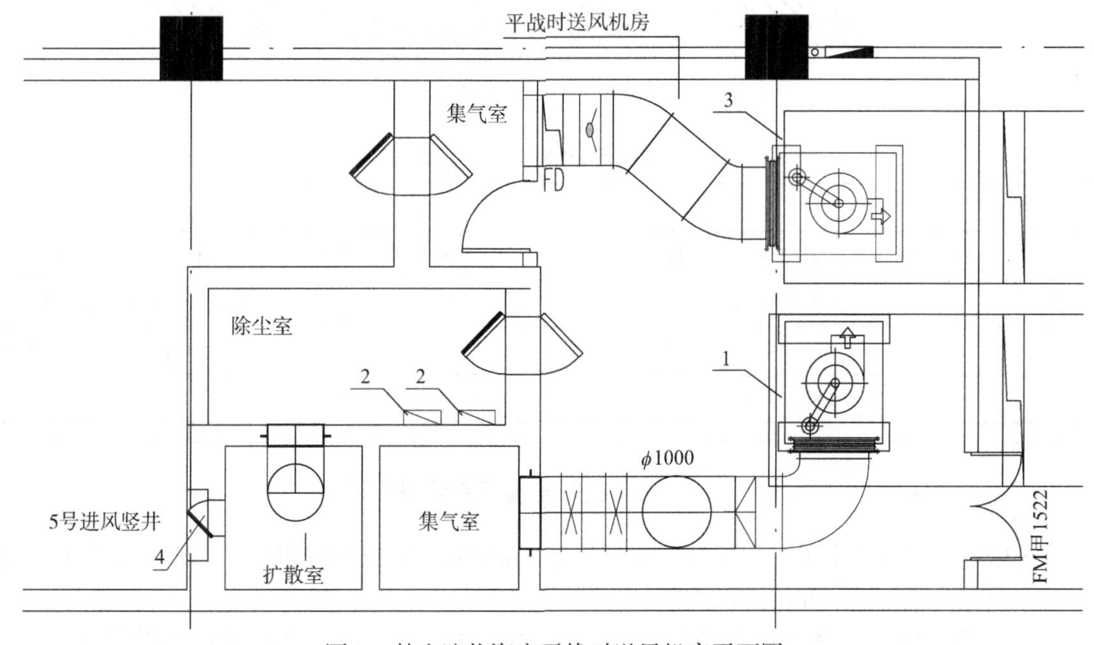

图 2 某人防物资库平战时送风机房平面图

3. 在人防物资库工程中，物资库进风口部原理图（见图 3，图中数字标注内容见表 2）中，选用了 2 个 BMH8000 型门式悬板活门，而在某人防物资库平战时送风机房平面图（见图 2，图中数字标注内容见表 2）中，只在一个位置布置活门，而在建筑专业扩散室剖面图（图 4）中，只表示了一个悬板活门（扩散室尺寸 2000×2000，净高 3.5m，也只能安装一个 BMH8000 型门式悬板活门）。

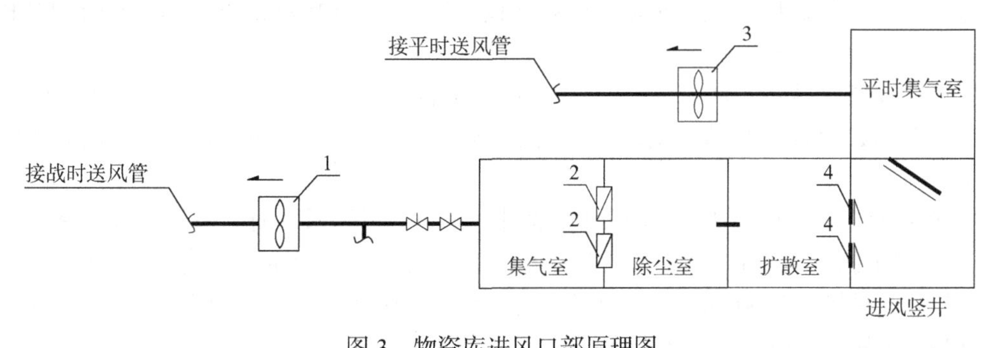

图 3 物资库进风口部原理图

问题描述	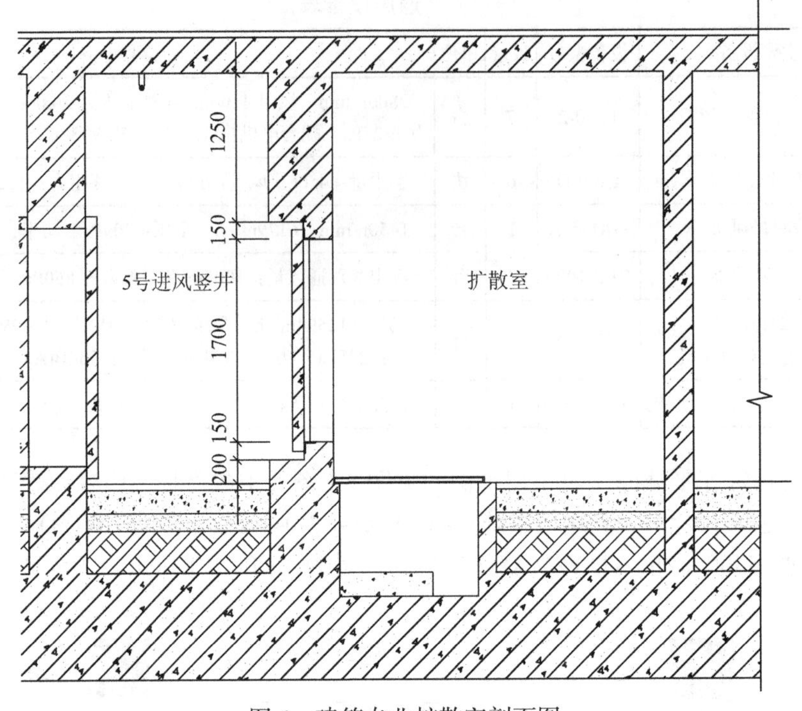 图4　建筑专业扩散室剖面图

战时物资库通风设备材料表　　表2

序号	名称	数量	单位	参数规格
1	汽车库排烟补风兼战时送风双风速风机　OAF/MAF-B3-04	1	台	后倾式离心式柜式风机　风量20000/30000m^3/h
2	LWP-D型油网滤尘器	10	块	风量1600m^3/h　终阻力122.5Pa
3	汽车库排烟补风风机	1	台	后倾式离心式柜式风机　风量30000m^3/h
4	BMH-8000型门式悬板活门	2	台	

相关标准

《人民防空地下室设计规范》

5.3.3　防空地下室平时和战时合用一个通风系统时，应按平时和战时工况分别计算系统的新风量，并按下列规定选用通风和防护设备。

1　按最大的计算新风量选用清洁通风管管径、粗过滤器、密闭阀门和通风机等设备。

2　按战时清洁通风的计算新风量选用门式防爆波活门，并按门扇开启时的平时通风量进行校核。

3　按战时滤毒通风的计算新风量选用滤毒进（排）风管路上的过滤吸收器、滤毒风机、滤毒通风管及密闭阀门。

问题解析

1. 图1：每台LWP-D型油网滤尘器最大允许通过风量为1200m^3/h，平时与战时合用系统的最大计算送风量为汽车库平时火灾补风系统SF-3设计送风量（12594m^3/h），大于6台LWP-D型油网滤尘器允许通过风量（7200 m^3/h）。

虽然在设备材料表（表1）备注栏中注明“项目建设时采购油网滤尘器，但平时不安装，仅战时安装”，但是按北京市民防局要求，染毒区的通风设备、部件、穿越防护密闭墙的通风管平时均应安装到位。

2. 和3. 图2～图4：人防工程平时和战时合用一个通风系统时，应按最大计算新风量选用油网滤尘器、门式防爆波活门等，图2中汽车库排烟补风设计风量为30000m^3/h，大于10台LWP-D型油网滤尘器最大允许风量16000m^3/h，也大于一个BMH8000型门式悬板活门平时最大允许风量22500m^3/h，不能满足《人民防空地下室设计规范》第5.3.3条规定。

问题描述

问题3 多联机空调冷媒管在穿过人防围护结构处未采取可靠的防护密闭措施

1. 某住宅小区地下车库二层设有一个战时专业队员掩蔽部，平时功能是人员活动用房，夏季采用多联式空调系统供冷，多联式空调室外机组位于地下一层汽车库内，冷媒管穿越人防工程顶板处未采取任何防护密闭措施。

2. 某战时中心医院采用多联机空调系统制冷供热，多联机空调冷媒管在穿越人防密闭墙处未在围护结构的内侧设置工作压力不小于1.0MPa的阀芯为不锈钢或铜材质的闸阀或截止阀，也未设置防护密闭套管，见图1。

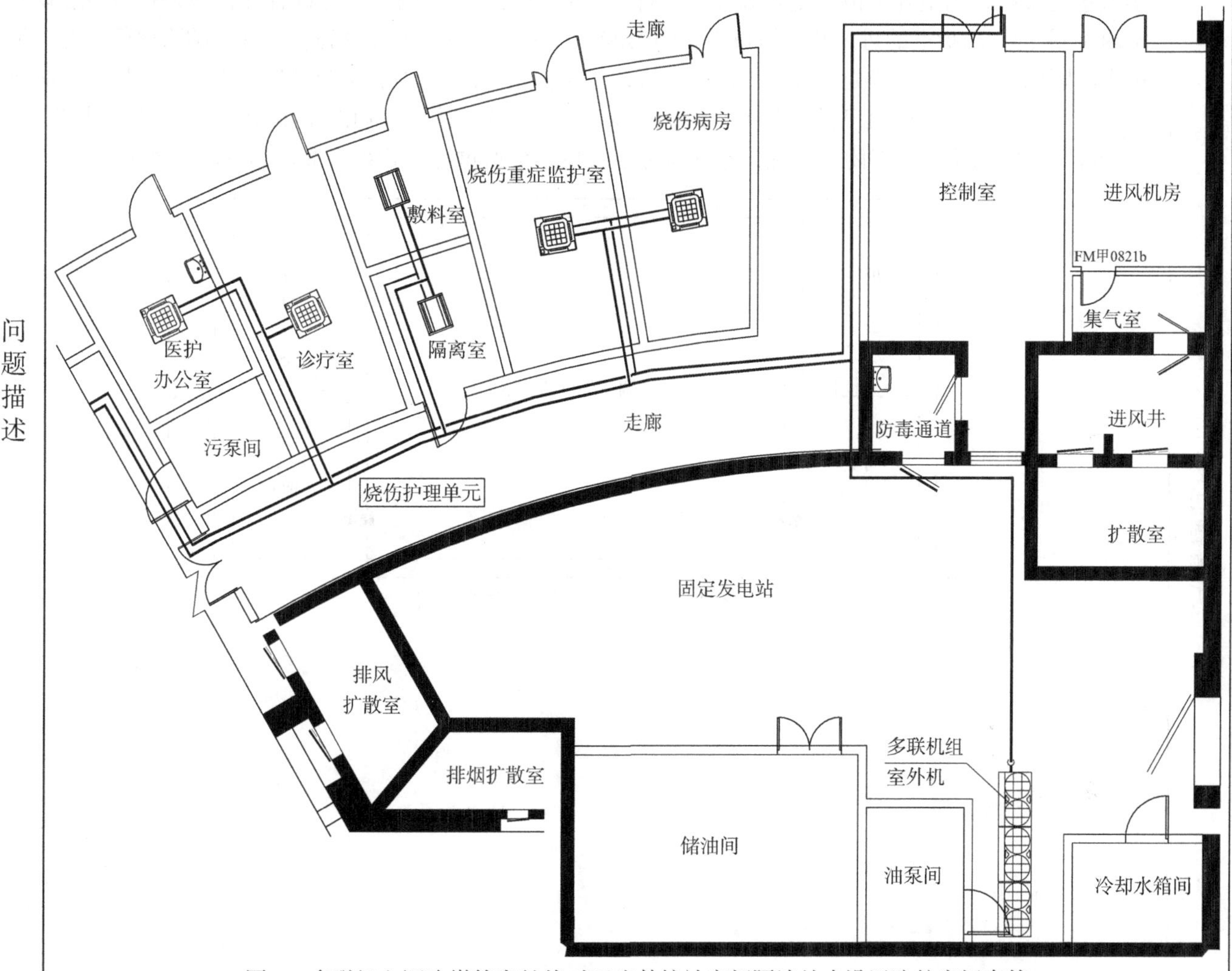

图1 多联机空调冷媒管穿越战时医疗救护站密闭隔墙处未设置防护密闭套管

相关标准

《人民防空地下室设计规范》

5.6.11 引入防空地下室的空调水管，应采取防护密闭措施，并应在其围护结构的内侧设置工作压力不小于1.0MPa的阀门。

北京市地方标准《平战结合人民防空工程设计规范》

5.4.19 引入人防工程的采暖、空调水管道，在穿过人防围护结构处应设置防护密闭套管或防护密闭套管加防护挡板，并应在围护结构的内侧设置公称压力不小于1.0MPa的阀门。

问题解析

1. 仅供人防工程平时使用的多联式空调系统且室外机设置在人防区之外时，多联式空调机组的冷媒管穿过人防围护结构时，可按北京市地方标准《平战结合人民防空工程设计规范》第5.4.20条条文说明的规定执行。设计仅供平时使用的空调系统且室外机设置在室外，冷媒管穿过人防围护结构时，在穿过处设置防护密闭套管，且应对套管设置用于防护密闭封堵的丝堵、管帽或防护密闭盖板等措施，战时截断穿墙冷媒管，对套管进行防护密闭封堵。

2. 图1中战时中心医院战时采用多联式空调供冷供热，冷媒管穿越防护密闭隔墙处也可按北京市地方标准《平战结合人民防空工程设计规范》第5.4.20条条文说明采取防护密闭措施。战时使用的空调室外机，当供热量较小时，空调室外机可设置在柴油发电机房内，室外机的散热可通过发电机房的排风系统排出；当室外机散热量较大或无条件设在柴油发电机房内时，应设置并将室外机放置在防护室内（图2），防护室的进风和排风口设置防爆波活门和扩散室等消波设施。室外机的冷媒管在穿过防护密闭隔墙时，应在穿墙处设置防护密闭套管，在防护密闭隔墙内可不必设置工作压力不小于1.0MPa的阀门，这是因为室外机已设在防护室内，可认为它不会受到爆炸冲击波的破坏，即使遭到破坏，由于冷媒管在室内是一个封闭的系统，室外染毒空气也不会通过冷媒管系统散发到室内空气中。

图2　空调室外机防护室平面图

问题描述

问题 4　有防化要求的人防工程与外界相通的进、排风管道未设置两道密闭阀门

1. 在某战时防空专业队员掩蔽部工程排风口平面图中，战时清洁区排风管道上未设置一道双连杆密闭阀门，如图 1 所示。

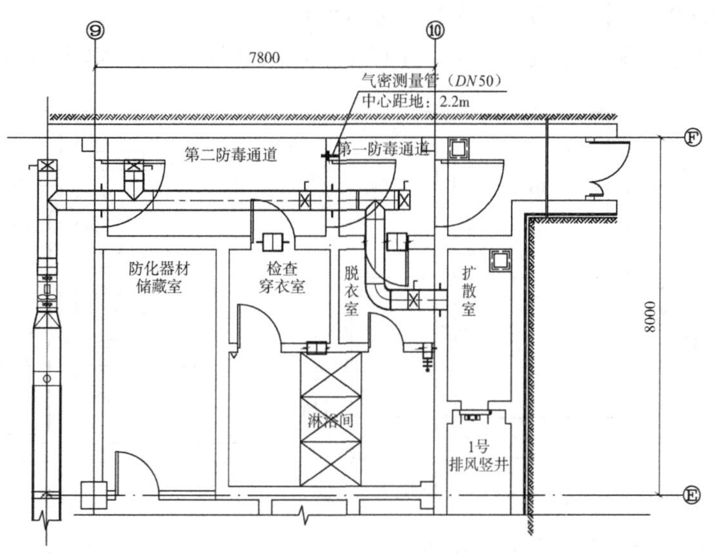

图 1　某战时防空专业队员掩蔽部排风口平面图

2. 人民防空医疗救护工程清洁区排风平面图如图 2 所示，图中的管道在第二密闭通道与第一密闭区之间未设置一道双连杆密闭阀门，第一密闭区排风管路设置了多道密闭阀门。

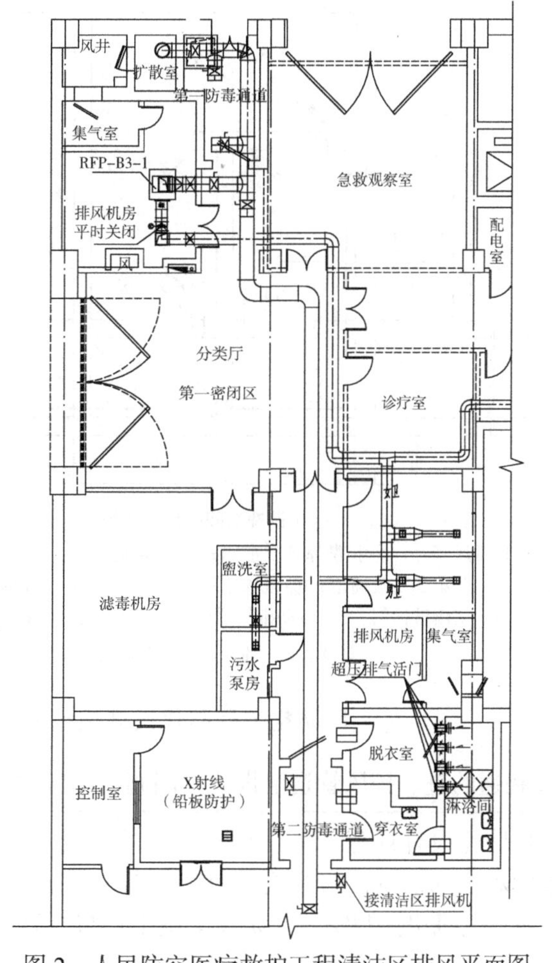

图 2　人民防空医疗救护工程清洁区排风平面图

相关标准	**《人民防空地下室设计规范》** 5.2.9　防空地下室的战时排风系统，应符合下列要求： 1　设有清洁、滤毒、隔绝三种防护通风方式时，排风系统可根据洗消间设置方式的不同，分别按平面示意图 5.2.9a、图 5.2.9b、图 5.2.9c 进行设计； 2　战时设清洁、隔绝通风方式时，排风系统应设防爆波设施和密闭设施。 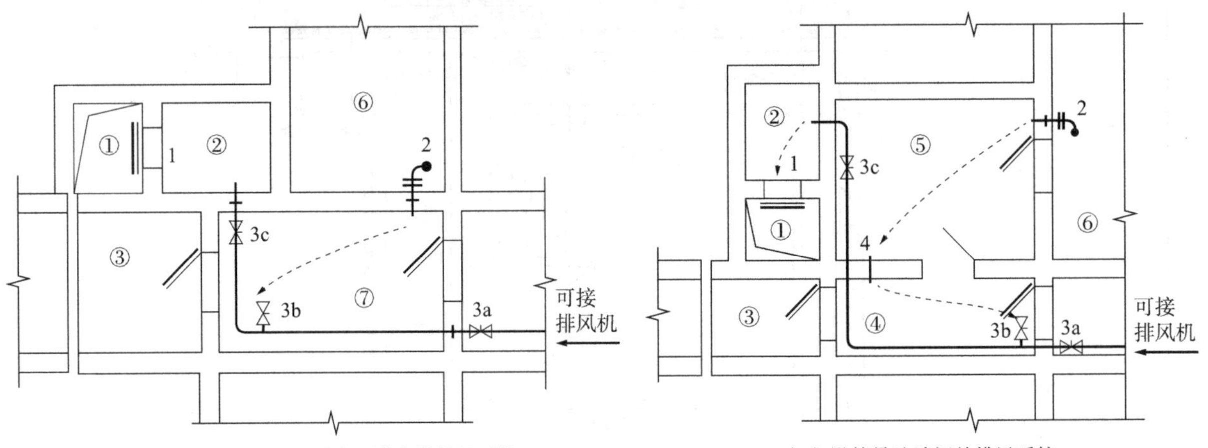 （a）简易洗消设施置于防毒通道内的排风系统 ① 排风竖井；② 扩散室或扩散箱；③ 染毒通道； ⑥ 室内；⑦ 设有简易洗消设施的防毒通道； 1—防爆波活门；2—自动排气活门；3—密闭阀门 （b）设简易洗消间的排风系统 ① 排风竖井；② 扩散室或扩散箱；③ 染毒通道； ④ 防毒通道；⑤ 简易洗消间；⑥ 室内； 1—防爆波活门；2—自动排气活门；3—密闭阀门；4—通风短管 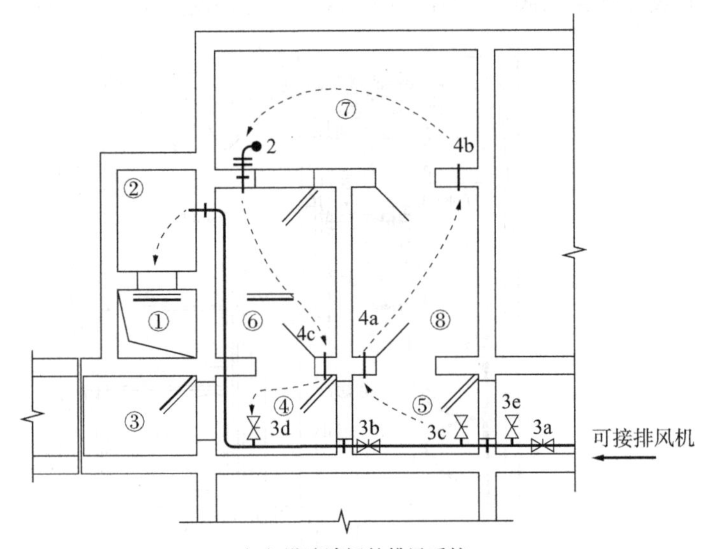 （c）设洗消间的排风系统 ① 排风竖井；② 扩散室或扩散箱；③ 染毒通道；④ 第一防毒通道； ⑤ 第二防毒通道；⑥ 脱衣室；⑦ 淋浴室；⑧ 检查穿衣室； 1—防爆波活门；2—自动排气活门；3—密闭阀门；4—通风短管 图 5.2.9　排风系统平面示意 **《人民防空工程防化设计规范》** 5.2.13　所有与外界相通的进、排风管道上设置密闭阀门不应少于两道。
问题解析	依据《人民防空工程防化设计规范》第 5.2.13 条、《人民防空地下室设计规范》第 5.2.9 条规定，除了战时汽车库、装备库和柴油发电机房等战时允许染毒、无防化要求的人防工程外，人防物资库、战时人员掩蔽工程、柴油发电机房控制室等人防地下室工程与外界相通的进、排风管道上应设置不少于两道的密闭阀门。

问题解析	1. 在图 1 中，与外界相通的排风管道上只设置一道双连杆密闭阀门，不符合《人民防空地下室设计规范》第 5.2.9 条规定及《人民防空工程防化设计规范》第 5.2.13 条规定。 2. 在图 2 中，人民防空医疗救护工程清洁区排风管道在第二密闭通道与第一密闭区之间未设置密闭阀门，不符合《人民防空工程防化设计规范》第 5.2.13 条、《人民防空地下室设计规范》第 5.2.9 条规定。 人民防空医疗救护工程战时排风可参照如图 3 所示的排风系统原理图设计，第 1 密闭区排风管路只需设置一道密闭阀门。 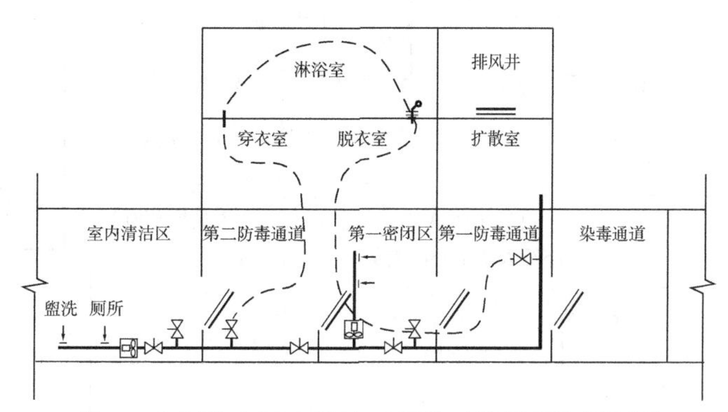 图 3　人民防空医疗救护工程战时排风系统原理图

问题描述

问题5 人防工程战时可靠电源

某人防工程设有5个人防防护单元，其中的1号防护单元有固定柴油发电站，2号、3号防护单元（二等人员掩蔽所）没有移动柴油发电站，如图1所示，2号、3号防护单元人防设备表（表1）中标明战时清洁、滤毒送风机均采用电动通风机。

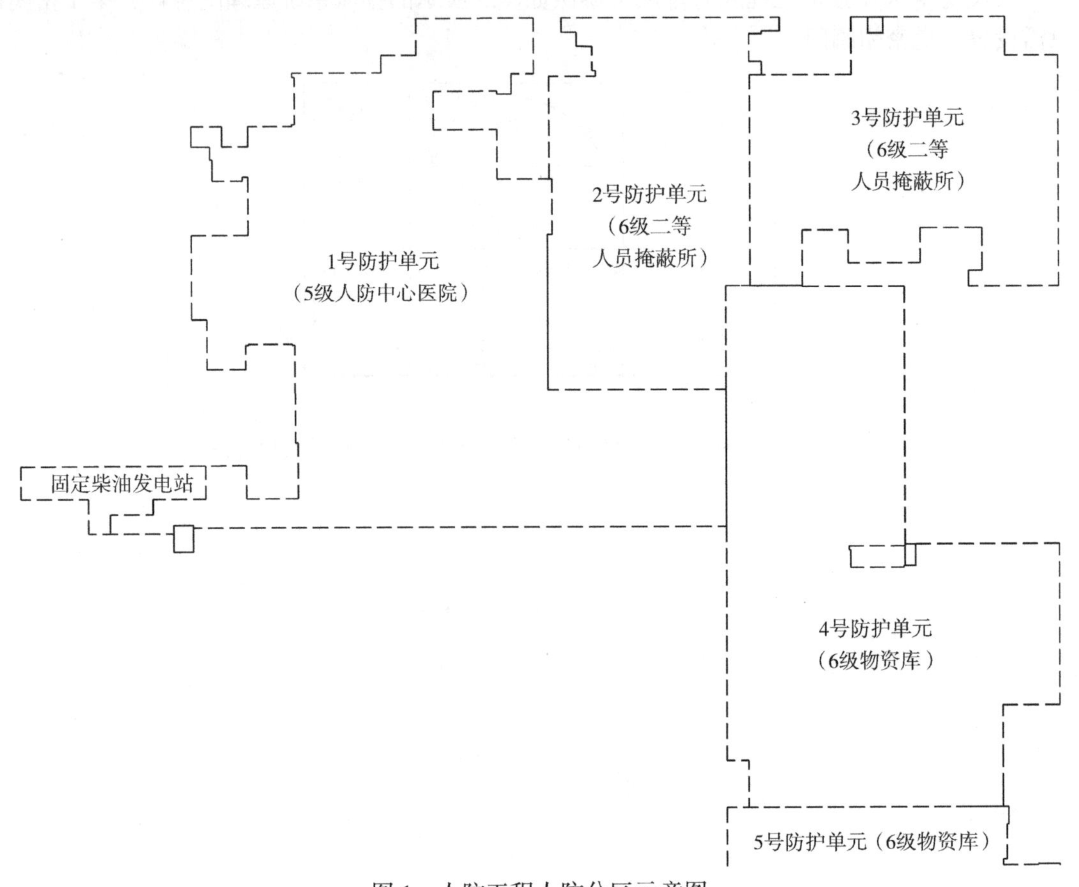

图1 人防工程人防分区示意图

2号、3号防护单元人防设备表 **表1**

编号	设备名称	规格型号
1	清洁送风机	RFS-B2-2-1 7000m^3/h 600Pa
2	滤毒送风机	RFS-B2-2-2 3000m^3/h 1300Pa
3	清洁排风机	RFP-B2-2-1 6500m^3/h 610Pa
4	油网滤尘器	LWP-D 1600m^3/h
5	过滤吸收器	RFP-1000型 1000m^3/h
6	手动双连杆密闭阀门	SMF50 *DN*500
7	手动双连杆密闭阀门	SMF50 *DN*500
8	手动双连杆密闭阀门	SMF50 *DN*500
9	超压排气自动活门	Ps-D250型
10	压差测量装置	倾斜式微压计测量装置 量程0～200Pa

相关标准	《人民防空地下室设计规范》 5.5.4 通风机应根据不同使用要求，选用节能和低噪声产品。战时电源无保障的防空地下室应采用电动、人力两用通风机。
问题解析	由于《人民防空地下室设计规范》中没有界定哪种情况属于“战时电源无障碍”，各地对本条文的实施要求存在差异，造成设计人员的困惑，如北京市人防工程技术服务中心在2016年06月27日印发的人防工程技术审查实例【2016年第02期（总第04期）】—人防工程电站技术审查专篇中，对问题3（固定电站与防空地下室某个防护单元结合设置时，是否需要采用电动、人力两用通风机）制定统一执行标准： 当战时人防固定电站设置为独立防护单元时（图2），由于电站保障区域较大，供电线路敷设距离较长，导致战时电站供电可靠性下降，故战时通风应采用电动、人力两用通风机。 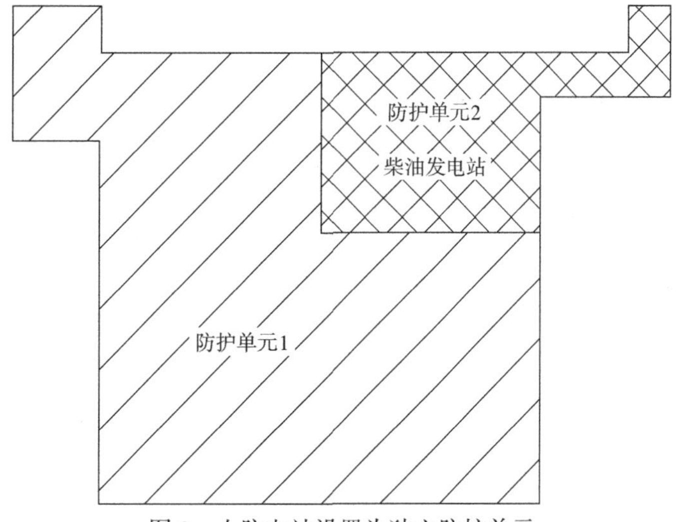 图2 人防电站设置为独立防护单元 当战时人防固定电站控制室与某个防护单元相连通时（图3），战时电源较为可靠，该防护单元可不设电动、人力两用通风机。 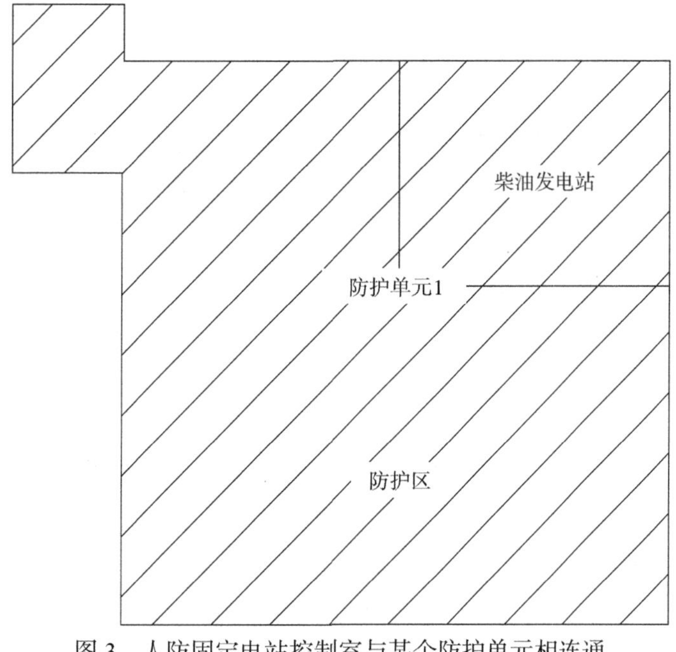 图3 人防固定电站控制室与某个防护单元相连通

问题解析	为确保人防工程战时人员安全，战时应尽量采用电动、人力两用通风机。一般情况下，当人防防护单元内没有内部电源（柴油发电机组）或区域电源供电时，战时进风机应选用人力、电动两用风机。小风量时，可选用手摇、电动两用风机（如 F270-2 型：风量 500～1100m^3/h，间距 1400mm，距地高度约 1m），大风量时，可选用脚踏式两用风机。当人防防护单元内设有柴油发电机组时，可选用电力风机。 图 1 中 1 号防护单元有固定柴油发电站，战时电源有保障，因此可采用电动通风机。而 2 号、3 号防护单元没有柴油发电站，属于战时电源无保障的人防工程，应采用电动、人力两用通风机。

问题描述

问题 6 柴油电站防毒通道设置的超压排风设施

1. 在图 1 移动电站通风平面图中，防毒通道未设置滤毒通风时的超压排风设施。

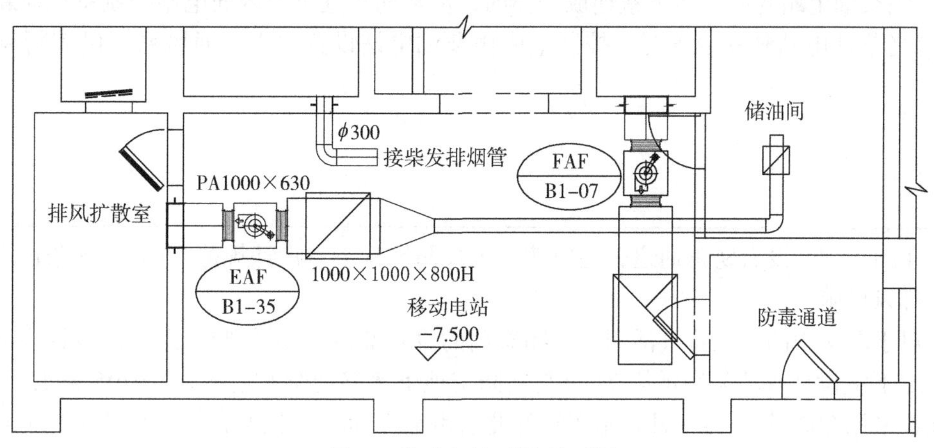

图 1 移动电站通风平面图

2. 在图 2 战时固定柴油电站防毒通道超压排风平面图中，防毒通道的自动排气活门被设置在柴油电站与防毒通道的隔墙上，短管加手动密闭阀门被设置在人员掩蔽工程清洁区与防毒通道的隔墙上。

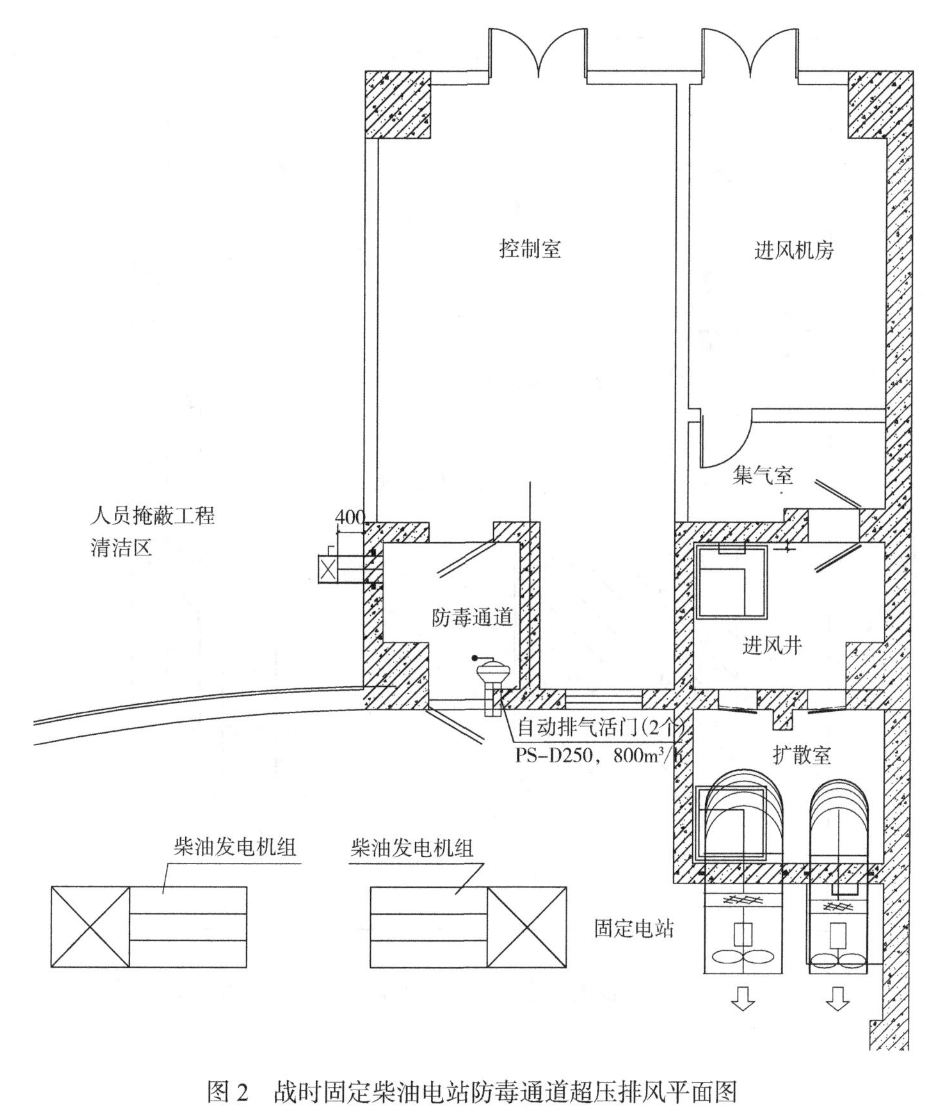

图 2 战时固定柴油电站防毒通道超压排风平面图

相关标准	《人民防空地下室设计规范》 5.7.6　柴油电站控制室所需的新风，应按下述不同情况区别处理： 1　当柴油电站与防空地下室连成一体时，应从防空地下室内向电站控制室供应新风； 2　当柴油电站独立设置时，控制室应由柴油电站设置独立的通风系统供应新风，且应设滤毒通风装置。
问题解析	1. 在图 1 中，设有防毒通道，还应按《人民防空地下室设计规范》第 5.7.6 条规定设置滤毒通风时的超压排风设施。 2. 对于图 2 中的自动排气活门、密闭阀门的设置部位，《人民防空地下室设计规范》配套图集《人民防空地下室设计规范》图示第 71 页与《防空地下室移动柴油电站》07FJ05 第 13 页等图集做法不一致，推荐采用 2022 年 4 月 1 日开始实施的北京市地方标准《平战结合人民防空工程设计规范》第 5.3.3 条第 4 款规定的做法：柴油电站防毒通道的自动排气活门宜设置在清洁区与防毒通道的隔墙上，短管加手动密闭阀门宜设置在柴油机房与防毒通道的隔墙上。相关做法见图 3。 图 2 中防毒通道设置的超压排风设施可按图 3 要求修改。 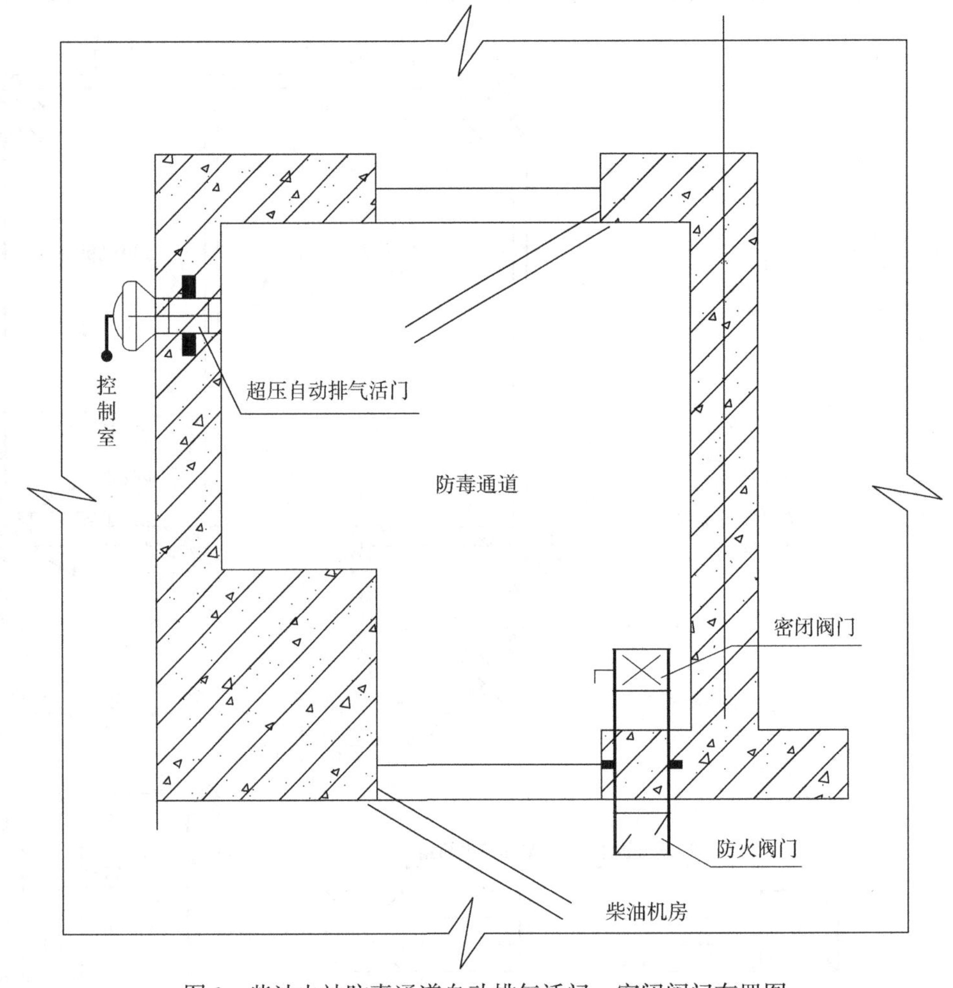 图 3　柴油电站防毒通道自动排气活门、密闭阀门布置图

问题描述

问题 7　移动电站与物资库设置连通口时，未在移动电站一侧设专用的滤毒进风设施

某人防工程移动电站和物资库通过防毒通道连通，未在移动电站一侧设置专用的滤毒进风装置，如图 1 所示。

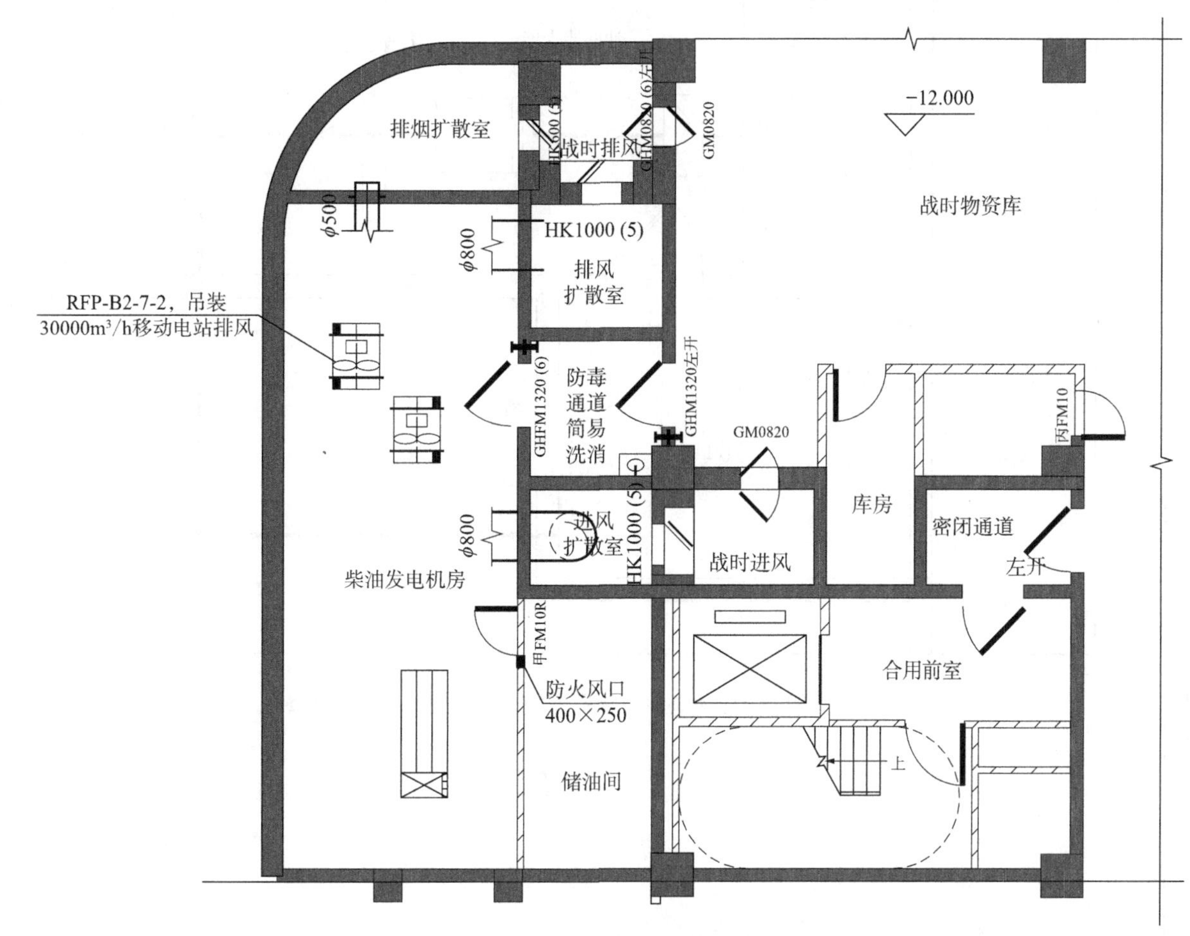

图 1　移动电站通风平面图

相关标准

《人民防空地下室设计规范》

5.7.9　移动电站与有防毒要求的防空地下室设连通口时，应设防毒通道和滤毒通风时的超压排风设施。

问题解析

《人民防空地下室设计规范》第 5.7.9 条没有规定移动电站与物资库设置连通口时的防护措施，应该是由于物资库没有滤毒通风，移动电站不宜与物资库工程结合设置。目前，有个别项目如图 1 所示，在移动电站与物资库设置连通口，也应设置防毒通道和超压排风设施，并在移动电站一侧设置专用的滤毒进风设施，以满足防毒通道换气的需要。

常见做法：从移动电站进风扩散室进风，经滤毒室、风机房处理后，由送风机送至防毒通道，移动电站与防毒通道之间的隔墙上设置超压排风设施，以满足防毒通道不小于 $40h^{-1}$ 换气次数的需要，见图 2。

问题解析

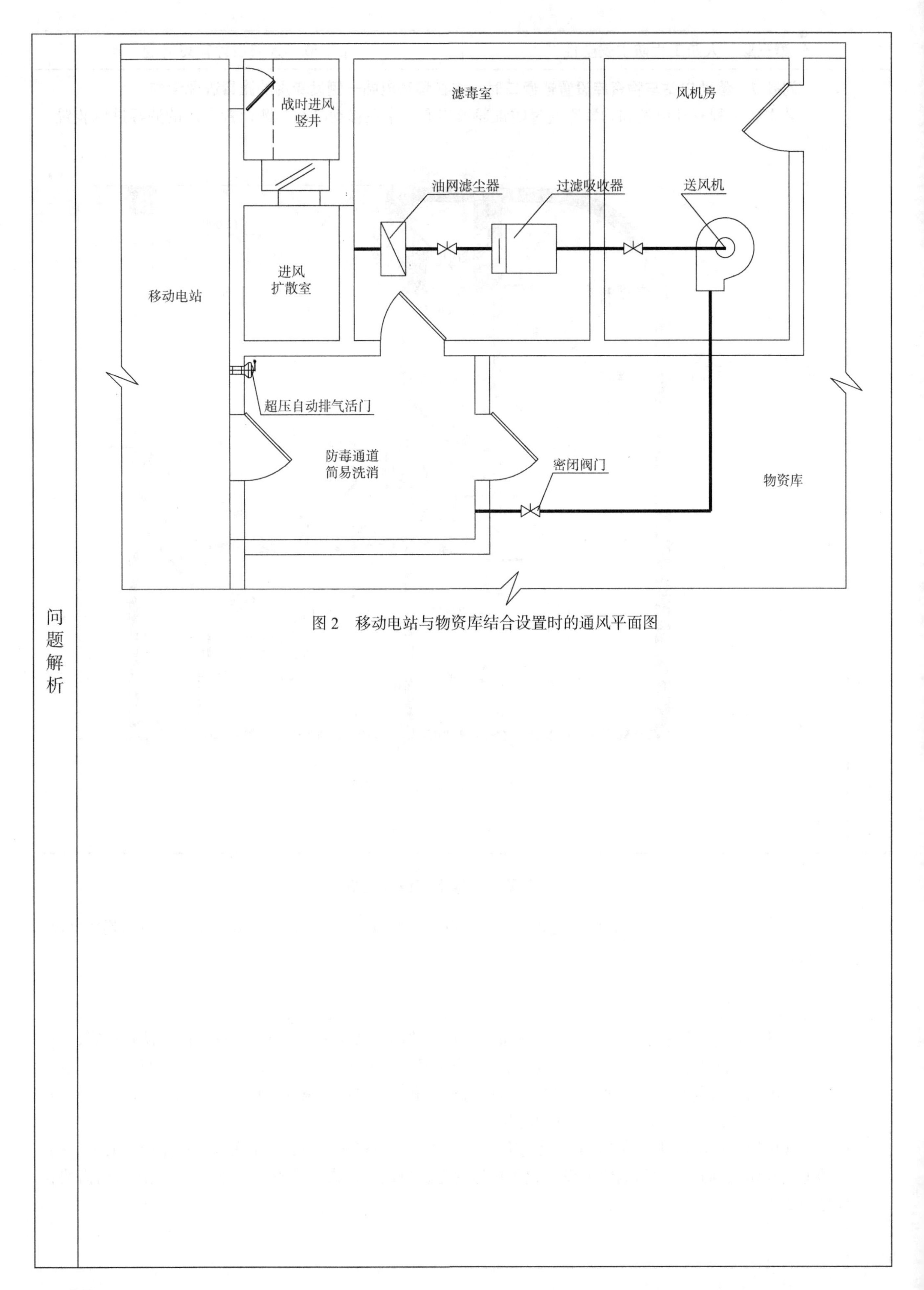

图 2　移动电站与物资库结合设置时的通风平面图

问题描述

问题 8　滤毒间换气

1. 在某急救医院战时进风口通风系统原理图中，过滤吸收器吸入端设置的手动双连杆密闭阀门 M3 被设置在换气堵头 D1 之后，不能满足滤毒间换气的要求，如图 1 所示。

2. 在某战时二等人员掩蔽所进风口通风系统原理图中，过滤吸收器吸入端设置的手动双连杆密闭阀门被设置在换气堵头 D1 之后，不能满足滤毒间换气的要求，如图 2 所示。

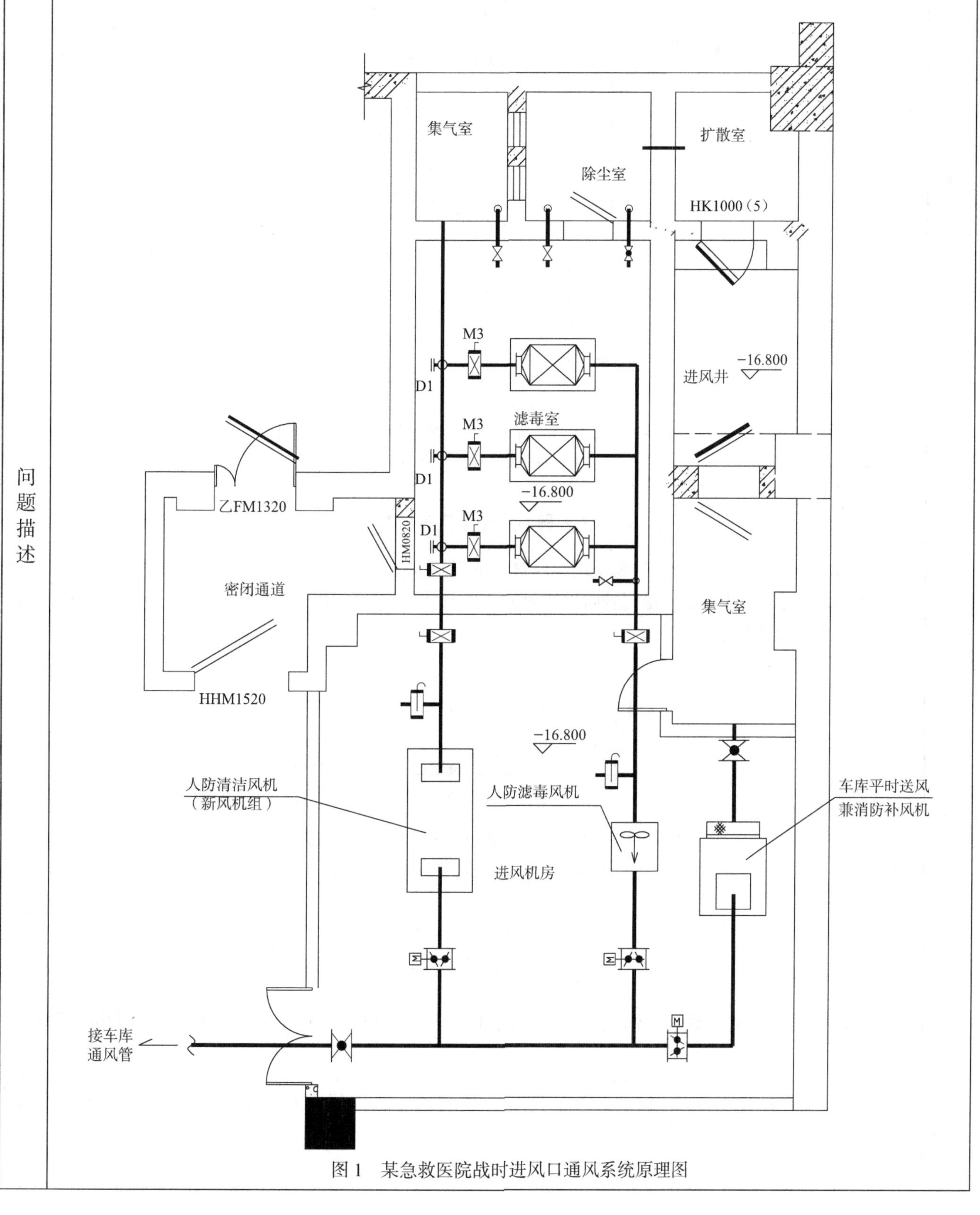

图 1　某急救医院战时进风口通风系统原理图

<table>
<tr><td>问题描述</td><td>
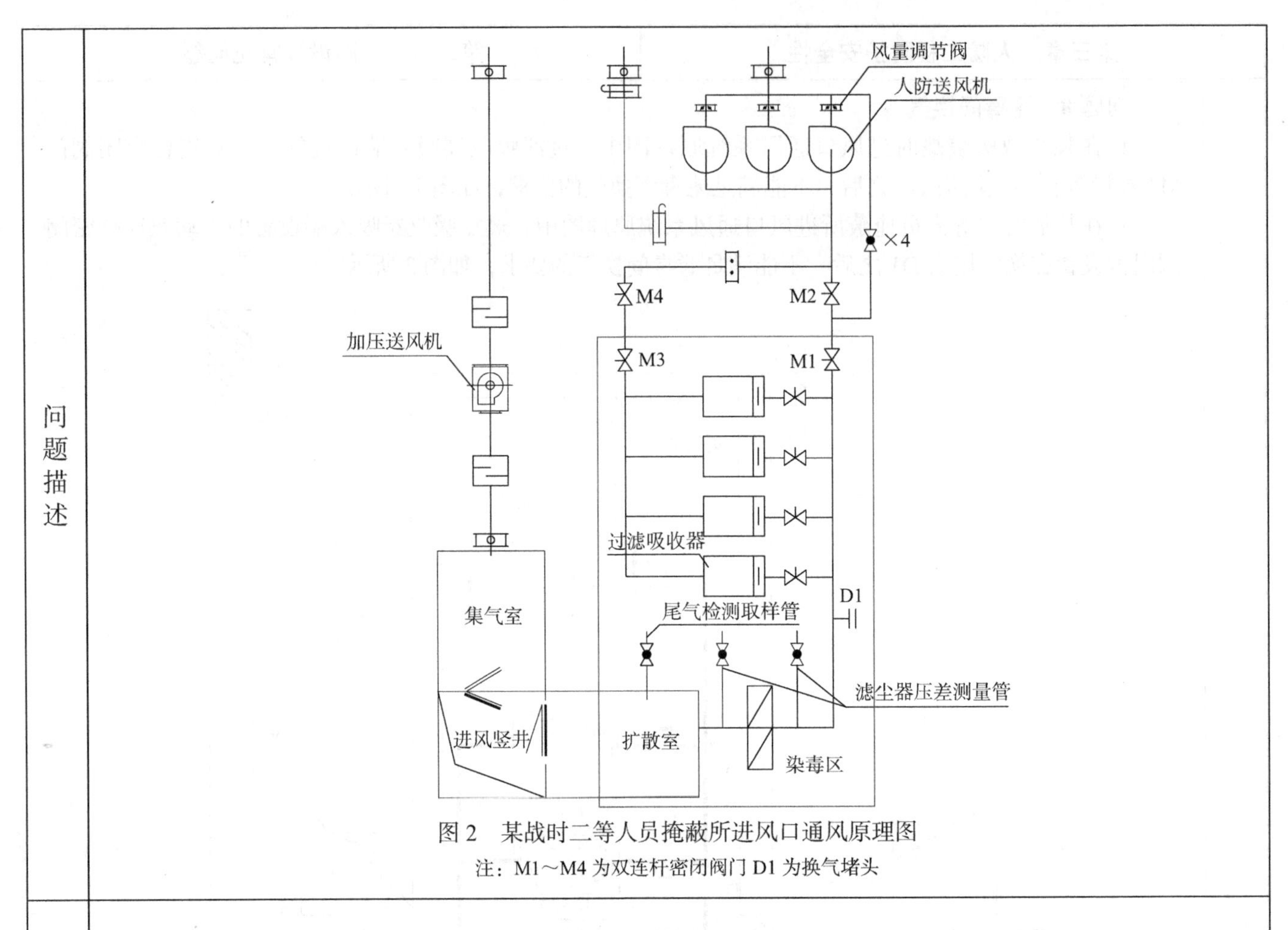

图 2　某战时二等人员掩蔽所进风口通风原理图
注：M1～M4 为双连杆密闭阀门 D1 为换气堵头
</td></tr>
<tr><td>相关标准</td><td>
《人民防空地下室设计规范》
5.2.8　防空地下室的战时进风系统，应符合下列要求：
2　设有清洁、滤毒、隔绝三种防护通风方式，且清洁进风、滤毒进风分别设置进风机时，进风系统应按原理图 5.2.8b 进行设计；
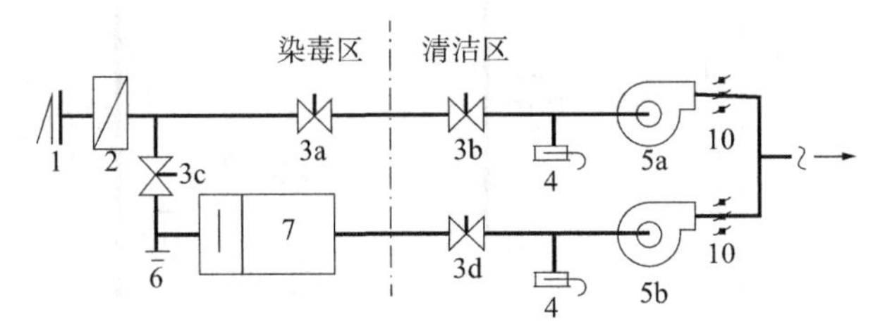

（b）清洁通风与滤毒通风分别设置通风机的进风系统
图 5.2.8　防空地下室进风系统原理示意
1—消波设施；2—粗过滤器；3—密闭阀门；4—插板阀；5—通风机；6—换气堵头；7—过滤吸收器；10—风量调节阀
《人民防空工程防化设计规范》
5.1.2　滤尘器室、滤毒器室的换气次数每小时不应小于 15 次。防化化验室换气次数每小时不应小于 8 次。
</td></tr>
<tr><td>问题解析</td><td>
滤毒间换气时，应关闭图 5.2.8（b）中密闭阀门 3c，打开换气堵头 6，图 1、图 2 中换气堵头设置在密闭阀门之前，不能实现滤毒间换气。
</td></tr>
</table>

问题描述

问题 9　防爆波活门选用

某移动柴油电站设计说明中写明移动电站计算送风量为 24800 m^3/h，计算排风量为 24000m^3/h，如图 1 所示；移动电站通风平面图（图 2）进风口部扩散室设置一个 HK600（5）防爆波悬板活门，排风口部扩散室设置一个 HK1000（5）防爆波悬板活门。

移动电站设计说明

1. 防护单元4内设有一个移动电站，设置一台装机容量120kW的柴油发电机组。

2. 电站通风系统设计：

电站采用风冷方式，系统送风量按照排除机房内余热和有害气体，并满足柴油机组燃烧所需空气量确定。

移动电站通风系统主要计算参数如下：

排风量（总计）	燃烧空气量（总计）	送风量（总计）
m^3/h	m^3/h	m^3/h
24000	800	24800

图 1　设计说明

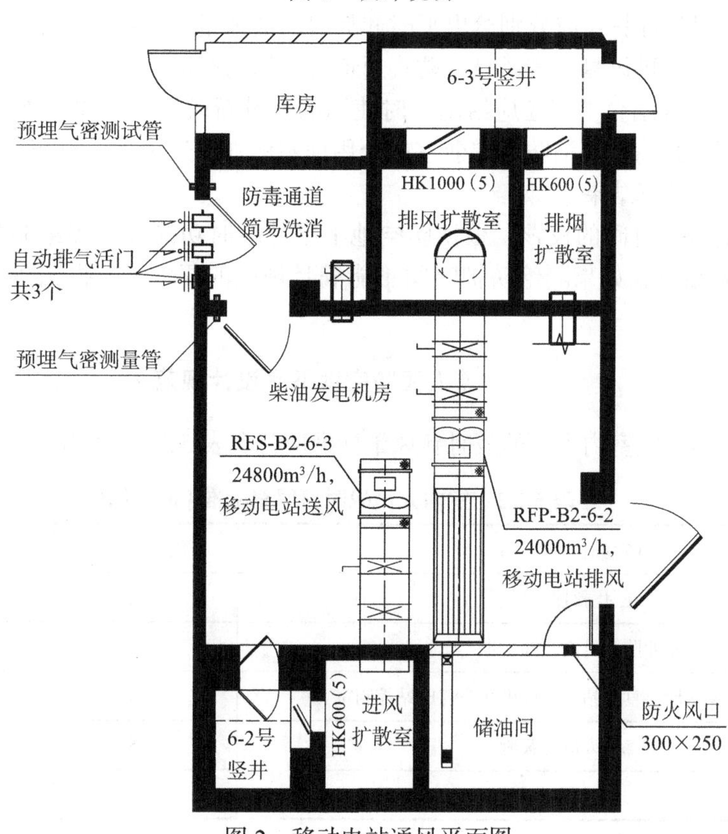

图 2　移动电站通风平面图

相关标准

《人民防空地下室设计规范》

5.2.10　防爆波活门的选择，应根据工程的抗力级别（按本规范第 3.3.18 条的相关规定确定）和清洁通风量等因素确定，所选用的防爆波活门的额定风量不得小于战时清洁通风量。

问题解析

HK1000（5）防爆波悬板活门战时最大风量为 22000m^3/h，小于移动电站战时计算排风量；HK600（5）防爆波悬板活门战时最大风量为 8000m^3/h，小于移动电站战时计算送风量，不符合《人民防空地下室设计规范》第 5.2.10 条规定。选用多个防爆波活门时，活门的型号规格宜相同。

问题描述

问题10 人防通风系统风量计算常见问题

1. 缺少人防通风计算或计算表不完整，特别是没有计算滤毒通风时室内保持超压值所需的新风量，没有自动排气活门选型计算，没有人防救护工程战时排风量和送风量计算。

2. 某战时急救医院项目，建筑面积为2815m^2，掩蔽人员240人，战时清洁式通风按15m^3/（人·h）标准计算，计算送风量为3600m^3/h，战时滤毒式通风按5m^3/（人·h）标准计算，送风量L_R = 1200m^3/h，室内保持超压值所需的新风量L_H = 2500m^3/h，其中，

最小防毒通道体积：V_0 = 33m^3/h

清洁区有效容积：V_F = 9460m^3/h

滤毒送风量取L_R、L_H中的较大值2500m^3/h。

并按清洁式通风量3600m^3/h选用清洁通风管管径、初效过滤器、密闭阀门和通风机设备；按滤毒送风量2500m^3/h选择滤毒进风管路上的过滤吸收器、滤毒风机、滤毒通风管及密闭阀门。

相关标准

《人防工程施工图设计文件深度要求》

4.3 防空地下室暖通空调施工图设计及施工说明应包括：

4.3.6 设计风量计算：应分别给出平时和战时的通风量计算结果。主要包括战时人员掩蔽工程清洁通风和滤毒通风的进风量、排风量；防毒通道和排风房间的换气次数；战时物资库和汽车库的进风量、排风量；对平战结合工程还应给出平时使用的人员新风量、空调送风量、回风量、消防排烟量，以及防烟楼梯间及其前室、消防电梯前室或合用前室的加压送风量；汽车库的进风量、排风量、消防排烟量和补风量等计算结果。

4.3.7 隔绝防护时间的校核：根据防空地下室的战时功能确定隔绝防护时间，并给出隔绝防护时间的校核计算结果，如果隔绝防护时间不能满足规范的要求，应提出延长隔绝防护时间需采取的措施。

《人民防空地下室设计规范》

5.2.2 防空地下室室内人员的战时新风量标准应符合表5.2.2的规定。

表5.2.2 室内人员战时新风量标准[m^3/（P·h）]

防空地下室类别	清洁通风	滤毒通风
医疗救护工程	≥12	≥5
防空专业队队员掩蔽部、生产车间	≥10	≥5
一等人员掩蔽所、食品站、区域供水站、电站控制室	≥10	≥3
二等人员掩蔽所	≥5	≥2
其他配套工程	≥3	—

注：物资库的清洁式通风量可按清洁区的换气次数1～2h^{-1}计算。

5.2.7 防空地下室滤毒通风时的新风量应按式（5.2.7-1）、式（5.2.7-2）计算，取其中的较大值。

$$L_R = L_2 \cdot n \quad (5.2.7\text{-}1)$$

$$L_H = V_F \cdot K_H + L_f \quad (5.2.7\text{-}2)$$

式中 L_R——按掩蔽人员计算所得的新风量（m^3/h）；

L_2——掩蔽人员新风量设计计算值（见表5.2.2）（m^3/（P·h））；

n——室内的掩蔽人数（P）；

L_H——室内保持超压值所需的新风量（m^3/h）；

V_F——战时主要出入口最小防毒通道的有效容积（m^3）；

<table>
<tr><td>相关标准</td><td>

K_H——战时主要出入口最小防毒通道的设计换气次数（见表 5.2.6）（h^{-1}）；
L_f——室内保持超压时的漏风量（m^3/h），可按清洁区有效容积的 4%（每小时）计算。

《人民防空医疗救护工程设计标准》

4.2.2 战时清洁通风时，室内人员新风量标准为 15～20 m^3/（P·h）；战时滤毒通风时，室内人员新风量标准为 5～7m^3/（P·h）。
4.2.4 滤毒通风时宜采用全工程超压排风，工程内清洁区的超压值不应小于 50Pa，人员主要出入口最小防毒通道的通风换气次数不应小于 50h^{-1}，第一密闭区分类厅的通风换气次数不宜小于 40h^{-1}。
4.3.7 第一密闭区的分类厅、急救观察室、诊疗室等房间在清洁通风时宜为空调区域，可引入清洁区的通风空调管道，向房间供冷（热）风以满足房间新风和温湿度调节的需要；相应管道上应分别在染毒区和清洁区各设一道密闭阀门，滤毒和隔绝通风时关闭阀门。
4.3.8 平时和战时清洁通风时，排风房间应采用负压排风，房间排风换气次数宜按表 4.3.8 确定。当工程清洁通风计算的总排风量大于按人员新风量计算的总进风量时，工程设计总进风量宜按总排风量的 1.05～1.10 倍确定。

</td></tr>
<tr><td>问题解析</td><td>

1. 应按《人防工程施工图设计文件深度要求》第 4.3.6 条、第 4.3.7 条规定提供人防工程通风系统设计相关计算资料。
2. 战时急救医院清洁通风送风量为 3600m^3/h，而按《人民防空医疗救护工程设计标准》第 4.3.8 条规定核算，战时急救医院第一密闭区清洁排风量＝2400m^3/h，第二密闭区清洁排风量＝8000m^3/h，固定电站控制室清洁送风量为 890m^3/h（按 6 次 /h 换气计算值），清洁排风量＝2400＋8000＝10400（m^3/h），则清洁送风量＝清洁排风量×1.05＋890＝10920＋890＝11810（m^3/h）。
战时急救医院滤毒通风送风量为 2500 m^3/h，而按《人民防空医疗救护工程设计标准》第 4.2.4 条规定进行核算，第一分类厅滤毒通风送风量（通风换气次数不宜小于每小时 40 次）＝分类厅体积×40＝60×4.5×40＝10800（m^3/h）。
应按清洁式通风量 11810m^3/h 选用清洁通风管管径、初效过滤器、密闭阀门和通风机设备、门式防爆波活门。
按滤毒送风量 2500m^3/h 选择滤毒进风管路上的过滤吸收器、滤毒风机、滤毒通风管及密闭阀门，按第一分类厅滤毒通风送风量 10800m^3/h 选用第一分类厅自循环风机、过滤吸收器、滤毒通风管等。

</td></tr>
</table>

第四章　法律、法规、规章规定

问题描述

问题 1　违反《北京市禁止使用建筑材料目录》的相关规定

1. 新建民用建筑工程室内供暖、空调系统使用冷镀锌钢管、非镀锌钢管。

2. 新建民用建筑工程室内管径 $DN \leqslant 80mm$ 的供暖、空调系统使用非镀锌钢管。

3. 某新建住宅楼设计施工说明中，要求供暖用燃气壁挂炉的最低热效率为 94%，部分负荷下热效率不低于 92%，设备表中未标注燃气壁挂炉热效率，也未对氮氧化物排放浓度提出要求。

相关标准

《建筑节能与可再生能源利用通用规范》

3.2.6　当设计采用户式燃气供暖热水炉作为供暖热源时，其热效率应符合表 3.2.6 条的规定。

表 3.2.6　户式燃气供暖热水炉的热效率

类型		热效率值（%）
户式供暖热水炉	η_1	$\geqslant 89$
	η_2	$\geqslant 85$

注：η_1 为户式燃气供暖热水炉额定热负荷和部分热负荷（供暖状态为 30% 的额定热负荷）下两个热效率值中的较大值，η_2 为较小值。

《家用燃气快速热水器和燃气采暖热水炉能效限定值及能效等级》

4.2　能效等级

热水器和采暖炉能效等级分为 3 级，其中 1 级能效最高。各等级的热效率值不应低于表 1 的规定。表 1 中的 η_1 为热水器或采暖炉额定热负荷和部分热负荷（热水状态为 50% 的额定热负荷，采暖状态为 30% 的额定热负荷）下两个热效率值中的较大值，η_2 为较小值。当 η_1 与 η_2 在同一等级界限范围内时判定该产品为相应的能效等级；如 η_1 与 η_2 不在同一等级界限范围内，则判为较低的能效等级。

表 1　热水器和采暖炉能效等级

类型			热效率值 η/%		
			能效等级		
			1 级	2 级	3 级
热水器		η_1	98	89	86
		η_2	94	85	82
采暖炉	热水	η_1	96	89	86
		η_2	92	85	82
	采暖	η_1	99	89	86
		η_2	95	85	82

注：能效等级判定举例：

例 1：某热水器产品实测 $\eta_1 = 98\%$，$\eta_2 = 94\%$，η_1 和 η_2 同时满足 1 级要求，判为 1 级产品；

例 2：某热水器产品实测 $\eta_1 = 88\%$，$\eta_2 = 81\%$，虽然 η_1 满足 3 级要求，但 η_2 不满足 3 级要求，故判为不合格产品；

例 3：某采暖炉产品热水状态实测 $\eta_1 = 98\%$，$\eta_2 = 94\%$，热水状态满足 1 级要求；采暖状态实测 $\eta_1 = 100\%$，$\eta_2 = 82\%$，采暖状态为 3 级产品；故判为 3 级产品。

<table>
<tr><td>相关标准</td><td>

北京市地方标准《居住建筑节能设计标准》

4.2.8　采用户式燃气供暖炉（热水器）作为供暖热源时，其额定热效率不应低于现行国家标准《家用燃气快速热水器和燃气采暖热水炉能效限定值及能效等级》GB 20665 中能效等级 1 级的规定值。

4.2.9　户式燃气供暖炉（热水器）的设计应符合下列节能减排规定：

6　氮氧化物排放应符合现行国家和地方对燃气供暖炉大气污染物排放标准的最高要求。
</td></tr>
<tr><td>问题解析</td><td>

1. 和 2. 为配合供热计量工作开展，多个省市在颁布的《推广、限制和禁止使用材料目录》中要求室内供暖、空调热水管道均应采用热镀锌钢管，如在京建发【2019】第 149 号《北京市推广、限制和禁止使用建筑材料目录（2018 年版）》第 45 条规定：新建民用建筑工程室内管径 $DN \leqslant 100$mm 的供暖、空调系统应采用热镀锌钢管。

3. 设计施工说明中所列燃气壁挂炉的最低热效率及部分负荷下的热效率，既不满足《家用燃气快速热水器和燃气采暖热水炉能效限定值及能效等级》中能效等级为 1 级的采暖炉最低热效率及部分负荷下热效率的限值要求，也不符合北京市地方标准《居住建筑节能设计标准》第 4.2.8 条规定和京建发【2019】第 149 号文《北京市禁止使用建筑材料目录（2018 年版）》的相关要求。另外，氮氧化物排放尚应达到国家标准《燃气采暖热水炉》规定的 5 级要求，即 62mg/kW·h。
</td></tr>
</table>

<table>
<tr><td>问题描述</td><td>

问题 2 大型商业综合体地下餐饮场所使用燃气

1. 某商业综合体项目，总建筑面积为 482782m²，地上建筑面积为 330690m²，在地下一层沿室外下沉广场周围区域设有商业及餐饮，除原有使用燃气的餐饮区外，本次改造又新增部分餐饮区，且建筑面积大于 150m²，预留有燃气事故通风系统。

2. 某商业综合体项目的总建筑面积为 205449m²，地上建筑面积大于 10 万 m²，改造时，在地下一层沿着室外下沉广场周围新设置商业餐饮，部分餐饮区建筑面积大于 150m²，设有燃气事故通风系统。

</td></tr>
<tr><td>相关标准</td><td>

《大型商业综合体消防安全管理规则（试行）》
应急消【2019】314 号

第三条 本规则适用于已建成并投入使用且建筑面积不小于 5 万平方米的商业综合体（以下简称“大型商业综合体”），其他商业综合体可参照执行。

第三十四条 大型商业综合体内餐饮场所的管理应当符合下列要求：

1. 餐饮场所宜集中布置在同一楼层或同一楼层的集中区域；

2. 餐饮场所严禁使用液化石油气及甲、乙类液体燃料；

3. 餐饮场所使用天然气作燃料时，应当采用管道供气。设置在地下且建筑面积大于 150 平方米或座位数大于 75 座的餐饮场所不得使用燃气；

4. 不得在餐饮场所的用餐区域使用明火加工食品，开放式食品加工区应当采用电加热设施；

5. 厨房区域应当靠外墙布置，并应采用耐火极限不低于 2 小时的隔墙与其他部位分隔；

6. 厨房内应当设置可燃气体探测报警装置，排油烟罩及烹饪部位应当设置能够联动切断燃气输送管道的自动灭火装置，并能够将报警信号反馈至消防控制室；

7. 炉灶、烟道等设施与可燃物之间应当采取隔热或散热等防火措施；

8. 厨房燃气用具的安装使用及其管路敷设、维护保养和检测应当符合消防技术标准及管理规定；厨房的油烟管道应当至少每季度清洗一次；

9. 餐饮场所营业结束时，应当关闭燃气设备的供气阀门。

</td></tr>
<tr><td>问题解析</td><td>

目前，总建筑面积大于 5 万 m² 的大城市综合体改造设计应遵照《大型商业综合体消防安全管理规则（试行）》第三十四条第 3 款规定的相关内容执行。

</td></tr>
</table>

问题描述

问题 3　餐饮业大气污染物排放超标

厨房排放的油烟、颗粒物最高允许排放浓度，以及净化设备污染物去除效率，不符合北京市地方标准《餐饮业大气污染物排放标准》的规定。

相关标准

北京市地方标准《餐饮业大气污染物排放标准》

4.1　排放限值

4.1.1　自本标准实施之日起，餐饮服务单位排放的油烟、颗粒物的最高允许排放浓度，应符合表1的规定。

4.1.2　自2020年1月1日起，餐饮服务单位排放的非甲烷总烃以及油烟、颗粒物的最高允许排放浓度，应符合表1的规定。

表1　大气污染物最高允许排放浓度　　单位：mg/m^3

序号	污染物项目	最高允许排放浓度[1]
1	油烟	1.0
2	颗粒物	5.0
3	非甲烷总烃	10.0
注1：最高允许排放浓度指任何1小时浓度均值不得超过的浓度。		

4.2.3　未经任何净化设备净化排放油烟的餐饮服务单位视同超标排放。

B.1　在新建或更换污染物净化设备时，餐饮服务单位应根据其规模大小、排放的主要污染物种类选择净化设备。

表B.1　净化设备的污染物去除效率选择参考

污染物项目	净化设备的污染物去除效率[1]（%）		
	小型	中型	大型
油烟	≥90	≥90	≥95
颗粒物	≥80	≥85	≥95
非甲烷总烃	≥65	≥75	≥85
注1：净化设备的污染物去除效率指实验室检测的去除效率。			

问题解析

北京市地方标准《餐饮业大气污染物排放标准》于2019年1月1日实施，本标准与国家标准《饮食业油烟排放标准（试行）》相比，增加了颗粒物、非甲烷总烃两项污染物排放限值，对油烟排放要求更加严格。

设计施工说明中应列出餐饮业大气污染物最高允许排放浓度。根据餐饮业规模大小，在设备表中应标明净化设备的污染物去除效率，也应满足北京市地方标准《餐饮业大气污染物排放标准》的相关规定。

另外，北京市地方标准《餐饮业大气污染物排放标准》适用于北京市餐饮服务单位烹饪过程的大气污染物排放控制，也适用于产生油烟排放的食品制造企业的大气污染物排放控制。本标准不适用于居民家庭烹饪大气污染物的排放控制，对住宅、四合院、别墅等居住建筑的厨房大气污染物排放控制没有要求。

问题描述

问题 1　老年人建筑室内散热器、热水辐射供暖分集水器未暗装或加装防护罩

老年人照料设施建筑的热水辐射供暖分集水器、散热器没有采取防止烫伤的保护措施，选取散热器片数时也未按暗装方式进行附加。未在建筑专业相关图纸及设计施工说明中写明散热器要加装防护罩。散热器暗装或加装防护罩时，未明确要采用温包外置式恒温控制阀。

相关标准

《民用建筑供暖通风与空气调节设计规范》

5.3.10　幼儿园、老年人和特殊功能要求的建筑的散热器必须暗装或加防护罩。

《老年人照料设施建筑设计标准》

7.2.5　散热器、热水辐射供暖分集水器必须有防止烫伤的保护措施。

北京市地方标准《供热计量设计技术规程》

7.1.7　散热器应明装，必须暗装时应选择温包外置式恒温控制阀。

北京市地方标准《社区养老服务设施设计标准》

6.6.2　供暖与空调通风

3　建筑内散热器应暗装或者加防护罩。

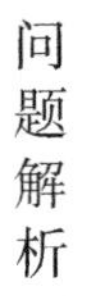

问题解析

为了保护老年人的安全健康，避免老年人被烫伤和碰伤，《民用建筑供暖通风与空气调节设计规范》第 5.3.10 条规定老年人建筑内设置的散热器必须暗装或加装防护罩。《老年人照料设施建筑设计标准》第 7.2.5 条规定老年人照料设施建筑内设置的热水散热器、电供暖散热器、热水辐射供暖分集水器等，必须暗装或加装防护罩。

如何理解《民用建筑供暖通风与空气调节设计规范》第 5.3.10 条条文中的老年人建筑？

在《老年人照料设施建筑设计标准》第 1.0.2 条中写明本标准适用于新建、改建和扩建的设计总床位数或老年人总数不少于 20 床（人）的老年人照料设施建筑设计，第 1.0.2 条条文说明写明老年人设施包括养老服务设施、老年人居住建筑，养老服务设施又包括老年人照料设施和老年人活动设施，老年人照料设施在老年人设施体系中的定位见图 1。

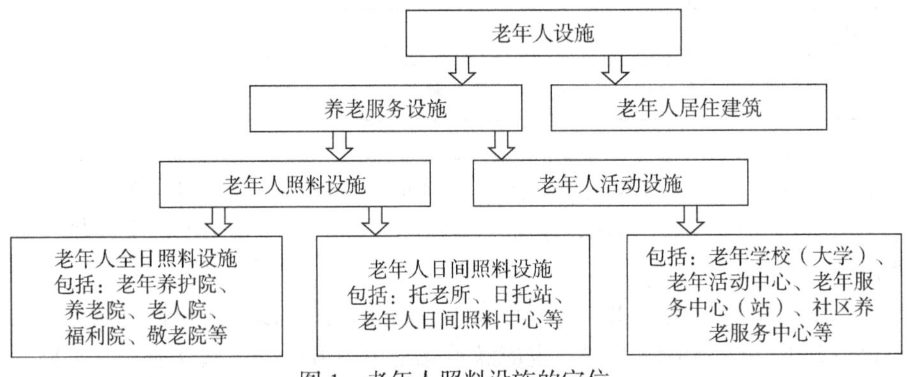

图 1　老年人照料设施的定位

北京市地方标准《社区养老服务设施设计标准》第 6.6.2 条规定社区养老服务设施建筑内散热器应暗装或者加装防护罩。

因此，《民用建筑供暖通风与空气调节设计规范》第 5.3.10 条中的老年人建筑在规范及条文说明没有明确界定的情况下，本书编者认为可将本条文中的老年人建筑等同于图 1 中的养老服务设施。

问题描述	**问题 2　辐射供暖工程塑料加热管的材质和壁厚的选择** 1. 某核心区项目的高层办公楼，建筑总高度为 159m，空调水系统竖向分区，1～23 层为低区，设计工作压力为 1.6MPa。首层大厅采用地面辐射供暖系统，直接从低区办公楼空调水立管接出供暖分支管，为夏季风机盘管供冷、冬季地暖系统供暖；热水地面辐射供暖塑料加热管 PE-RT 按工作压力 0.8MPa 选用。 2. 某公共建筑首层门厅采用辐射供暖，设计施工说明和大样图中未明确辐射供暖系统的工作压力，也未明确供暖塑料管的材质和壁厚。 3. 某住宅建筑户内采用辐射供暖系统，低区供暖系统设计工作压力为 0.8MPa，户内埋地管工作压力为 0.6MPa，设计供回水温度 45℃/35℃，选用带阻氧层的 PE-X 管材，设计壁厚为 1.9mm。
相关标准	**《民用建筑供暖通风与空气调节设计规范》** 5.4.6　热水地面辐射供暖塑料加热管的材质和壁厚的选择，应根据工程的耐久年限、管材的性能以及系统的运行水温、工作压力等条件确定。 **《工业建筑供暖通风与空气调节设计规范》** 5.4.12　辐射供暖加热管的材质和壁厚的选择应根据工程的耐久年限、管材的性能、管材的累计使用时间，以及系统的运行水温、工作压力等条件确定。 **《辐射供暖供冷技术规程》** C.1.3　塑料管公称壁厚应根据本规程第 C.1.2 条选择的管系列及施工和使用中的不利因素综合确定。管材公称壁厚应符合表 C.1.3 的要求，并应同时符合下列规定： 1　对管径大于或等于 15mm 的管材，壁厚不应小于 2.0mm； 2　需要进行热熔焊接的管材，其壁厚不得小于 1.9mm。
问题解析	1. 首层空调水系统的工作压力大于 1.0MPa，《辐射供暖供冷技术规程》附录 C 中热水地面辐射供暖塑料加热管 PE-RT 的最大允许工作压力为 1.0MPa，因此，首层大厅地面辐射供暖系统工作压力超过埋地塑料管的最大允许工作压力，不满足《民用建筑供暖通风与空气调节设计规范》第 5.4.6 条规定。 2. 应按《民用建筑供暖通风与空气调节设计规范》第 5.4.6 条规定选择辐射供暖系统埋地塑料管的材质和壁厚，并在设计施工说明或辐射供暖系统详图中写明选型结果。 3. 户内 PE-X 塑料管壁厚虽然可满足《辐射供暖供冷技术规程》附录 C 中表 C.1.3 的规定值，但是不能满足附录 C 第 C.1.3 条第 1 款规定值。 工业建筑中设置辐射供暖系统时，也应按《工业建筑供暖通风与空气调节设计规范》第 5.4.12 条规定，正确选择辐射供暖加热管的材质和壁厚。

问题描述

问题 3　有关供暖管道热补偿措施的问题

1. 供暖管道设置固定支架时，存在的问题：

（1）水平干管或总立管固定支架的布置，不满足最大位移量≤ 40mm 的要求。

（2）垂直双管系统固定支架位置、闭合管与立管同轴的垂直单管系统连接散热器支管的立管的固定及补偿措施，不满足要求。

（3）无分支管接点的管段固定支架间距，不满足要求。

2. 不能采用自然补偿时，未设置补偿器，如图 1 所示。

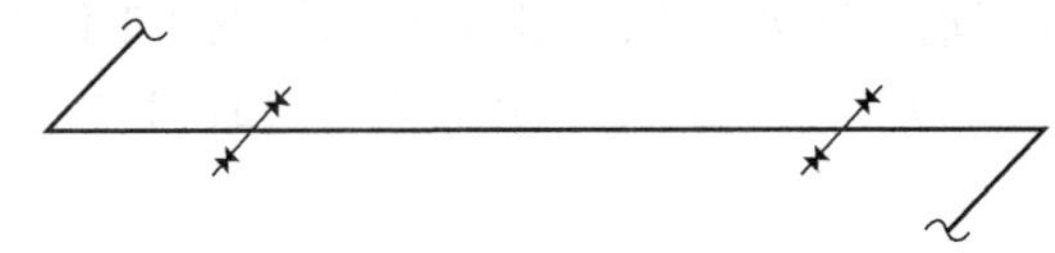

图 1　不能采用自然补偿时未设置补偿器

3. 没有计算管道热膨胀和标注补偿器的补偿量。

（1）采用波纹补偿器时，没有标注波纹补偿器的补偿量，如图 2 所示。

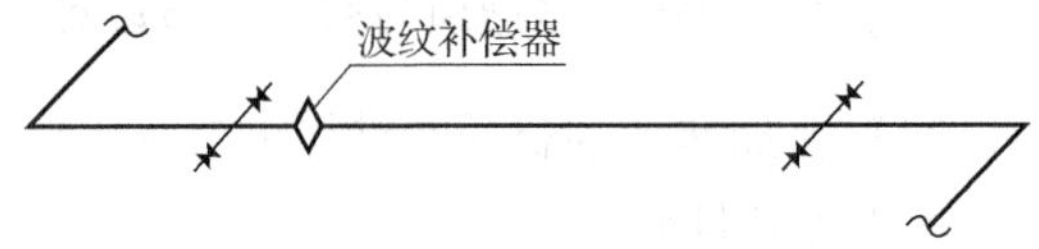

图 2　没有标注波纹补偿器的补偿量

（2）采用方形补偿器时，没有标注方形补偿器的 a、b 值（补偿量），如图 3 所示。

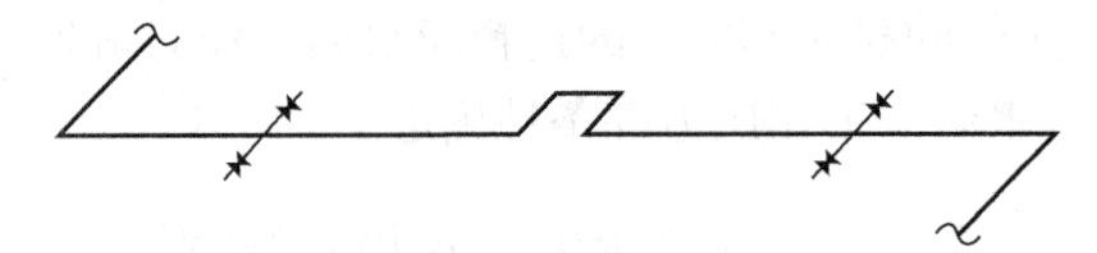

图 3　没有标注方形补偿器的 a、b 值

4. 供暖管道采用 L 形或 Z 形自然补偿方式时，短臂的固定支架靠近弯头设置，造成短臂过短，如图 4 所示。

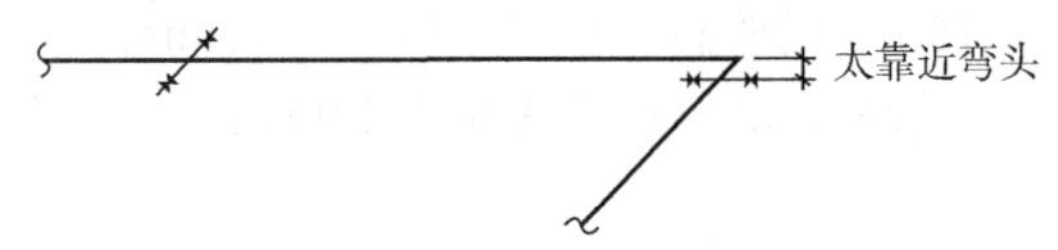

图 4　L 形自然补偿方式短臂过短

相关标准

《民用建筑供暖通风与空气调节设计规范》

5.9.5　当供暖管道利用自然补偿不能满足要求时，应设置补偿器。

5.9.8　当供暖管道必须穿越防火墙时，应预埋钢套管，并在穿墙处一侧设置固定支架，管道与套管之间的空隙应采用耐火材料封堵。

8.5.20　空调热水管道设计应符合下列规定：

1　当空调热水管道利用自然补偿不能满足要求时，应设置补偿器；

《工业建筑供暖通风与空气调节设计规范》

5.8.17　供暖管道必须计算其热膨胀。当利用管段的自然补偿不能满足要求时，应设置补偿器。

问题解析

1.《民用建筑供暖通风与空气调节设计规范》第 5.9.5 条条文说明和《全国民用建筑工程设计技术措施—暖通空调・动力》（2009 年版）中写明：对供暖管道进行热补偿与固定，一般应符合下列要求：

（1）（管段分支接点较少的）水平干管或总立管固定支架的布置，要保证分支干管接点处的最大位移量不大于 40mm。

问题解析

（2）（管段分支接点较多的）垂直双管系统、闭合管与立管同轴的垂直单管系统连接散热器支管的立管，长度≤ 20m 时，可在立管中设置固定卡；长度＞ 20m 时，应采取补偿措施。固定卡以下的长度＞ 10m 的立管，应用 3 个弯头与干管连接。

（3）无分支管接点的管段，间距要保证伸缩量不大于补偿器或自然补偿所能吸收的最大补偿率。

（4）确定固定点的位置时，要考虑安装固定支架（与建筑物连接）的可行性。

2. 补偿方式的确定

（1）供暖系统供回水管道应优先采用自然补偿，不要过多地设置补偿器。

钢管线膨胀系数为 0.012mm/（m·K），水平干管或总立管保证分支管接点处的最大位移≤ 40mm；中间固定、不设补偿器的直段长度，一般散热器供暖系统，可达 60m 以上，空调热水、地面辐射供暖系统更可达 100m 以上。

（2）当供暖管道利用自然补偿不能满足要求时，应设置补偿器。

3. 应标注补偿器的补偿量

（1）应计算并按图 5 标注波纹补偿器补偿量 ΔX

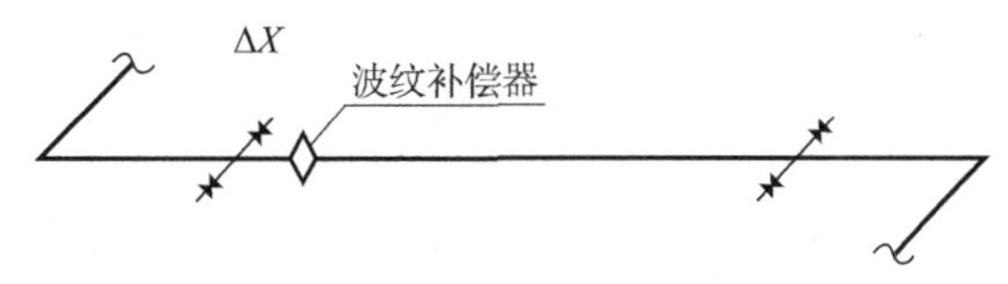

图 5　标注波纹补偿器补偿量

（2）应按图 6 标注方形补偿器 *a*、*b* 值（补偿量）

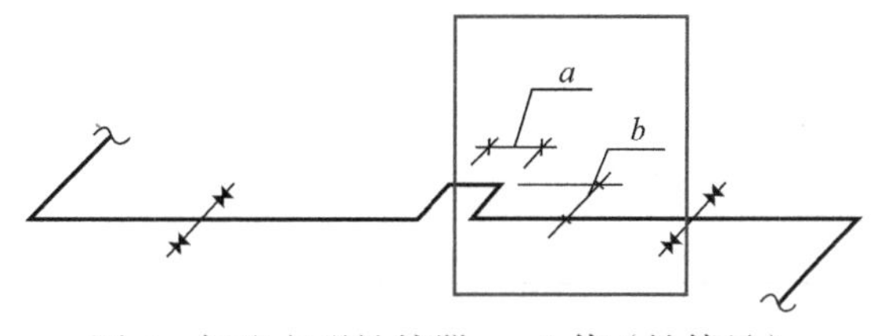

图 6　标注方形补偿器 *a*、*b* 值（补偿量）

4. 应根据长臂补偿量确定短臂最小长度 l，如图 7 所示。

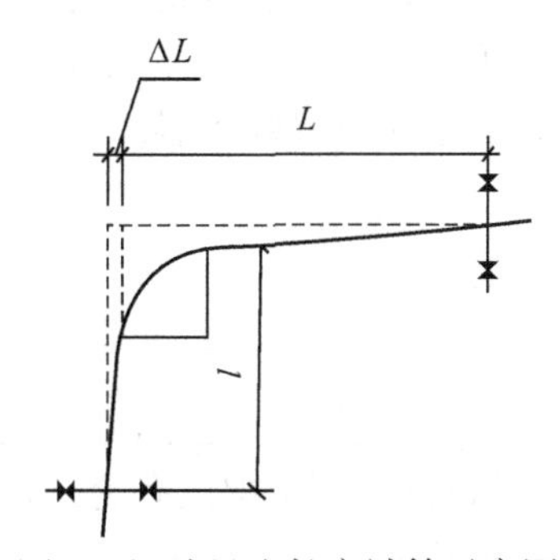

图 7　短臂最小长度计算示意图

长臂补偿量　　$\Delta L = 0.012\Delta T \cdot L$

短臂长度　　$l=\sqrt{\dfrac{\Delta L \cdot d}{300}}\times 1.1$

式中　L——长臂长度（m）；

d——管道外壁（mm）；

ΔT——管道承受的温度差（℃）。

5. 民用建筑中的空调热水管道也应通过热膨胀量计算，确定热补偿方式，当利用自然补偿不能满足要求时，也应设置补偿器，并标明补偿量。

问题描述

问题 4　首层门斗设置散热器，且散热器的立管未单独设置

某大学教师宿舍楼首层供暖平面图（图 1），在首层门斗设置散热器供暖，且与管理员室合用一根立管。

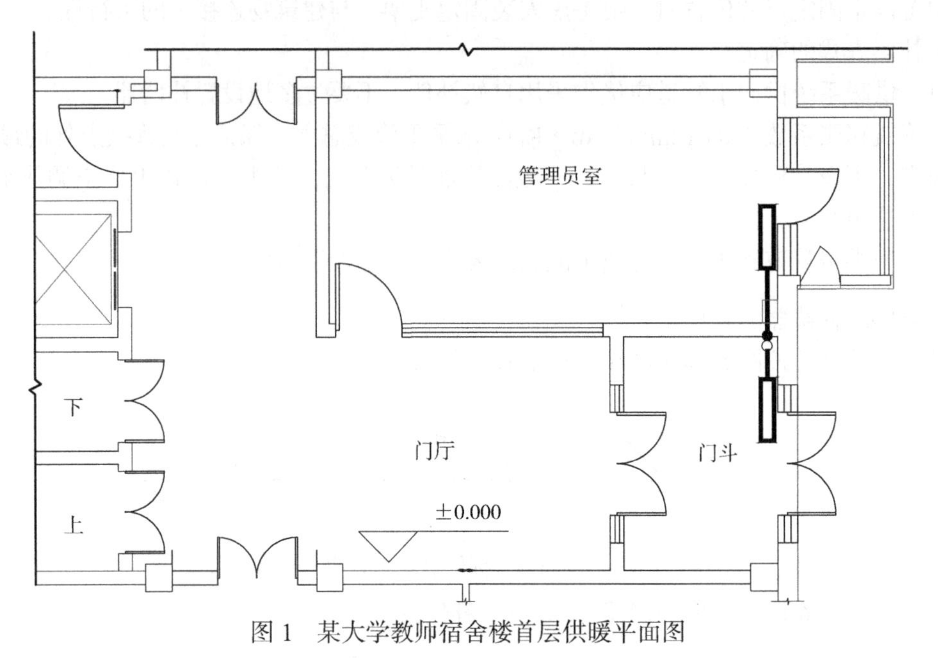

图 1　某大学教师宿舍楼首层供暖平面图

相关标准

《民用建筑供暖通风与空气调节设计规范》

5.3.5　管道有冻结危险的场所，散热器的供暖立管或支管应单独设置。

5.3.7　布置散热器时，应符合下列规定：

2　两道外门之间的门斗内，不应设置散热器；

问题解析

《民用建筑供暖通风与空气调节设计规范》中没有定义管道有冻结危险的场所，条文说明中也没有明确哪些场所属于管道有冻结危险的场所。

图 1 中将散热器设置在门斗，且与其他房间共用立管，显然是不对的。一是《民用建筑供暖通风与空气调节设计规范》第 5.3.7 条第 2 款规定散热器不应布置在门斗内；二是如果某些特殊重要建筑必须在门斗内设置散热器，也应确保所设散热器的供暖立管或支管单独设置，不应将散热器同邻室连接。

规范没有明确界定哪些场所属于管道有冻结危险的场所，设计时，应针对具体情况和使用加以考虑，确实属于管道有冻结危险的场所，则其散热器的供暖立管或支管应单独设置。

问题描述

问题 1　气体灭火防护区灭火后通风系统设计的问题

1. 某商业金融服务楼，在给水排水专业设计说明中写明地下一层的高压配电室、IT 机房、智能化机房设置了七氟丙烷气体灭火系统，暖通专业设计施工说明中只明确了地下一层变配电室设置了气体灭火系统。

地下一层高压配电室通风平面图（图 1）、IT 机房通风平面图（图 2）中的通风管路均采用常开型 70℃熔断防火阀。

在 IT 机房通风平面图（图 2）和智能化机房通风平面图（图 3）中，IT 机房、智能化机房与其他非气体灭火防护区合用通风系统，且采用常开 70℃熔断防火阀。

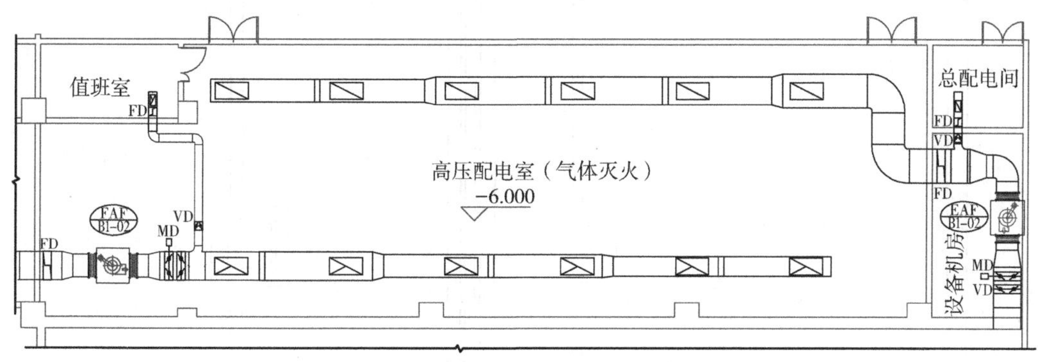

图 1　地下一层高压配电室通风平面图

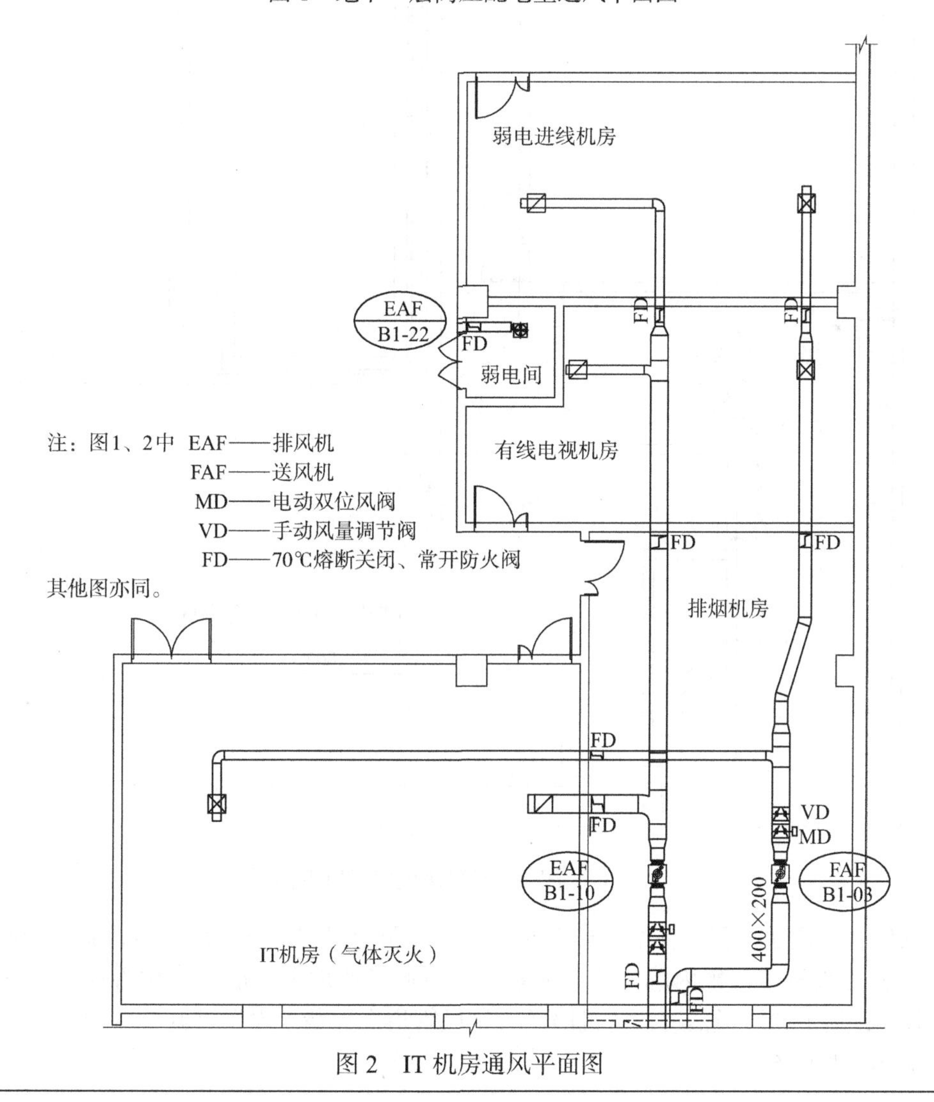

图 2　IT 机房通风平面图

问题描述	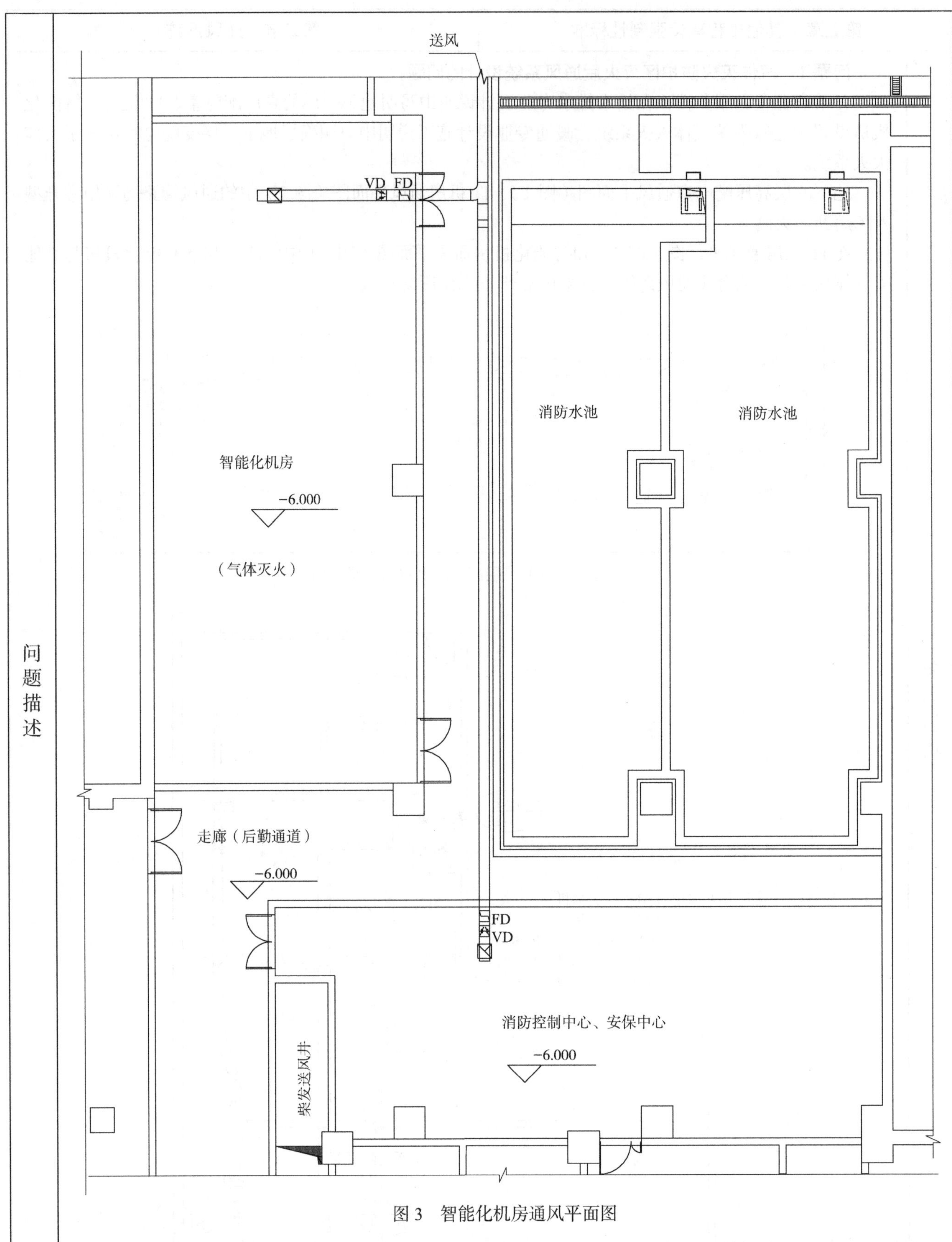 图 3　智能化机房通风平面图 2. 某体育场改建项目，在给水排水专业设计说明中写明地下一层智能化管控中心和地下二层的通信运营商机房设置了七氟丙烷气体灭火系统，暖通专业地下一层智能化管控中心未设置机械通风系统，见图 4；地下二层通信运营商机房送、排风管道在穿墙处设置常开 70℃防火阀，在气体灭火时不能自行关闭，见图 5。

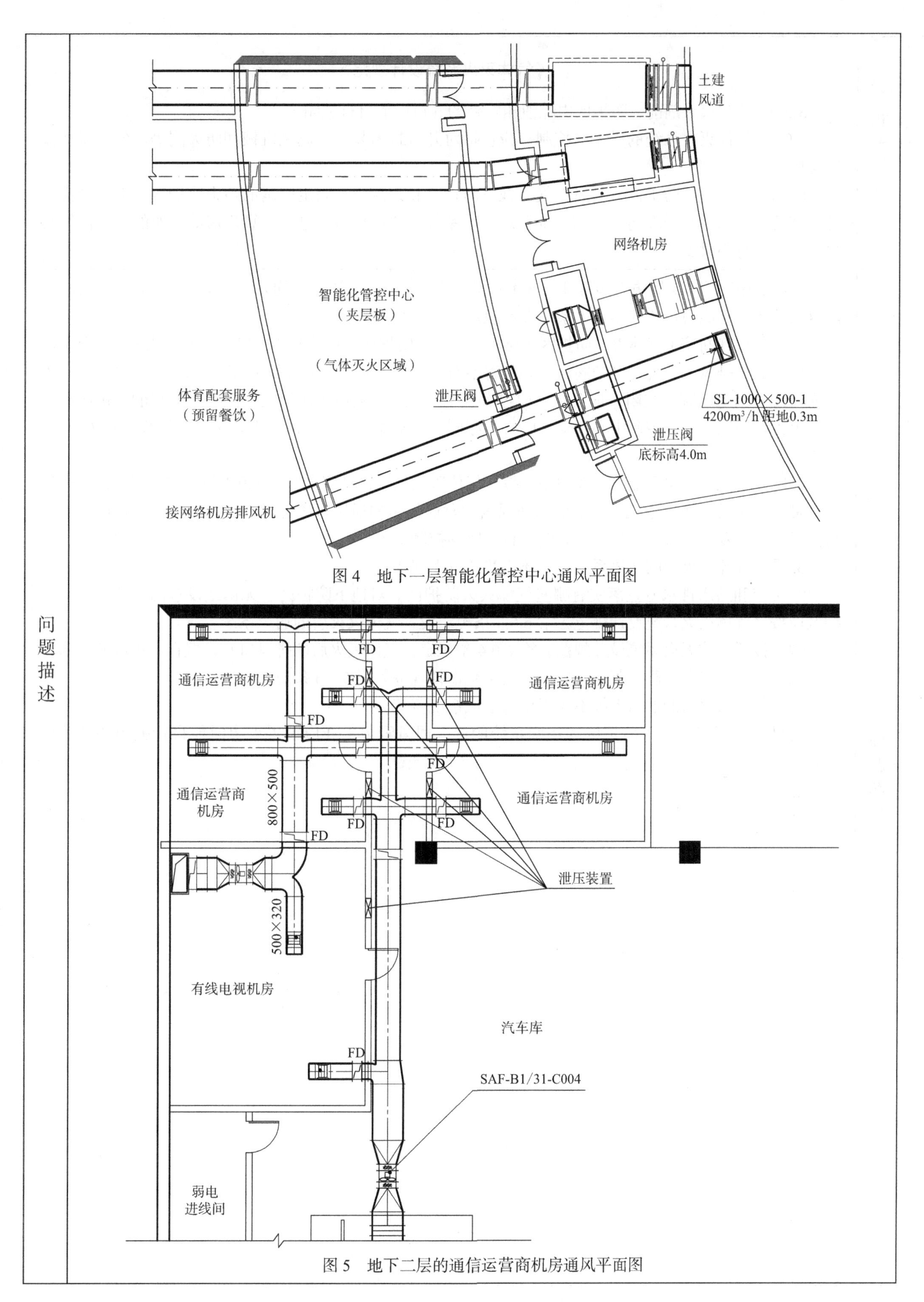

图4　地下一层智能化管控中心通风平面图

图5　地下二层的通信运营商机房通风平面图

相关标准	**《气体灭火系统设计规范》** 3.2.9　喷放灭火剂前，防护区内除泄压口外的开口应能自行关闭。 5.0.6　气体灭火系统的操作与控制，应包括对开口封闭装置、通风机械和防火阀等设备的联动操作与控制。 6.0.4　灭火后的防护区应通风换气，地下防护区和无窗或设固定窗扇的地上防护区，应设置机械排风装置，排风口宜设在防护区的下部并应直通室外。通信机房、电子计算机房等场所的通风换气次数应不少于每小时 5 次。
问题解析	1. 图 2 中写明 FD 型防火阀常开、70℃熔断，图 1～图 3 通风管道均采用 FD 型防火阀，灭火时不能自动关闭，不能满足《气体灭火系统设计规范》第 3.2.9 条规定。 图 2 中的 IT 机房（气体灭火防护区）与非气体灭火防护区（有线电视机房、弱电进线机房）合用机械通风（送 / 排风）系统，电动阀门安装位置不对，在火灾时，不能确保 IT 机房风口密闭，即使排风机入口总管上电动阀门关闭，烟气也会通过有线电视机房、弱电机房泄漏；图 3 中的智能化机房和非气体灭火防护区（消防控制中心、安保中心）亦同，均不能满足《气体灭火系统设计规范》第 3.2.9 条要求。 2. 图 4 中地下一层智能化管控中心应按《气体灭火系统设计规范》第 6.0.4 条规定设置气体灭火后的机械通风系统；图 5 中地下二层的每间通信运营商机房的通风口（送风口、排风口）或在通风支管道上设置电动双位风阀，满足灭火时能自行关闭的控制要求。 3. 设计气体灭火后的通风系统时，还应注意以下问题： （1）应和给水排水专业落实有哪些气体灭火防护区。对地下防护区、无窗或设置固定窗的地上防护区应按《气体灭火系统设计规范》第 6.0.4 条规定设置气体灭火后的通风系统。 （2）按《气体灭火系统设计规范》第 6.0.4 条规定，气体灭火后的排风口宜设置在防护区的下部。 （3）应与电气专业配合落实《气体灭火系统设计规范》第 5.0.6 条规定。 （4）气体灭火后的通风系统不属于事故通风系统范畴。 另外，负担气体灭火防护区的空调系统的送、回风管道上亦应设置灭火时能自行关闭的开关型风阀。

问题描述

问题 2 高温烟气管道热补偿措施

某商业综合体 A2 酒店项目地下一层有燃气锅炉房，蒸汽锅炉、热水锅炉的金属烟囱经竖井伸出屋顶，屋顶高度为 131m，如图 1 所示。设计说明中没有写明烟囱的材质、保温厚度以及是否可通过点补偿做法来满足管道热补偿要求；地下一层锅炉房烟囱平面图没有表示出水平烟道上设置的波纹补偿器，如图 2 所示。图 2 也没有表示出锅炉竖向金属烟囱的热补偿措施。

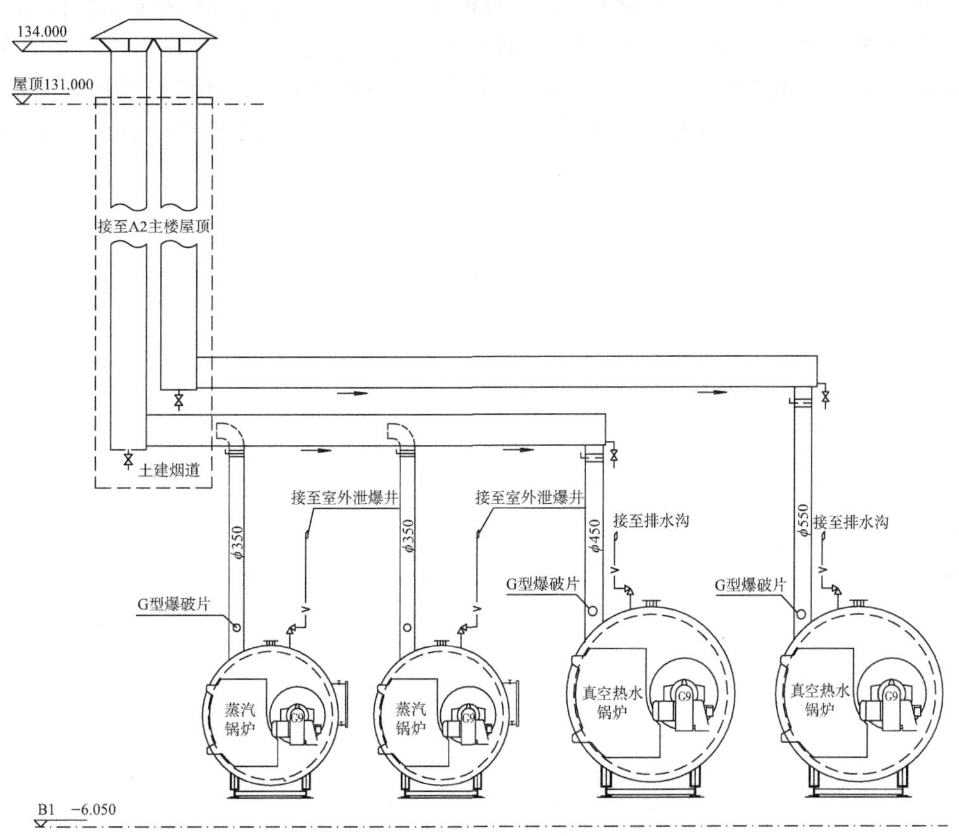

图 1 A2 酒店锅炉房竖向烟囱示意图

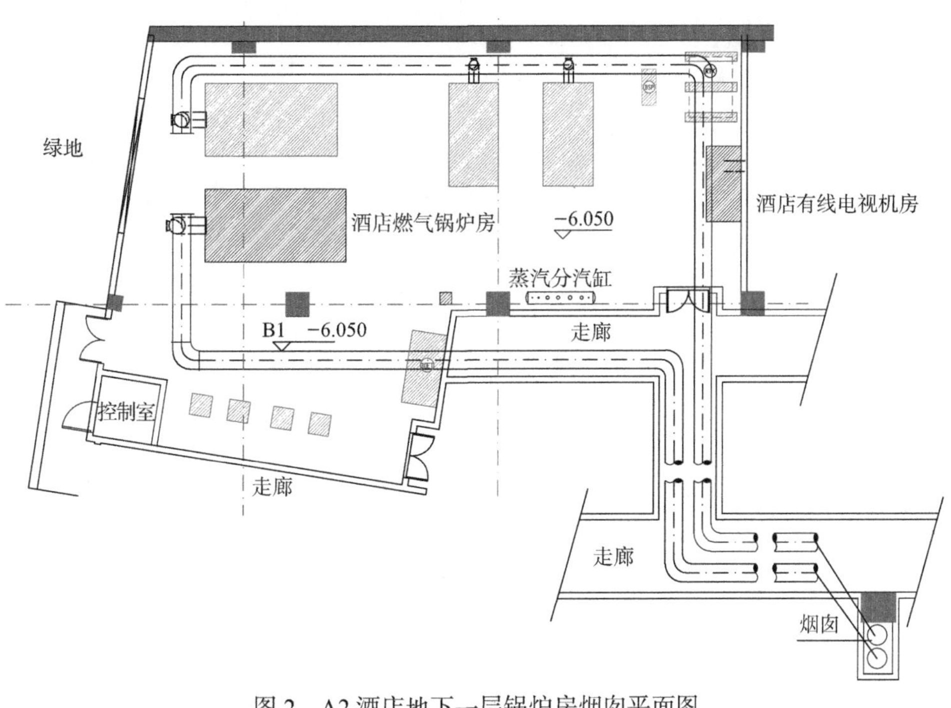

图 2 A2 酒店地下一层锅炉房烟囱平面图

<table>
<tr><td>相关标准</td><td>

《民用建筑供暖通风与空气调节设计规范》

6.6.13 高温烟气管道应采取热补偿措施。

</td></tr>
<tr><td>问题解析</td><td>

输送高温气体的排烟管道，如燃烧器、锅炉、直燃机等的烟气管道，由于气体温度的变化会引起风管的膨胀或收缩，导致管路损坏，造成严重后果，必须重视。一般金属风管设置软连接，风管与土建连接处设置伸缩缝。需要说明此处提到的高温烟气管道并非消防排烟及厨房排油烟风管。

在设计施工说明中应按规范规定写明锅炉房烟囱的材质、保温材料厚度以及管道的热补偿方式——采用集中热补偿方式（如设置补偿器补偿）或点补偿方式（如通过成品烟道管段连接点之间的空隙设置补偿器）。采用集中补偿时应在图1、图2中表示出热补偿装置、补偿量等参数。

</td></tr>
</table>

问题描述	**问题 1　空调冷热水和冷却水系统防超压** 1. 某核心区的高层办公楼，建筑高度为 159m，空调水系统竖向分区，一层至二十三层为低区，二十四层至三十六层为高区，高区冷热水由地下三层能源中心（地面标高 −13.50m）提供。高区冷水循环水泵扬程 33m，高区水系统工作压力计算值约为 205.5m，而设计施工说明、设备表中要求高区的冷冻水泵、循环水泵等设备和管路及部件均按工作压力 1.6MPa 选用。 2. 某高层办公楼采用高位膨胀水箱定压，膨胀水箱至地下冷水机组中的水泵吸水口高差为 110m，循环水泵扬程为 32m，系统计算工作压力约为 142m 水柱。而设计施工说明写明“空调冷、热水系统和冷却水系统设计工作压力为 1.0MPa，空调水系统设备及附件承压均为 1.0MPa”，办公站房设备表中冷水机组、冷冻水泵、冷却水泵、空调热水泵、换热机组均标注工作压力为 1.0MPa 。 3. 某科技城项目设计施工说明写明 8 号、12 号办公楼等共用一套空调冷、热水换热系统，供冷 / 供热系统最大工作压力分别是 133m 水柱 /131m 水柱，8 号办公楼、60 号地下车库的施工说明均明确了“空调水系统设备及部件承压均为 1.0MPa”；61 号地下车库设备表中未标明空调冷热水循环泵的工作压力，8 号办公楼设备表中未标明风机盘管、空调新风机组的工作压力。
相关标准	**《民用建筑供暖通风与空气调节设计规范》** 8.1.8　空调冷（热）水和冷却水系统中的冷水机组、水泵、末端装置等设备和管路及部件的工作压力不应大于其额定工作压力。
问题解析	保证空调设备在实际运行时的工作压力不超过其额定工作压力，是系统安全运行的前提条件。 当由于建筑高度等原因，导致空调冷（热）水和冷却水系统的工作压力超过冷水机组、水泵、末端装置等设备和管路及部件的额定工作压力时，应采取合理的防超压措施；空调系统竖向分区；将冷冻水泵设置在蒸发器或冷凝器的出水端，降低冷水机组的工作压力；选用承压更高的设备和管路及部件。空调系统竖向分区需遵循一个主要原则：确保空调末端设备的工作压力不大于 1.6MPa。 1. 高区水系统工作压力计算值约为 205.5m，高区的冷冻水泵、循环水泵等设备和管路及部件按工作压力 1.6MPa 选用，则空调设备及管道承受的工作压力大于其额定工作压力。 该工程系统竖向分区不合理，高区设计工作压力稍大于 2.0MPa，需要选用承压大于 2.0MPa 的空调主机、水泵及管路及部件，很不经济，可以通过调整高、低区范围，使得竖向分区在合理、经济的范围内或高区超压部分另设置自带冷源的风冷设备等解决。 2. 屋面膨胀水箱至冷水机组、水泵吸水口高差为 110m，系统静水压大于 1.0MPa，工作压力应是静水压加水泵扬程，系统工作压力应确定为 1.6MPa。因此，本工程系统设计工作压力 1.0MPa 是错误的，空调设备、管路及部件承压应按 1.6MPa 确定。 3. 8 号、12 号办公楼空调冷（热）水系统和冷却水系统中的设备和管路及部件的额定工作压力为 1.0MPa，均小于设计工作压力 1.6MPa，应按工作压力 1.6MPa 重新选用空调冷（热）水系统和冷却水系统中的设备和管路及部件。

问题描述

问题 2　空调系统的电加热器应采取的安全保护措施

某新建发热门诊负压手术室设置了一个直流式净化空调系统，系统采用新风电预热、送风电加热（再热），只提供了直流式空调机组接管图（图 1），设计说明中未对电加热器提出控制要求，电气专业图纸也未表示出电加热器的无风断电、超温断电保护装置以及电加热器的接地及剩余电流保护措施。

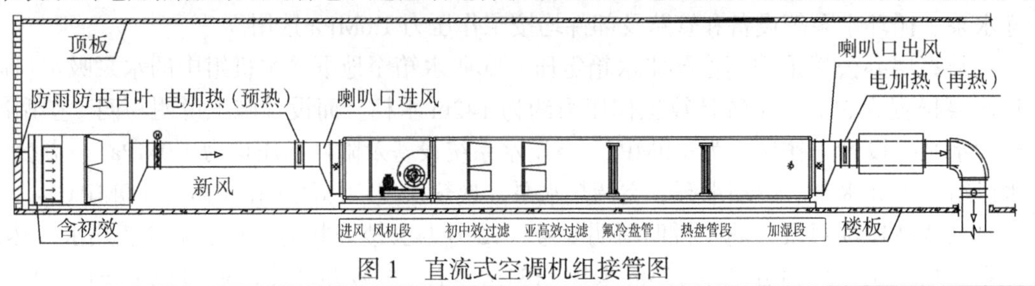

图 1　直流式空调机组接管图

相关标准

《民用建筑供暖通风与空气调节设计规范》

9.4.9　空调系统的电加热器应与送风机连锁，并应设无风断电、超温断电保护装置；电加热器必须采取接地及剩余电流保护措施。

《工业建筑供暖通风与空气调节设计规范》

11.6.7　空调系统的电加热器应与送风机连锁，并应设置无风断电、超温断电保护装置；电加热器必须采取接地及剩余电流保护措施。

《建筑设计防火规范》

9.3.15　设备和风管的绝热材料、用于加湿器的加湿材料、消声材料及其粘结剂，宜采用不燃材料，确有困难时，可采用难燃材料。

风管内设置电加热器时，电加热器的开关应与风机的启停联锁控制。电加热器前后各 0.8m 范围内的风管和穿过有高温、火源等容易起火房间的风管，均应采用不燃材料。

问题解析

空调系统设置电加热器时，应按直流式空调机组自动控制原理图（图 2）表示出相关的安全保护措施，并与电气专业配合落实。

通风系统中的电加热器、建筑入口设置的电加热风幕应与送风机连锁。

暖通专业采用电加热供暖时，安装于距地面高度 180cm 以下的电供暖元器件，必须采取接地及剩余电流保护措施，以满足《民用建筑供暖通风与空气调节设计规范》第 5.5.8 条规定。

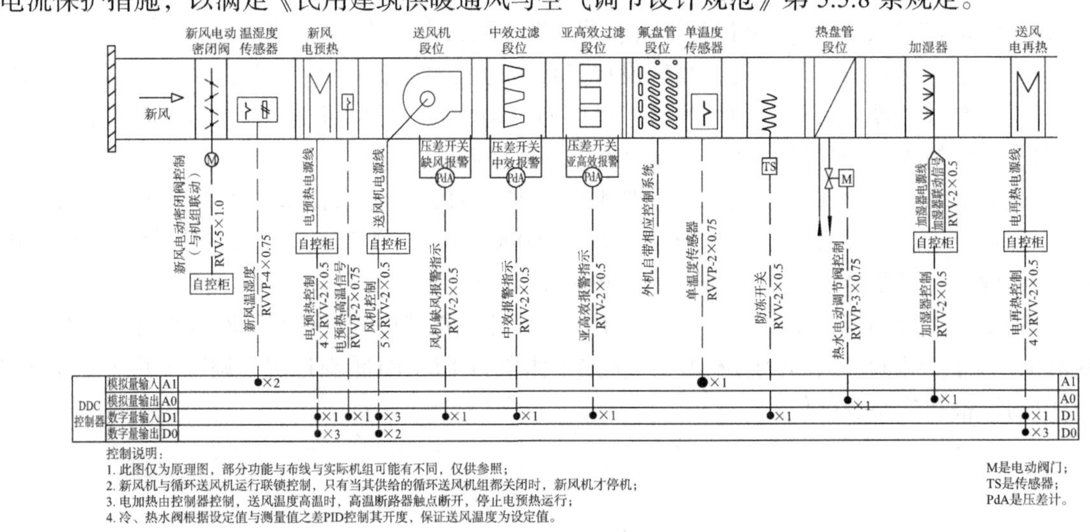

图 2　直流式空调机组自动控制原理图

问题描述

问题 1　锅炉大气污染物排放、烟囱高度

1. 某住宅小区配套的 4 号楼地下一层有燃气锅炉房，锅炉房烟囱断面示意图见图 1。烟囱高度为 33.0m，高于 4 号楼屋顶 2m，小区规划平面图（局部）见图 2，7 号住宅楼在锅炉烟囱周围半径 200m 之内，建筑高度为 79.85m。

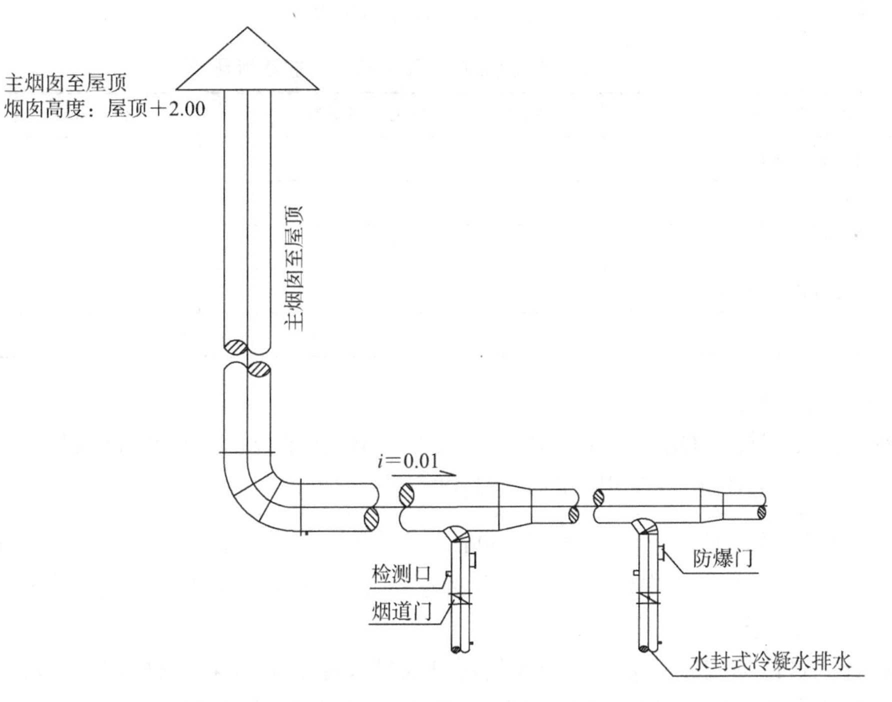

注：本工程锅炉房烟囱沿土建竖井敷设至本楼屋顶，烟囱总高度33.0m，高于半径2m，排放浓度符合北京市地方标准《锅炉大气污染物排放标准》的相关规定。

图 1　锅炉房烟囱断面示意图

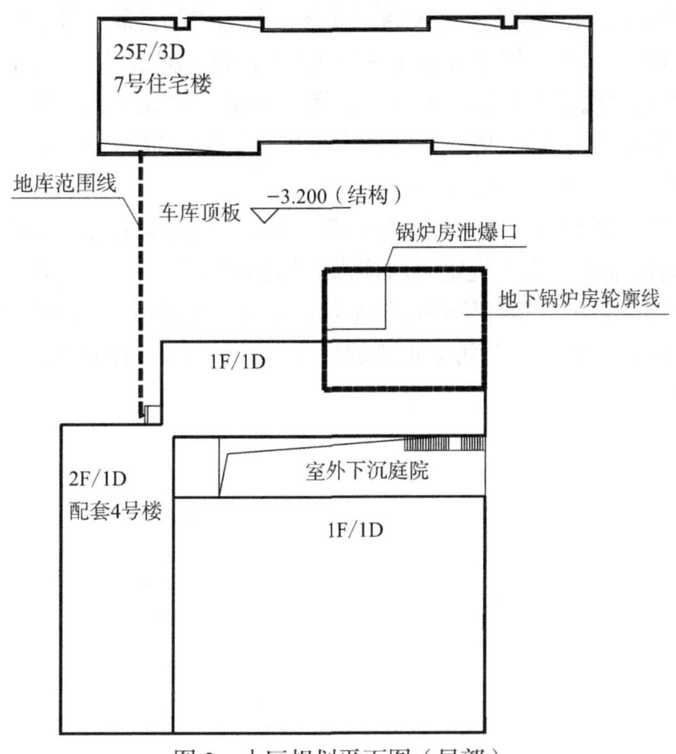

图 2　小区规划平面图（局部）

2. 在设计施工说明、设备表中未对锅炉大气污染物排放浓度提出要求。

相关标准	

国家标准《锅炉大气污染物排放标准》

4.5　新建锅炉房的烟囱周围半径 200m 距离内有建筑物时，其烟囱应高出最高建筑物 3m 以上。

北京市地方标准《锅炉大气污染物排放标准》

4.1.1　新建锅炉大气污染物排放浓度应执行表 1 规定的限值。

表 1　新建锅炉大气污染物排放浓度限值

污染物项目	2017 年 3 月 31 日前的新建锅炉	2017 年 4 月 1 日起的新建锅炉
颗粒物（mg/m^3）	5	5
二氧化硫（mg/m^3）	10	10
氮氧化物（mg/m^3）	80	30
汞及其化合物（ug/m^3）	0.5	0.5
烟气黑度（林格曼，级）	1 级	

4.3　烟囱高度规定

锅炉烟囱高度应符合 GB 13271 的规定。同时，锅炉额定容量在 0.7MW 及以下的烟囱高度不应低于 8m；锅炉额定容量在 0.7MW 以上的烟囱高度不低于 15m。

问题解析

1. 图 1、图 2 在锅炉房烟囱周围半径 200m 距离内有住宅楼，锅炉房烟囱不能高出 7 号住宅楼（最高建筑物）3m 以上，且图 1 中标注的烟囱高度为屋顶＋ 2.00m，也不能满足国家标准《锅炉大气污染物排放标准》第 4.5 条规定。

很多设计人员认为国家标准《锅炉大气污染物排放标准》第 4.5 条规定是针对燃煤锅炉房设计的要求，针对该条文在执行过程中出现的疑问，相关部委对疑问给过 2 次回复：

1）环境保护部于 2016 年 8 月 22 日在关于执行国家标准《锅炉大气污染物排放标准》有关问题的回复中明确：

一、对于新建锅炉，必须满足国家标准《锅炉大气污染物排放标准》烟囱最低允许高度限值要求。

二、对于在用锅炉，考虑国家标准《锅炉大气污染物排放标准》污染物排放限值较过去已有明显加严，且随着燃煤锅炉淘汰工作的深入开展，燃煤小锅炉的数量将大规模被压减。因此，对于在用锅炉烟囱高度达不到规定的情形，仍应按照国家标准《锅炉大气污染物排放标准》规定的污染物排放限值执行，地方有更严格要求的，按地方标准执行。

2）生态环境部在 2019 年 1 月 15 日关于咨询锅炉大气污染物排放标准的回复中明确，按照国家标准《锅炉大气污染物排放标准》规定，新建锅炉房的烟囱周围半径 200m 距离内有建筑物时，其烟囱应高出最高建筑物 3m 以上，新建锅炉房是指新建燃煤、燃油和燃气锅炉房。

2. 北京市地方标准《锅炉大气污染物排放标准》第 4.1.1 条对锅炉氮氧化物排放浓度提出严格限制，设计时必须严格执行。

<table>
<tr><td>问题描述</td><td>问题 1　施工图中未表示通风、空调、防排烟系统的抗震措施
某新建高层丙类厂房设置了机械排烟系统、机械加压送风系统补风系统，防排烟管道采用无机玻璃钢风管，首层锅炉房、燃气表间以及甲、乙类物品库设有燃气事故通风系统，没有采用《建筑与市政工程抗震通用规范》和《建筑机电工程抗震设计规范》作为设计依据，没有机电系统抗震设计相关的设计施工说明，没有与结构专业配合进行抗震设计。</td></tr>
<tr><td>相关标准</td><td>《建筑与市政工程抗震通用规范》
1.0.2　抗震设防烈度 6 度及以上地区的各类新建、扩建、改建建筑与市政工程必须进行抗震设防，工程项目的勘察、设计、施工、使用维护等必须执行本规范。
5.1.12　建筑的非结构构件及附属机电设备，其自身及与结构主体的连接，应进行抗震设防。
5.1.16　建筑附属机电设备不应设置在可能致使其功能障碍等二次灾害的部位；设防地震下需要连续工作的附属设备，应设置在建筑结构地震反应较小的部位。
《建筑机电工程抗震设计规范》
1.0.4　抗震设防烈度为 6 度及 6 度以上地区的建筑机电工程必须进行抗震设计。
5.1.4　防排烟风道、事故通风风道及相关设备应采用抗震支吊架。
5.1.1　供暖、通风与空气调节管道的选材应符合下列规定：
3　排烟风道、排烟用补风风道、加压送风和事故通风风道的选用应符合下列规定：
1）8 度及 8 度以下地区的多层建筑，宜采用镀锌钢板或钢板制作；
2）高层建筑及 9 度地区的建筑应采用热镀锌钢板或钢板制作。</td></tr>
<tr><td>问题解析</td><td>《建筑与市政工程抗震通用规范》于 2022 年 1 月开始实施，在实施通告中写明“废止现行工程建设标准《建筑机电工程抗震设计规范》中的第 1.0.4 条、第 5.1.4 条、第 7.4.6 条强制性条文”，实施通告中的“废止”仅表示这些条文不再是强制性条文，只是作为技术性条款应继续执行。因此，设计人员仍然应遵照《建筑机电工程抗震设计规范》第 1.0.4 条、第 5.1.4 条的规定在防排烟风道、事故通风风道及相关设备采用抗震支吊架，防排烟系统风道应采用热镀锌钢板或钢板制作。</td></tr>
</table>

本书涉及规范、标准

《民用建筑供暖通风与空气调节设计规范》GB 50736—2012
《绿色建筑评价标准》GB/T 50378—2019
《办公建筑设计标准》JGJ/T 67—2019
《居住建筑节能设计标准》DB11/891—2020
《公共建筑节能设计标准》DB11/687—2015
《供热计量设计技术规程》DB11/1066—2014
《绿色建筑设计标准》DB11/938—2012
《建筑工程设计文件编制深度规定（2016年版）》
《工业建筑节能设计统一标准》GB 51245—2017
《建筑防烟排烟系统技术标准》GB 51251—2017
《建筑设计防火规范》GB 50016—2014（2018年版）
《高层民用建筑设计防火规范》GB 50045—95（2005年版）
《建筑内部装修设计防火规范》GB 50222—2017
《人民防空工程设计防火规范》GB 50098—2009
《锅炉房设计标准》GB 50041—2020
《民用建筑电气设计标准》GB 51348—2019
《自然排烟系统设计、施工及验收规范》DB11/1025—2013
《自动喷水灭火系统设计规范》GB 50084—2017
《气体灭火系统设计规范》GB 50370—2005
《通风与空调工程施工质量验收规范》GB 50243—2016
《民用建筑设计统一标准》GB 50352—2019
《医药工业洁净厂房设计标准》GB 50457—2019
《工业建筑供暖通风与空气调节设计规范》GB 50019—2015
《防空地下室施工图设计深度要求及图样》08FJ06
《平战结合人民防空工程设计规范》DB11/994—2021
《人民防空医疗救护工程设计标准》RFJ 005—2011
《人民防空地下室设计规范》GB 50038—2005
《人防防空工程防化设计规范》RFJ 013—2010
《汽车库、修车库、停车场设计防火规范》GB 50067—2014
《餐饮业大气污染物排放标准》DB11/1488—2018
《供暖通风与空气调节术语标准》GB/T 50155—2015
《老年人照料设施建筑设计标准》JGJ 450—2018
《辐射供暖供冷技术规程》JGJ 142—2012

《城镇燃气设计规范》GB 50028—2006（2020 年版）
《燃气冷热电联供工程技术规范》GB 51131—2016
《冷库设计标准》GB 50072—2021
《建筑中水设计标准》GB 50336—2018
《锅炉大气污染物排放标准》GB 13271—2014
《锅炉大气污染物排放标准》DB11/139—2015
《建筑机电工程抗震设计规范》GB 50981—2014
《供热工程项目规范》GB 55010—2021
《燃气工程项目规范》GB 55009—2021
《社区养老服务设施设计标准》DB11/1309—2015
上海市地方标准《建筑防排烟系统设计标准》DG/TJ 08-88-2021
《建筑节能与可再生能源利用通用规范》GB 55015—2021
《公共建筑节能设计标准》GB 50189—2015
《细水雾灭火系统技术规范》GB 50898—2013
《建筑与市政工程抗震通用规范》GB 55002—2021
美国国家消防协会，美国标准委员会。防排烟标准系统：NFPA 92[S].2018 版本昆西，马萨诸塞州：NFPA，2018 年
英国标准协会，建筑设计、施工和使用中的防火措施建筑物：第 4 部分
《家用燃气快速热水器和燃气采暖热水炉能效限定值及能效等级》GB 20665—2015
《热回收新风机组》GB/T 21087—2020
《严寒和寒冷地区居住建筑节能设计标准》JGJ 26—2018